现代大气科学丛书

现代天气学概论

孙淑清　高守亭　编著

气象出版社

内容简介

本书介绍了现代天气学的基本原理以及影响我国的主要天气系统,特别是灾害性天气系统,全球大气的平均状态及控制大气运动的基本因子;寒潮、大风等大尺度天气系统和影响我国夏季天气的季风系统及台风等;在中尺度天气学中,重点介绍了暴雨、冰雹等对我国影响极大的对流系统;最后简要地介绍了短期天气的预报方法。本书可作为从事气象工作和非气象专业科技和业务人员以及有关院校本科生的进修和培训教材。

图书在版编目(CIP)数据

现代天气学概论/孙淑清　高守亭编著.
—北京:气象出版社,2005.10(2010.11重印)

ISBN 978-7-5029-4030-0

I. 天…　II. ①孙…②高…　III. 天气学-概论　IV. P44

中国版本图书馆 CIP 数据核字(2005)第 111885 号

Xiandai Tianqixue Gailun
现代天气学概论
孙淑清　高守亭　编著
气象出版社出版
(北京海淀区中关村南大街 46 号　邮编:100081)
总编室:010-68407112　发行部:010-62175925
网址:http://cmp.cma.gov.cn　E-mail:qxcbs@263.net
责任编辑:李太宇　章澄昌　终审:陆同文
封面设计:　张建永
*
北京中新伟业印刷有限公司印刷
气象出版社发行
*
开本:787×1092　1/16　印张:13.75　字数:352 千字
2005 年 10 月第一版　2010 年 11 月第三次印刷
印数:4001~6000 册　定价:35.00 元

作 者 简 介

孙淑清，女，浙江余姚人，1936 年 12 月生。1958 年毕业于北京大学物理系气象专业，同年进入中国科学院大气物理研究所（前地球物理所）至今。1990 年晋升为研究员。政府特殊津贴获得者，博士生导师。从事和领导过大气环流、中尺度气象学及季风气象的研究，在中尺度气象学领域中连续获中国科学院 1992 年自然科学一等奖，1993 年科技进步一等奖。国家气象局科技进步二等、三等奖等。多次领导和参加了全国性中尺度气象科研试验研究和大规模跨省市的科研协作。任中国科学院研究生院兼职教授。共完成论文 60 余篇，合作专著 4 种。近期的主要研究领域为：中尺度气象学、季风气象学及短期气候成因等。

高守亭，男，河北省丘县人，1945 年 9 月生。1988 年获博士学位。1990～1992 年在英国邓迪大学作博士后。1992～1994 年在美国俄克拉荷马大学作访问学者。1995 年在英国邓迪大学作研究客座。1996 年后为大气物理研究所研究员、博士生导师，并是中国科学院研究生院兼职教授。现为中国科学院大气物理研究所云降水物理与强风暴实验室主任。在国内外发表论文近 100 篇，并有波流相互作用方面的专著一部。在波流相互作用研究方面，2000 年获中国科学院自然科学二等奖。

序

　　大气科学是研究地球大气圈及其与陆面、海洋、冰雪、生态系统、人类活动相互作用的动力、物理、化学过程及其机理。由于人类的生产和生活活动离不开大气,因此,这门科学不仅在自然科学中具有重要的科学地位,而且在国家的经济规划、防灾减灾、环境保护和国防建设中都具有重要的应用价值。

　　随着人类生产活动的发展和科学技术水平的提高,特别是电子计算机和气象卫星及太空遥感探测大气技术的提高,大气科学得到了迅速的发展,它已形成了诸多分支学科,如大气探测学、天气学、气候学、动力气象学、大气环境学、大气物理学、大气化学等分支学科。为了回顾近百年来大气科学的发展成就以及展望21世纪初大气科学的发展、创新与突破,我们编写了这套《现代大气科学丛书》。它包括《大气科学概论》、《大气物理与大气探测学》、《大气化学概论》、《大气环境学》、《动力气象学导论》、《现代天气学概论》、《现代气候学概论》、《应用气候学概论》共八卷。本书是其中的一卷。

　　在编写这套丛书时,内容力求简明扼要、通俗易懂,每部书的内容结构力求全面、系统。各卷还包括了对各分支学科的发展历程、研究方法和对今后的展望,以使读者对现代大气科学各分支学科有一个全面的了解。

　　由于我们学识有限,加之本套丛书涉及的内容较为广泛,书中难免有不妥之处,希望读者给予指正。

　　本套丛书得到了中国科学院大气物理研究所的大力支持和资助,在此表示衷心的感谢。

　　此外,《中国现代科学全书》编辑工作委员会对本套丛书的组稿和书稿的排版做了不少工作,在此给予说明。王磊和刘春燕两同志对于本套丛书书稿做了许多工作,鲍名博士在此套丛书出版的联系方面付出许多精力,也在此表示感谢。

《现代大气科学丛书》编辑委员会

主编　黄荣辉*

2005 年 5 月 18 日

---

　　*　黄荣辉,中国科学院院士

前　　言

　　阴晴雷电、风霜雨雪等天气的变化是与人们日常生活和经济建设有密切关系的自然现象。这些现象在气象上统称为天气。天气学是研究所有天气现象的特征,发生、发展的物理机理和演变规律,探讨预报它们的方法。因此这是一门有极大实用价值的学科。各种天气现象都是大气运动的结果。它们虽然发生在某时某地,但它也受到大范围(如北半球,甚至全球)大气状态的影响和制约。这就使天气学的研究对象十分广泛。从时间尺度讲,有引起大气环流季节变化,季节内变化(30~50天的大气变化),中期变化(5~15天),短期变化(1~3天),甚短期变化(6小时)和超短期变化(1~3小时)的运动系统。从空间尺度看,有小到几十、几百公里的天气系统,前者如龙卷,后者如台风;也有大到上千公里以上的长波、超长波,相应的天气如冬季的寒潮、夏季大面积干旱等天气过程。这些都是天气学研究的范畴。

　　由于常规气象观测系统的不断改善和发展,新的先进的探测技术的使用(如卫星探测、多普勒雷达以及遥感技术等),和迅猛发展的计算数学和计算机技术在气象探测、预报及数值模拟等方面的应用,近30年来天气学有了很大的发展和扩充。天气学与其他学科,特别是动力气象、数值预报等学科之间的互相渗透,使现代天气学进入了一个定量化、物理化的新时代。

　　本书在撰写时,特别注意了以下几个方面:(1)从内容上说,要全面阐述天气学的各个方面是不可能的。本书主要介绍现代天气学的基本原理以及影响我国天气的主要系统,特别是灾害性天气系统。(2)天气学发展至21世纪,已经不能仅停留在对天气系统形态的分析和描写上,而要进一步阐明它们的结构,发生、发展的物理图像,说明各类系统之间的相互作用。研究方法从定性描述发展至物理诊断、数值模拟等定量分析。本书只侧重于介绍各类系统的基本特征、形态及生命史,对物理特征的叙述也尽量多用图表,少用或不用数学公式和过深的物理概念,以求使读者得到一个基本的了解。(3)天气学中新的成就日新月异,本书除了介绍基本的原理和特征外,还尽可能多地介绍最新的成果,务使全书能够反映现代天气学的特点。因此实际上本书又有别于大学天气学中本学科的教科书。

　　本书共分八章。第一章为绪论。除介绍天气学基本特点外,还通过对与人民生活有密切关系的灾害性天气的初步描述,使读者对天气过程有一定了解;第二章为大气环流,介绍全球大气的平均状态及控制大气运动的基本因子;第三、四章为大尺度的天气系统和影响我国天气的主要系统;第五章为热带环流与系统,重点阐述与我国天气有密切关系的季风系统及台风等;第六章是中尺度天气学,重点介绍暴雨,冰雹等中尺度对流系统;第七章为短期天气预报方法,预报方法是一门专门的学科,内容广,使用的工具多,本书只介绍基本的天气图方法,并简单地展示数值预报的基本含义,卫星云图在天气分析预报中的应用;第八章是对天气学发展趋势的展望。本书的第一、五、六章及第七章的二、三节由孙淑清撰写,其余各章节则为高守亭撰写。

　　由于近年来天气学的快速发展,内容不断更新,有关研究成果和资料变化也很快,加上作者学识、见解等的局限,缺点错误在所难免,敬请读者批评指正。

作者

2005 年 5 月于北京

目 录

第一章 绪 论

第一节 天气学的研究对象和任务

一、天气与天气学

人们日常生活中所称之天气即指不断变化着的各种大气状态。大气中各种主要气象要素如温度、气压、湿度和风等的变化构成了各种天气现象,如晴、雨、风、雷电等等。这些天气现象的发生不仅仅是一时一地的局部现象,它常常成片出现,并能维持一定的时间。在某一个地区发生的一种天气现象(如降水、大风),从开始至结束为 1 次过程。在天气学上称之为天气过程。也就是说某地区在一定时段内出现的一种天气现象。因此,1 次 天气过程应包括天气特征,发生的时段及地区。如 1991 年发生在长江、淮河流域的洪涝灾害就是由大体上 3 次暴雨过程组成的。第一次过程发生在 5 月 18~26 日,降雨区主要位于长江中下游及鲁、豫、皖一带;第二次过程为 6 月 2~19 日,这是长江流域的主要梅雨期,它集中在淮河流域及太湖流域,其中又包含了两次极强的过程,即 6 月 7~8 日和 12~14 日,分别出现在不同的地区。第三次集中的降雨过程为 6 月 30 日~7 月 13 日,长江流域出现了第 2 次梅雨期,雨带稳定在江淮流域和太湖地区。这 3 次集中降雨过程造成了当年江淮流域特大的洪涝灾害。

天气过程发生的突发性,持续性和地域上的不均匀性常常会造成很大的灾害,如干旱、洪涝、暴雨等,给国民经济造成程度不同的损失。

天气过程的空间尺度和时间尺度可以有很大的差别。在天气学中,把天气过程所影响范围的大小称为空间尺度,而把它从发生、发展至消亡的时间历程(即生命史)称为时间尺度。在天气学的范畴内,空间尺度小的为几十公里,大的可达万公里。短的生命史大体为几个小时,但长的可为 1 周。一般来说,天气系统的空间尺度越大,时间尺度也越长。大气中各种运动系统按照不同尺度可以大体上分为 4 类。表 1.1.1 给出各主要天气系统相应的尺度。

表 1.1.1　大气中不同尺度天气系统举例

时间/空间	1 周以上	几日~1 周	几日	1 日~小时
$\geqslant 10^4$ km	超长波系统			
$10^3 \sim 10^4$ km		长波系统 (副热带高压 赤道辐合带)		
$10^2 \sim 10^3$ km			天气尺度系统 (气旋、锋面 台风、低涡)	
$\leqslant 10^2$ km				中尺度系统 (飑线、雷暴群、 对流辐合体)

第一类为超长波系统。它的尺度较大,水平尺度为 10^4 km 以上,时间尺度为 1 周以上。如中、高纬度西风带和低纬东风带以及叠加在西风带中的波长特长的超长波系统。第二类为长波

系统。它的尺度为几千公里,生命史为 1 周左右。通常把它称为行星尺度系统。如中、高纬度西风带中的长波系统,副热带高压和赤道辐合带等。第三类称为天气尺度系统。它们的时间尺度为几日,水平尺度小的大致为几百公里,如台风、低涡等;大的可达千公里,如锋面、气旋等。第四类为中尺度系统。它们的尺度更小,如飑线,雷暴群,对流辐合体等大都为几百公里,生命史为日或更短。较小的中尺度系统还有如龙卷,积云单体等。它们的生命史在 1 d(天)以内,范围也只有几十公里。

　　不同尺度的天气过程有各自不同的特征和规律,因此常常用不同的方法对它进行分析和研究。但是天气现象往往是十分复杂的。1 次 天气过程会包含几种不同尺度的天气系统。如1 次 天气尺度的温带气旋中,既有冷锋、暖锋等天气尺度的系统,又有许多寓生其中的中尺度雨带。甚至还有几十公里的更小尺度的暴雨带。这些不同尺度的系统是相互依存,相互影响的,构成了十分复杂的天气过程。

　　天气学就是要研究天气现象与天气过程的物理本质以及它们的机理,从而掌握它的发生和演变的规律,以达到对天气进行较准确预报的目的。它是气象学的重要分支,同时也是其他分支特别是动力气象和数值预报、大气物理学的基础。

　　天气的变化密切关系着人们日常生活和经济建设,特别是一些灾害天气如台风、暴雨、寒潮、低温等有很大的破坏作用。随着现代化建设的发展,不仅工、农业生产,军事活动等都与天气有很大的关系,现代科学技术的发展,如火箭发射、人造卫星探测等都离不开气象保障和天气预报。因此天气学在国民经济和国防建设中有着重要的作用,努力提高对天气过程的认识,加强对天气学的研究,以便较准确地作出天气预报,是天气学工作者十分重要的任务。

二、天气学的主要内容和研究方法

　　如前所述,天气学是研究天气现象、天气过程特征及其规律,并建立相应的天气预报方法的一门学科。它的内容十分广泛,首先是天气学的基本原理,它包括基本理论和基本概念;其次是各类主要天气系统特征、结构的研究,如气团、锋面与气旋、大尺度系统如西风带长波扰动、阻塞高压、副热带高压等,以及台风、涡旋等较小尺度的系统;第三是对一些特殊天气,特别是易于造成重大灾害天气的系统与过程的研究,如大风、降温、洪涝、干旱等,各国气象学家们都十分重视这类天气过程的分析,把它们作为主要的研究对象。对我国天气有重大影响的天气过程有:寒潮、连阴雨、暴雨、台风及亚洲季风等。此外,青藏高原对东亚大气环流及我国天气有重大的影响,它已经成为一门独立的学科。以上这些都是中国气象学家重点研究的主要内容。天气学最后一部分内容是天气分析与天气预报方法的研究。前者是天气学的基本研究手段,后者则是天气学研究的最终目的。本书也大体上按照这几个方面进行阐述和介绍。

　　天气图是天气学的主要研究方法。人们用实际观测到的气象资料,按一定的规则填绘于特定的图上,以各种不同类型的天气图来识别和研究三维空间中的天气系统及它们的结构。垂直剖面和用各种动力学、热力学要素制作的各类辅助图表也是从不同侧面研究天气系统的不可缺少的手段。关于天气图的分析方法,将在后面作专门的介绍。此外,由于气象卫星及雷达探测技术的发展,由卫星资料和雷达资料所构成的各种分析图表,也是天气学分析的重要辅助手段。

　　天气图方法对揭露和描述天气系统较为简明和直观,它已经沿用了几十年,但是它主要是一种定性的方法。它以揭露天气过程的三维形象和对形态的描述为主,因此有较大的局限性。

随着其他气象学分支特别是动力气象学、数值预报等学科的迅速发展,可以利用理论气象上的成果和现代计算技术来探讨天气现象的物理本质,建立更准确的天气学模型。它用各种气象要素和物理变量对天气过程进行定量的计算和分析,从而较深入地研究天气过程发展的规律,并给天气预报提供物理依据。因此,诊断分析方法已经成为近代天气学重要的研究手段,它不仅用于天气学的研究,也在日常天气预报工作中得到广泛的应用。各国有条件的预报业务系统大都在预报系统中进行各种大气物理量的计算和分析。

把大气运动搬进实验室,对它进行可控制的试验研究是气象工作者的理想。20 世纪 50 年代开始,国外已有较为成熟的实验室模拟。70 年代后期,中国科学院大气物理研究所用转盘试验进行了大气环流演变,青藏高原影响以及台风路径等多方面的模拟试验。这类工作和研究方法可以通过控制实验中的各种参量来研究天气过程的性质,极大地补充了观测和理论研究的不足。但是这种方法也有一定的困难和较大的局限性。最主要的是人们还无法在实验室中真实地描写和重现大气中复杂的过程。随着数值预报和计算技术的迅速发展,一种新的试验方法诞生了,这就是数值模拟。它是把物理学上的理论方程组应用到实际大气中,根据观测到的各种气象要素,通过繁杂的计算(这些计算可由大型电子计算机来快速完成)模拟出大气的实际状态,以致作出预报。这样人们就可以通过计算方案的设计,方程中参量的改变等人工控制手段来研究大气变化的物理过程。这种数值模拟方法的出现,使大气科学研究进入了一个新纪元,目前它已经成为一门独立的学科。天气学研究也广泛地吸收了这种研究方法,这为天气学向物理化、定量化和自动化提供了十分有效的手段。

第二节 天气学发展简史

天气学的发展与其他学科一样是随着社会和经济建设的发展和需要而逐步发展的。天气学的发展经历了以下的过程。

气象测量仪器特别是气压表和温度表的发明与应用,使天气现象有了可供观测和分析的科学资料和依据。1820 年人们利用地面观测资料绘制了第一张天气图。以后各国开始陆续绘制本国的天气图,它以地面气压场或温度场的分析为主要特征。这样,气象工作者的目光从对一时一地的关注扩展到对大范围形势的研究,并开始用外推法制作简单的天气预报。天气学有了自己的雏形。由于渔业和航海业的发展,特别是第一次世界大战后,气象工作者可以获得更多相应的资料。挪威气象学家率先提出了气团和锋面的学说,建立了气旋的模型,对气旋中相关联的天气现象进行归纳和系统化,提出了著名的锋面理论和气旋波动学说,构成了所谓的挪威学派。这时候,天气预报也有了较好的天气概念作为它的基础和依据。

20 世纪 30 年代以后,由于高空探测技术的发展,无线电探空仪的应用,使人们不仅可以有地面的气象资料,而且还可获得高空的气象情报,因而出现了高空图和各种剖面图。这样,对天气过程与天气系统的认识逐渐从地面拓宽至三维空间,对天气系统有了较准确的物理图像。40 年代以来,世界性气象观测网逐渐建立和完善,它为天气学的发展提供了十分有利的条件。这时,出现了以罗斯贝(Rossby)为首的芝加哥学派,他们提出了大气长波理论,给出了系统运动和发展的动力学,这也给大尺度天气预报提供了理论基础,使天气学取得了突破性的进展。20 世纪 40 年代,前苏联气象学家基培尔等建立了平流动力理论,提出了气压、温度局地变化的计算方法,不仅揭开了近代动力、数值预报的序幕,也为天气系统移动和发展提供了简便的分析判断方法,为天气预报实践所利用。佩特森(Petterssen)在 1956 年发表的天气学原理一书,综合了气团、锋面学说和长波理论,把锋面外推法用于天气预报,对个别天气系统的移动给出了计算公式,建立了运动学的预报方法。为天气学及天气预报理论提供了一个全面而实用的理论概括,对天气学的发展起到了积极的推动作用。

20 世纪 60 年代以后,气象探测手段发生了深刻的革命。多普勒雷达的应用使气象学家有可能了解云中的三维流场,改善了中尺度研究中资料不足的困难。气象卫星的出现和遥感技术的应用更使气象工作者获得了大量宝贵的非常规的资料,得到非定时,定点的云系状态、水汽分布、系统中三维风场结构等信息。这些信息不受地理条件的局限(如高山、海洋、边远地区),也不受固定时间的限制。因此为天气学的发展提供了十分有利的条件,同时也为天气预报开辟了广阔的前景。

随着气象学其他分支学科如动力气象学、数值预报的发展,近代天气学已不完全停留在以天气图为主要分析工具上。它利用动力气象中的理论结果以及计算数学与大型电子计算机提供的快速计算的条件,建立了物理诊断的方法,它以定量的分析,研究天气过程的物理特性。20世纪 70 年代以后,天气学中逐渐引进数值模拟的方法,它可以对复杂的天气过程中各种物理因子的作用进行控制性的对比试验,以更好地了解天气,建立各种天气学模型。这些研究方法的应用使现代天气学进入了定量化、物理化的新时代。

第三节　我国主要灾害性天气概述

一、我国气象灾害的基本情况

如前所说,天气学的根本任务是进行天气预报,尤其是那些可能造成很大灾害的天气过程,更是天气学工作者重点关心和研究的对象。

自然灾害严重地威胁人民的生命财产和经济建设,是世界性关注的重大问题。据联合国有关部门的统计,"在 20 世纪 70 年代至 80 年代中,全球各种自然灾害已使 300 万人丧生,8 亿多人受害,经济损失达千亿美元。"据我国公布的材料,1989 至 1996 年,我国每年由自然灾害造成的经济损失占国民生产总值的 3.9%,占国家财政收入的 27.4%,其中重灾年 1991 年占34%,1994 年为 36.2%,1996 年为 39.1% ,这是一个十分惊人的数字。在自然灾害中,气象灾害占据了最重要的位置,它发生频繁,突发性强,造成损失最为严重。表 1.3.1 给出 1954 年以来我国重大自然灾害造成经济损失超过 50 亿元以上的个例。由表可见,在所列的 15 项中,除1976 年唐山大地震,1987 年大兴安岭森林火灾外,全是属于气象灾害。因此研究由各种天气过程造成的气象灾害是天气学的重要任务。

影响我国的气象灾害大体上有干旱、洪涝、台风、低温(包括霜冻、雪灾、低温阴雨)等。其中干旱和洪涝对我国影响最大。由表 1.3.1 可见,洪涝对我国经济损失当属首位。但就受灾面积及持续性而言,干旱却是一项十分严重的气象灾害,它占全国受灾面积 60%以上。全球有 35%土地和 20%人口受到干旱和沙漠化的威胁。因此研究干旱过程也是当今气象工作者十分重要的任务。

下面将对几种主要影响我国的气象灾害做简单的介绍。

表 1.3.1 1954 年以来中国重大突发性天气灾害一览表(王昂生,1998)

年,月	重大灾害名称	损失(亿元)
1954 年夏	长江流域暴雨洪涝	>100
1963 年 8 月	河北暴雨洪涝	>60
1975 年 8 月	江淮流域暴雨洪涝	>100
1976 年 7 月	唐山大地震	>100
1981 年 8 月	四川暴雨洪涝	>50
1985 年 8 月	辽宁暴雨洪涝	47
1987 年 5 月	大兴安岭森林火灾	~50
1991 年 6~7 月	江淮流域暴雨洪涝	>500
1992 年 8 月	16 号台风	92
1994 年 6 月	华南暴雨洪涝	~300
1994 年 8 月	17 号台风	170
1995 年 6~7 月	两湖地区暴雨洪涝	>300
1995 年 7~8 月	辽宁、吉林暴雨洪涝	460
1996 年 6~7 月	两湖地区暴雨洪涝	>300
1996 年 7~8 月	华北暴雨洪涝	546

二、我国主要气象灾害天气简介

(一) 干旱

干旱是我国气象灾害中影响面积最大的一种,约占 60%,占气象灾害经济损失的 50%左右。它发生的范围广,持续时间长,危害大。我国旱灾大多发生在华北、黄河流域、长江上游、南岭及云贵高原一带,这正是主要的粮食产区。

1978 年长江中、下游发生了大面积的严重干旱,受害农田达 5.4×10^6 hm²。由于蓄水量的减少,新安江水电站发电量比常年要减少 60%。又如 1986 年黄河流域大旱,受灾面积为 20×10^6 hm²,成灾率达到 50%以上。华北地区是我国干旱的多发区。从影响程度看,20 世纪 50~80 年代就有 1955 年、1957 年、1960 年、1962 年、1965 年、1968 年、1972 年、1978 年、1980 年出现了十分严重的区域性干旱。20 世纪 80~90 年代,干旱更是频繁发生。年降水量减少了 1/3。持续的气候性的干旱带来了严重的问题。它不仅影响了人民日常生活,而且使土地盐碱化和沙化,影响了该地区的工业布局。

表 1.3.2 近年来黄河断流情况(高季章等,1999)

年份	断流次数	断流天数	断流长度(km)
1991	2	16	131
1992	5	53	303
1993	5	60	278
1994	4	74	308
1995	3	122	683
1996	1	136	579
1997	3	226	704

近 20 年来,黄河流域出现了断流,北方地区大范围持续的干旱是造成断流的气象原因。自 70 年代至 90 年代末期,黄河上游的西北地区及其中游黄、淮、海地区都处于降水量偏少的干旱期。进入 90 年代,黄河下游每年都要出现断流。90 年代以来,黄河断流的情况可见表 1.3.2,可以看出,断流天数逐年增多,断流长度也逐年增长。黄河出海口几乎无水入海。这是世界大

河所罕见的现象。因断流造成的供水不足使农业歉收,工业停产。据初步统计,自 1972～1997 年,因断流造成的经济损失在 400 亿元以上。干旱和断流也造成了严重的环境问题。它改变了平原地区的地下水状况,使它与河流水量间形成了恶性循环。无水入海也使海口地区环境日益恶化。

由此可见,干旱少雨天气造成的灾害影响面大,后果是十分严重的。

(二)暴雨、洪涝灾害

暴雨、洪涝也是我国十分重要的气象灾害,它的影响面积仅次于干旱。从天气学角度看,造成洪涝的天气过程主要为持续性的降雨和暴雨。由于暴雨过程的突发性强,强度很大,给预防工作带来很大的难度,因此成灾程度往往居其他气象灾害之首。从表 1.3.1 中可见,暴雨、洪涝灾害发生频率高,造成的经济损失大。

我国地处季风区,是世界上暴雨多发的国家之一。日降水量超过 1 000 mm 的暴雨区不仅发生在南方及沿海地区,而且也在内陆地区发生。如 1977 年 8 月初在陕西与内蒙古交界的毛乌素沙漠地区曾出现了历史上罕见的特大暴雨。日降雨量超过 100 mm 的面积达到 8 000 km²,最大降水中心的降雨量竟达到 1 000 mm 以上。此外,像东北平原,四川盆地,陕甘宁地区等也是暴雨的多发区。近年来,我国各大流域如长江、黄河、珠江甚至松花江等都相继发生过极为严重的洪涝灾害。因此,对我国暴雨、洪涝灾害的研究不仅是我国气象工作者也是世界各国气象学家们共同关心的问题。

暴雨、洪涝造成的灾害是十分严重的。以长江、黄河流域为例,除 1998 年外,近百年来共发生过 3 次特大洪涝灾害。其中 1931 年受灾的耕地面积为 18.5×10⁶ hm²,受灾人口在 1 亿以上;1954 年分别为 3.7×10⁶ hm² 耕地和 0.2 亿人口,1991 年则为 14.8×10⁶ hm² 耕地和 1.2 亿人口。而 1998 年,不仅长江流域遭受了本世纪以来除 1954 年外的全流域性的特大洪水,先后出现 8 次大的洪峰,有的河段超过警戒水位达 80 d(天)。东北嫩江和松花江流域也发生了持续性超历史纪录的洪涝,先后出现 3 次大洪峰,无论是水位、流量还是持续时间,都超过了历史纪录。据不完全统计,全国共有 29 个省、市、自治区遭受灾害,受灾面积达 2 578×10⁴ hm²,受灾人口 2.3 亿人,初步估计的经济损失达 2 484 亿元,其中湖北、江西、湖南、黑龙江、吉林、内蒙古等地受灾较重。因此,暴雨、洪涝灾害对我国国民经济和人民生命财产的威胁是十分严重的。

造成洪涝天气最主要的气象因素是强降水。以 1998 年长江流域洪涝过程为例,6～8 月,在鄱阳湖、洞庭湖及湘、资、沅、澧水系流域中,持续了一个 1 000～2 000 mm 的强降水区,其中江西、湖南地区连续出现持续性暴雨天气。如 6 月 13～15 日历史上罕见的连续暴雨,最大日雨量为 315 mm。又如 7 月下旬中、下游地区(湖北、江西等省)出现日降雨量在 200 mm 以上的持续暴雨,个别测站超过了 500 mm(颜宏,1998)。这样高强度的持续降水势必给江湖堤坝带来极大的压力,造成堤坝被冲,河水泛滥。

暴雨过程常常突发性大,强度大,给预防造成很大困难。如 1975 年 8 月上旬发生在江淮流域的 1 次特大暴雨过程。整个过程只集中在 8 月 5～7 日短短的几日内。但其来势十分凶猛,3 d 最大降水量达 1 605 mm,1 d 的最大降水量为 1 005 mm,超过 400 mm 的降雨面积约 2×10⁴ km²。因此,虽然过程短,但由于来势猛,强度大,引起河水泛滥,水库垮坝,造成了重大损失。

由此可见,对于暴雨过程的研究及由此研制出相应的预报方法,是天气学特别是中尺度气象学的一个十分艰巨而重要的任务。

(三)台风

台风是世界上破坏强度最大的一种天气系统。它发生在热带海洋上,但常常向大陆移动。当它移近大陆或登陆深入内地时就会带来灾害。我国地处西北太平洋地区,这是全球台风发生频率最高,强度最大的地域。北到辽宁,南到广西,都有可能遭到台风的袭击。因此我国也是台风灾害最严重的国家之一。

从近 44 年登陆我国台风的次数统计(1949~1992 年),每年平均约有 7 次台风登陆。图 1.3.1 为各年登陆台风次数的曲线。可以看出,多则 12 次(1971 年),少则 3 次(1950,1951 年)。台风登陆大多集中在 7,8,9 月 3 个月,占全年登陆台风总数的 76%。因此这是一种季节性很强的灾害系统。台风登陆的地区大多集中在东南沿海各省,其中主要集中于广东、台湾、海南、福建和浙江等省。他们分别占登陆台风总数的 31.8%,20.7%,17.3%,16.0% 和 5.7%。但是台风对我国造成的灾害却远不只东南沿海诸省。全国有 25 个省、市、自治区可以直接受到台风的袭击和危害。它包括东北地区的吉林、辽宁等。而间接受其影响的则北可至黑龙江、内蒙古,西可达山西、陕西等地区,影响范围是十分广阔的。

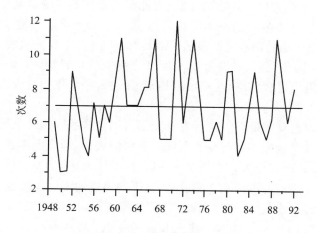

图 1.3.1 各年台风登陆次数

台风登陆在我国造成的主要灾害天气大致可为如下 3 个方面:

(1)强风 强风是台风系统最重要的标志。根据我国中央气象台 1989 年起采用世界气象组织统一的规定,将习惯上统称的台风分成以下几级:当最大风力达到 8~9 级(相当风速为 17.2~24.4 m/s 时)称为热带风暴;而最大风力为 10~11 级(24.5~32.6 m/s)时称为强热带风暴;最大风力为 12 级(32.7 m/s)时称为台风。但在日常生活及研究中,仍把这 3 类统称为台风。强台风中心的最大风速有时可达 100 m/s 以上。如此强烈的风速会造成海上船只的倾覆、庄稼、树林、房屋的毁坏,以致人员的伤亡。据报道,有的台风中心经过的地区,"整片树林被齐腰截断,水牛被抛入海中,甚至大块钢板被吹得在空中飞舞。"

(2)暴雨 台风常常伴随着十分强烈的暴雨过程。1 次台风常可有 100 mm 以上的暴雨,有的甚至超过 1 000 mm。如前一节中曾经提到过的 1975 年 8 月河南等地的大暴雨过程就是由台风登陆引起的。过程总降水量为 1 631 mm。由于降水量集中,造成江河横溢,水库垮坝,带来巨大损失。因此,台风暴雨也是一种危害极大的天气。

(3)风暴潮 台风移近海岸时,大量海水在海岸附近堆积,造成海水涌升。又因为台风是一个很强的低气压系统,中心气压比周围要低,由于辐合使海面升高,造成强烈的风暴潮。如果这时正与月球引力造成的潮汐相一致危害就更大。风暴潮可在海上造成巨浪,沿岸海水倒灌,淹没农田房屋,冲垮港口设施,还会使土地盐碱化。

我国沿海各省是我国经济比较发达的地区,又是台风危害最大的地区,因此加强对台风的警戒和预报,致力于对台风的成因、移动路径和台风天气等各方面的研究,有着十分重要的科学和实用价值。

(四)低温冷害

低温冷害是由于强烈降温引起的各种灾害。包括寒潮、霜冻、雪灾等。对我国造成低温灾害的天气过程往往与农牧业紧密联系在一起。由降温造成的灾害随着地区和季节的不同而各异。除了冬季大范围的寒潮天气外,对我国影响较大的还有华南地区的秋季寒露风及冬季的寒潮天气,江淮流域的初霜冻,东北地区的夏季冷害以及我国北方特别是3大牧区的雪灾等,都可以给农牧业造成巨大的危害。下面仅就几类最重要的冷害天气作一些介绍。

华南地区虽然属于低纬地区,但是经常受到寒潮的袭击,造成强降温和霜冻天气,影响了越冬作物特别是热带、亚热带经济作物的生长。因此华南地区冬季低温是该地区农业遇到的重要灾害。华南地区 1 次寒潮过程的平均降温可达 12 ℃,最大降温幅度为 25.7 ℃,列全国之首。这种剧烈的降温对作物的影响是严重的。如 1975 年 12 月上旬的 1 次强寒潮,它的影响范围很大,持续时间长达 10 d 左右,降温为 20~22 ℃。降雪线南界距两广海岸仅 100~150 km。华南高山地区出现严重积雪和霜冻。这不仅给热带、亚热带经济作物造成损害,也使交通、通讯等设施遭到破坏。

另一类冷害是东北的夏季低温。这种夏季低温可以造成我国这片主要产粮区粮食的大幅度减产。东北地区粮食产量的丰歉与夏季气温有直接的关系,即高温丰收,低温歉收。它的歉收往往是大面积的,因此危害更大。在夏季 5~9 月的 5 个月中,会发生连续的温度负距平,一般的低温冷害年最大的降温幅度可在 7 ℃以上,月平均温度的下降幅度也可在 2 ℃以上。下降持续的低温对作物生长造成危害,带来大面积歉收。据统计,1949 年以来 5 个最严重的夏季低温年(1954,1957,1969,1972 和 1976 年)使东北地区粮食平均减产在 30%以上。如 1972 年的冷夏造成整个东北地区粮食减产 63×10⁸ kg,1976 年则为 47.5×10⁸ kg,1986 年东北三省玉米平均每亩① 减产 20.58 kg。近年来对这种灾害的严重性有了足够的认识,并开展了一系列的多侧面的分析和研究。

北方地区冬季雪灾则又是另一类严重的冷害,它对我国北方特别是广阔的畜牧业区威胁尤大。由于我国主要牧区目前仍以天然草场放牧为主,因此冬半年的积雪情况(如积雪深度,持续时间)及雪后的大风、降温等将直接制约着畜牧业的发展。雪灾成为牧区冬半年主要的天气灾害。

表 1.3.3 1961~1990 年 3 大牧区冬季雪灾频次(陈峪等,1996)

牧区名	站次	频率(%)
新疆牧区	102	23
青藏高原牧区	70	16
内蒙古牧区	26	6
合计	198	15

① 1亩＝公顷/15

　　表1.3.3是新疆、青藏高原和内蒙古3大牧区1961～1990年遭受雪灾的站次和频率。可以看出,雪灾频次最高的为新疆牧区,30年中共出现102个站次(各牧区选取代表站15个),平均每年为3.4站次,雪灾频率为23%。其次为青藏高原牧区,平均每年出现2.3个站次,频率为16%。而内蒙古牧区平均每年为0.9站次,频率为6%。

　　雪灾的危害是很大的。如1966年新疆牧区的大风雪过程,积雪深达25～45cm,积雪持续至4月中旬,积雪过程中伴随的大风达6～7级,有时可至9级以上。大风雪造成全地区牲畜死亡达400万头以上。1989年青海省南部出现的持续性积雪过程在2～4月积雪日数在30 d以上,部分地区还持续了暴雪,有0.13×10^8 hm² 草场被雪覆盖,近千万头牲畜受到威胁,160多万头被冻、饿致死。

　　总之,我国的天气灾害种类很多,过程也十分复杂,它牵涉到气候、地理、水文、工业、农牧业等各个方面。但从上面的叙述可以看出,加强对天气灾害的研究,了解它发生的规律和成因,提供较好的预报方法,是天气学十分重要的目标和迫切的任务,也是天气学工作者的重要研究课题。

第二章　大气环流

大气环流包含着极其丰富的内容,对这个名词从不同角度着眼有着不同的含意。有人认为大气环流是指全球大气的瞬时状态,也有人认为大气环流主要指所有永久性或半永久性大气活动中心的集合体,包括:赤道辐合带、急流、季风、副热带高压和各种永久性或半永久性气旋和反气旋中心;另外还有人认为大气环流是大气运动所有特征的定量统计结果。但总的来说,大气环流是指大范围、较长时间尺度的大气运动。目前,国际上采用多年的月平均场或季平均场来表示该月的或该季的大气环流基本状况。它们的变化不但影响着天气的类型和变化,而且影响着气候的形成。近年来由于大气科学中各个分支之间的渗透,大气环流日益变成天气学、动力气象学和气候学相结合的产物,从而使大气环流具备了许多新的内容。

第一节　大气环流研究概况

20 世纪 40 年代以前,大气环流的研究主要限于地面观测资料的分析和统计,诊断分析和理论研究十分有限。40 年代末和 50 年代初,全球无线探空电观测网建立并不断改善,由此获得了许多台站的高空资料,尤其是在北美、欧亚大陆以及澳大利亚地区。这使人们开始有可能对高空的大气环流特征进行研究。许多人作了大量的观测分析和数值计算。这一时期理论工作也有相当的进展。随后从 60 年代开始,人们根据日益增多的观测资料(包括卫星、飞机及其他特殊观测资料)得到了许多更准确、更可靠的大气环流观测和统计结果。与此同时,大气环流数值模拟试验开始成为研究大气环流的主要方法之一(Phillips,1956;Smagorinsky,1963),使人们对制约大气环流的物理条件和演变过程从理论上有了更深入的认识。最近 20 年来,随着大型电子计算机的应用,不断采用新的资料处理方法和客观分析方法,为大气环流的观测分析、统计和数值计算提供了更多更长期的资料。并且资料的分析质量也得到了改善,例如现在已很少用地转风来表征大气的行星风系。另一方面,用大型计算机进行大气环流数值模拟也已成为可能。

从上面的说明可以看到大气环流的研究主要有 4 种方法:(1)观测资料的分析和统计 根据这种方法可以发现一些新的事实和概念,甚至规律。近年来人们广泛地用诊断分析方法来定量地解释由观测分析揭示出的事实。(2)理论研究 尤其是研究经过大大简化但又保留物理本质的某些物理模型,从而常可得到解析解。(3)数值模拟试验 主要用计算机从数值上模拟大尺度流场和气候的形成,这种方法的缺点是:由计算机得到的统计结果分析起来与观测分析一样也很复杂,常常不易得到明确的结论。另外模式中总是包含次网格尺度过程的参数化,这常常会对结果的正确性带来一定问题。但是数值模拟试验最大的优点是:通过改变外部条件可以模拟控制大气环流和气候的不同制约因子,如改变太阳辐射流入量、地转速度、地面结构和状况、云量和反照率以及大气的化学成分等,可以了解引起气候变化的原因和过程。事实上这种模式研究方法是使人们由定性到定量解释大气环流的主要方法。(4)实验室研究 主要用转盘试验研究大气环流的各种基本性质,特别是大地形和海陆分布对大气环流的影响,但是用这种方法对大气过程一般只能得到定性的了解。上面几种方法最好是结合起来应用,尤其前面 3 种。但在任何情况下,由第一种方法得到的结果,都是后三种方法研究的依据和基础。

第二节 控制大气环流的基本因子

大气环流的形成与维持是由影响大气运动的一些基本因子在长期作用下造成的,其中最主要的因子是太阳辐射、地球自转、地球表面不均匀(海陆和地形)和地面摩擦,当然这些外因都要通过大气本身而起作用。

一、太阳辐射作用

大气环流的直接能源来自于地球表面的加热、水汽相变的潜热加热和大气对太阳短波辐射的少量吸收。然而其最终的能源还是来自太阳辐射,赤道和极地的地球表面接受太阳辐射的差异及其年变化支配着大气环流的变化。地球-大气系统吸收太阳辐射在赤道附近有极大值,向两极迅速递减,然而,大气-海洋-地球系统向宇宙空间辐射的平均红外辐射能随纬度变化比前者小得多,赤道仅略高于两极,这是因为大气向外辐射大部分是来自水汽层顶部,在低纬度水汽层顶很高,低纬的水汽层顶处温度比高纬度的水汽层顶温度高得不多。这种辐射能收支分布导致低纬度能量有盈余,而高纬度能量有亏损。同时,大气本身通过辐射、湍流、对流和水汽相变获得能量,又以自身的温度向外辐射能量,收支相抵后也是在低纬有盈余,在高纬有亏损。为了维持大气的能量平衡,就需要有向极地的能量输送,能量输送的结果使赤道与极地间温差减小。图 2.2.1 为大气温度随纬度分布的垂直剖面图,由图可见冬季南北温度差明显地大于夏季。在对流层中赤道比极地暖,温度差从下往上递减。在平流层中,夏季极地的温度比赤道高。

大气的垂直特征尺度,决定了大气的准静力平衡和准地转的特点,即是说,在垂直方向大

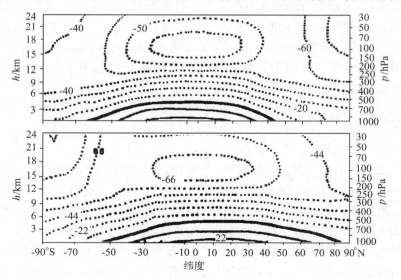

图 2.2.1　由 ECMWF 的分析资料算得的月平均纬向温度的分布

上为 1 月份;下为 7 月份,单位℃

(引自朱乾根等,《天气学原理和方法》,1992,图 4.11)

气基本满足静力平衡,在水平方向上,大气基本满足地转风平衡。大气的温度分布基本上决定了位势高度场的分布,假定地球表面性质都一样,地球也不旋转,那么南北方向上的温度差就产生了高层有从赤道指向极地的位势梯度,在位势梯度力的作用下,空气就产生向极地运动,空气在极地冷却将下沉,质量堆积又造成对流层下部有指向赤道的气压梯度力,也就产生了由极地向赤道的运动气流,空气到达低纬被加热将垂直上升,就构成了一个南北向的闭合环流。这种大规模的闭合环流的特征是:在赤道附近为上升运动,而极地为下沉运动,在北半球高空为南风,低层为北风,这种环流圈是由大气加热不均匀造成的,故又称为直接热力环流圈。但实际上地球是在不停地旋转着,这种大规模的空气运动尚不能不考虑地球旋转的作用,因此,这种单一的环流圈实际上是不存在的。

二、地球自转

地球自转对大气的作用与大气运动的尺度有关。对于大规模的大气环流,地球自转的作用很重要,同时还必须考虑地球自转参数 f 在各个纬度上的差异,f 的定义是,$f = 2\Omega\sin\Phi$,其中 Ω 是地球旋转的角速度,Φ 是纬度。因此地球自转参数在赤道为零,它随纬度增加而增加,到了两极为最大。

地球-大气系统所接受的辐射能,各纬度分布是不均匀的,产生由热带指向两极的温度水平梯度,温度高的地方空气密度小,而气压随高度的递减率也慢;温度低的地方则相反。这样,在对流层中、上部就产生了指向极地的气压梯度,同时在低层又有指向赤道的气压梯度。在北半球高空空气在气压梯度力作用下由赤道向北运动,当空气离开赤道后,由于在自转的地球上相对于地球运动的空气质点必受到地转偏向力的作用,而且地转偏向力,与地转参数 f 一样,随纬度增大而增大,而且力的方向总是指向最初空气质点运动方向的右方,所以在北半球原来向北运动的空气质点就逐渐转变为向东的运动(偏西风),约在 30°N 附近气压梯度力与地转偏向力达到平衡,空气运动方向转为自西向东。自赤道源源不断向北运动的空气也就在 30°N 附近发生辐合,有质量堆积,使地面气压升高,而且自赤道向北运动的空气不断辐射冷却,因而产生了下沉运动。下沉的空气分别向南和向北辐散地流去。在低层向南运动的空气质点,在地转偏向力作用下,在北半球就转为东北风,因为这支风系很稳定,称为东北信风。同理,南半球高层为西北气流,低层为东南气流,称为东南信风。

三、地球表面的不均匀性

(一)海、陆分布对大气环流的影响

海水的比热比岩石大得多,又由于海水是流体,具有流动与湍流性质,热容量比陆地大得多,因此,海洋上空气温度的日变化与年变化比陆地上小得多。夏季,当太阳直射到北半球时,大陆上增暖比海洋快。冬季相反,太阳直射到南半球,北极地区进入极夜,整个北半球接受到的太阳辐射能大大减少,长夜的长波辐射超过收入的辐射能。大陆冷却又比海洋快,在极地和冰雪覆盖的高纬地区,太阳辐射被雪面反射掉很多,吸收得很少,而且雪面的长波辐射接近于黑体,比较强,所以北半球的冷极与地理纬度极点不重合,不在北冰洋上,而是在内陆的西伯利亚地区。冬季,海洋较同纬度的大陆暖;夏季,海洋较同纬度的大陆冷。冬季(图2.2.2),相对于海洋比较冷的大陆,近地面层形成冷性高压,如格陵兰、西伯利亚和北美大陆均各有 1 个高压中心;相对于大陆比较暖的洋面上为冰岛低压和阿留申低压,它们在冬半年特别强大;副热带高

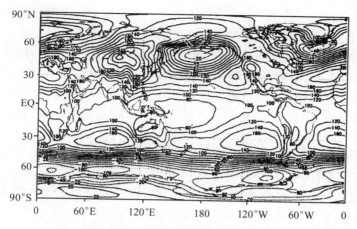

图 2.2.2　1 月份平均海平面气压场分布
(NCEP 资料,1982～1994 年)

压主体主要位于南半球,有两个强的副高中心分别位于印度洋上的阿姆斯特丹岛附近,及东太平洋上智利以西、复活节岛以南洋面上(35°S,90°E 及 35°S,90°W 附近)。夏季(图 2.2.3),比海洋暖的大陆上,近地面变成低压区,在最大的亚洲大陆上尤为明显,热低压特别强大;夏季,在较冷海洋上的副热带高压比冬季强大得多,主体分别位于太平洋及大西洋上,太平洋高压的中心位置在夏威夷群岛以北(37°N,150°E 附近)的洋面上,大西洋上的副热带高压位于亚速尔群岛附近(又称亚速尔高压);而欧亚大陆却变为 1 个相对庞大的热低压;北部太平洋上的阿留申低压,夏季却减弱并退化为 1 个低槽,冰岛低压则由于墨西哥暖洋流和北美大槽共同作用,夏季仍维持 1 个低压,但也比冬季要弱得多。

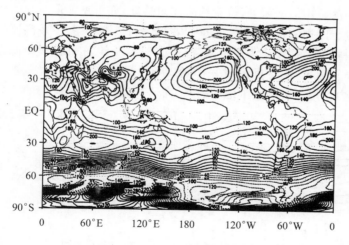

图 2.2.3　7 月份平均海平面气压场分布
(NCEP 资料,1982～1994 年)

海、陆分布不但对近地面层的气压系统有直接影响,而且对于对流层中部西风带平均槽、脊的形成也有重要作用。北半球大陆(欧亚大陆、北美大陆)大部分都在西风带里。冬季,当空气自西向东流过大陆的过程中,由于冷大陆的影响,气温不断降低,当到达大陆东岸时温度就降到最低值。对应低温的空气密度变大,造成冷空气上空等压面高度比较低,于是大陆东岸附近高空 500 hPa 图上便形成冷性低槽。而当空气自西向东流过海洋的过程中,由于暖洋面影响,气温不断升高,当到达大陆西岸时,气温就达到最高值。由于温度升高而密度变小的暖空气上空等压面高度比较高,在大陆西岸就会出现高压脊,夏季则相反,由于热力影响,大陆东岸上空应表现为高压脊,西岸上空将出现低槽。当然,观测事实并不完全是这样,因为平均槽、脊的形成固然与海、陆分布造成的热力差异有密切关系,但还同其他因素有关,如地形影响等。

(二) 地形影响

大范围的高原和山脉对大气环流的影响是相当显著的。它们可以迫使气流绕行、偏转或爬升。并使气流运动方向及速度发生变化。以青藏高原为例(图 2.2.4),它的地形动力作用表现为,冬季青藏高原位于西风带里,高大突起的高原使 500 hPa 以下西风环流被迫分支、绕流而后汇合,从而使得高原迎风坡和背风坡形成弱风的"死水区"。南支西风在高原南部形成孟加拉湾低槽,具有气旋性切变,故冬、春季节我国西南地区处于孟加拉湾低槽前,空气相对暖湿。除此而外,较高层的西风气流也可以爬坡通过高原,并在高原东侧下坡形成背风波或说地形槽。这种地形槽常同因海陆热力差异而形成的槽并在一起而构

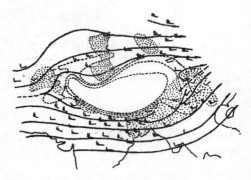

图 2.2.4 各季青藏高原附近 500 hPa 流线
(引自朱乾根等,《天气学原理和方法》,
1992,图 4.17)

成东亚大槽。因此,冬季东亚大槽是海陆热力差异和西藏高原地形动力作用的产物。同理,北美平均大槽形成原因除了海陆差异之外,落矶山脉(Rocky Mountains)的作用也十分重要,夏季北美大槽仍位于落矶山的下风处,位置约略向东移动,亦可见地形所起的作用。

青藏高原相对于四周的自由大气,夏季起着强大的热源作用。冬季高原的东南部也是一个热源,西部由于资料缺少,初步认为是冷源,尚待进一步研究。东北部是冷源还是热源也未有定论。10～4 月高原西部边界层里形成一个冷高压(图 2.2.5a);而 6～8 月却是热低压(图 2.2.5b)。高原热力作用还影响这个地区的东、西风环流。

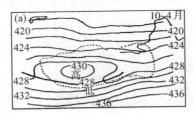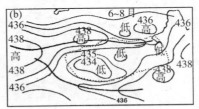

图 2.2.5 青藏高原上 600 hPa 气压形势图
(引自朱乾根等,《天气学原理和方法》,1992,图 4.18(a,b))

隆冬过后,高原西部地区冷源作用减弱,其上空的大气也日益增温,削弱了高原南侧的南北向温度梯度,加强了北侧的南北向温度梯度。根据热成风原理,高原南侧西风减弱,北侧西风加强。当加热到一定程度时,高原成为一个巨大的热源时,高原南侧的温度梯度就变成为由北指向南,高原南侧西风消失变为东风环流,由此可见高原热源所起的巨大作用。夏季,青藏高原

这个巨大热源使它上空的大气几乎在整个对流层内都呈对流性不稳定、高温且高湿。高原的近地面层,总的来说是个热低压,低压中由于气流辐合产生大规模的对流活动,把地面的感热和高温、高湿空气释放的潜热带到高层,使得空气柱变暖。在静力学关系的约束下,高空等压面抬高,产生辐散。根据青藏高原气象科学实验期间计算表明,夏季高原相应区域的平均散度的垂直分布为,地面至 500 hPa 有辐合,而 500 hPa 以上有辐散,400 hPa 高度上辐散达到极大。根据涡度方程可知,辐散则有利于反气旋性涡度维持与加强。高层辐散还有利于低层辐合。结果形成了具有上升气流的热力性青藏高压,又称南亚高压。南亚高压常同副热带高压相向而行,即副热带高压西伸时,南亚高压东移。两者有时会出现叠加,在它们的控制下,盛行下沉运动的晴旱天气。

第三节 大气平均流场特征

一、平均纬向环流

平均纬向环流是指平均纬向风的经向分布。图 2.3.1 是北半球冬季和夏季平均纬向风速的经向剖面图。在低纬度地区,无论冬、夏均为很厚的东风带,在低空约占 30 个纬距,且夏季比冬季宽。在中高纬度为西风带,西风层占有的纬度随高度而增宽,西风风速随高度而增大,在对流层顶有 1 个强西风中心区,西风风速达最大值,这就是西风急流。北半球冬季,平均西风急流中心在 27°N 的 200 hPa 上,风速约为 40 m/s;夏季位于 42°N 的 200～300 hPa,风速约为 15 m/s。中纬度西风与低纬东风的界限(零等风速线),在对流层中、下层是随高度向赤道方向偏斜的,即东风层占据的纬距宽度随高度而减小。极地低层,无论冬、夏均是浅薄的弱东风层,其厚度和强度都是冬季大于夏季。

从图 2.3.1 还可看出,如果不计经向风速分量,平均而言,近地面层的纬向风带可分为 3 个:极地东风带、中纬度西风带和低纬度信风带。与此 3 个风带相应的地面气压带是 4 个:极地高压带、副极地低压带、副热带高压带和赤道低压带。通常称它们为"三风四带"。

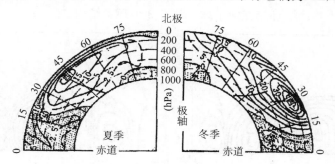

图 2.3.1 冬、夏季各经度的平均纬向风速(单位:m/s)

(引自梁必骐,《天气学教程》,1995,图 4.1)

二、平均经圈环流

所谓经圈环流是指风的经向分量和空气的垂直运动在子午面上组成的环流圈。北半球冬季子午面上有 3 个平均环流圈:高纬和低纬地区是两个正环流圈,中纬度地区是 1 个逆环流圈。低纬度的正环流圈,通常称之谓信风环流圈,也叫哈得来(Hadley)环流圈,它对应着低空由副热带高压吹向赤道的信风和高空由赤道吹向副热带地区的反信风。3 个环流圈中,以哈得来环流圈最强,中纬度逆环流圈较弱,高纬度的正环流圈最弱。夏季,3 个环流圈的位置都比冬季靠近极地,而在赤道地区,则为南半球伸展过来的部分信风环流圈所占据。北半球由冬至夏,经圈环流向北移动大约 10 个纬距,而最大上升运动和最大下沉运动区也相应北移 10 个纬距左右。其具体形成过程如下:

在赤道附近对流层中东北信风与东南信风汇合的地带称为赤道辐合带(或称热带辐合带)暖空气在辐合带中上升到高空形成向极地辐散的气流,在他们分别向极地运动的过程中,由于偏向力作用逐渐转为偏西风,在高空就产生气流辐合,同时也产生辐射冷却。在辐合、辐射冷却的作用下,空气产生下沉运动,下沉的空气中一部分在低空又返回到热带辐合带中去,这个环流圈称为直接环流圈或称哈得来环流,因为最早是由哈得来提出的。

极地区域由于能量的亏损,空气不断冷却,伴随着密度不断增大,气压随高度的递减率就比低纬度要大,于是高层产生自较低的纬度指向极地的气压梯度,低层则有自极地指向较低纬度的气压梯度。在气压梯度力作用下自极地流向较低纬度的低层空气,因受到偏向力的作用,在北半球形成自极地吹向高纬的东北风,高层为西南风,构成另一个直接环流圈。在这个直接环流圈中,低层一支的东北风与从低纬哈得来环流圈的下沉辐散而向北运动的西南气流相遇。因为来自极地和高纬的空气一般比较冷而干,而来自较低纬度的西南气流一般比较暖而湿,这样大范围不同性质的空气块相遇便形成了北半球的主要锋区,通常称为极锋。暖湿空气密度较小,沿极锋锋面滑升,当它到达对流层上部时又南北分流,向北的一支气流在极地下沉,并在低层回到较低纬度。向南的一支在对流层上部与哈得来环流圈中来自赤道的高层更暖湿的空气在副热带相遇,形成副热带锋区。副热带锋区在对流层的中、下层(400~500 hPa 以下)由于下沉辐散气流很强而没有什么锋面特征。但在对流层上部锋区特征明显,而东亚地区尤为明显,有一个很强的副热带急流与锋区相对应。

图 2.3.2(a),(b)是根据大量实测风资料求出的各季节平均经向环流。关于冬半球的平均经向环流越过赤道进入夏半球的情况,不论在 12~2 月还是 6~8 月均可以看到,这两副图正好成为逆对称,而且平均经圈环流在两半球上都有 3 个环型结构。

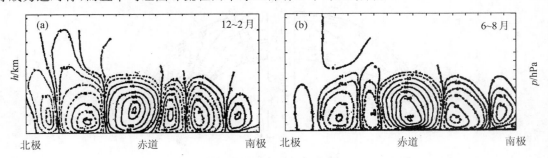

图 2.3.2 平均经向环流(Newell 等,1972)
(引自新田尚,《大气环流概论》,1987,图 3.10(a,b))

归纳上述各点可知,北半球可能有最简单的 3 圈环流模式(图 2.3.2a),在极地与热带各有 1 个直接环流圈,其特征是空气自较暖处上升,在对流层上部向较冷处流去,然后下沉,而对流层低层空气则由冷处向暖处流动,构成 1 个闭合环流圈。在极地环流圈与哈得来环流圈之间的中高纬度地区存在 1 个环流方向相反的闭合环流圈称为间接环流圈,亦称为费雷尔环流。

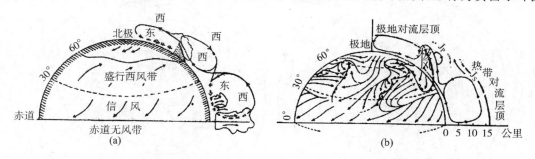

图 2.3.3(a) 罗斯贝(Rossby)的三圈　　　　图 2.3.3(b) 经向剖面上大气环流
经向环流模式图　　　　　　　　的概略模式以及地面锋面和流线

(引自朱乾根等,《天气学原理和方法》,1992,图 4.12(a,b))

与 3 圈环流模型对应的地面气流在低纬和极地附近大致是东风带(东北风),而在中纬度是西风带。三圈环流对应的高空气流在高纬和低纬都是西风带,西风风速大于 30 m/s 的强西风中心称为急流。对流层上部的极锋上空有 1 个极锋急流中心,而在副热带锋区上空有 1 个副热带西风急流中心。中纬度的间接环流圈高空应为东风,但间接环流圈较极地环流和哈得来环流弱得多,基本上仍是带状的西风气流。在西风气流中常常产生扰动,使带状气流呈波状前进,造成西南气流与西北气流交替出现。有时东北气流也与东南气流相伴出现(图 2.3.3b)。南北之间不同温度的空气通过这种流场进行热量交换和角动量交换,使东、西风带得以长期维持。

平均经圈环流与瞬时经圈环流是有差别的。例如在中国青藏高原所在的经度范围内,夏季其南侧是 1 个季风环流圈,与信风环流圈是相反的。这是因为夏季青藏高原相对于其南侧低纬度地区是 1 个热源,因而上升运动出现在青藏高原上空,而赤道附近反而是下沉运动。与此季风环流圈相对应,低空盛行西南季风,而高空则是东偏北风。所以,平均经圈环流同瞬时经圈环流在很多方面是有差别的,不能等同视之。

三、平均水平环流

图 2.3.4 是北半球 1 月和 7 月的平均海平面气压场,整个气压场形势表现为沿纬圈方向的不均匀性,而呈现一个个闭合的高、低压系统,称为永久或半永久性活动中心。当活动中心常年存在时,称为永久性的,而有季节变化的则称为半永久性的。

冬季,北半球的主要活动中心是两个低压和几个高压。一个是阿留申低压(平均中心位置为 60°N,180°E);另一个是冰岛低压(平均中心位置为 65°N,30°W)。几个高压有西伯利亚高压(平均中心位置为 45°N,100°E)、北美高压(平均中心位置为 40°N,90°W)、东太平洋高压(平均中心位置为 30°N,135°W)和大西洋高压(平均中心位置为 30°N,30°W)。前两个为冷高压,后两个为副热带高压。

南半球 1 月与 7 月平均气压图(图 2.3.5 和图 2.3.6)之间的差别并不像北半球相同月份之间的差别那么明显。在热带,气压一般是向极地方向升高的,到副热带出现一条环绕地球的气压峰值带,在副热带地区的各大洋上都有一个反气旋中心。印度洋的反气旋中心从夏到冬向西移动 30 个经度(最西的位置出现在 6 月份,55°E 处),而整个反气旋带的位置 1 月比 7 月偏

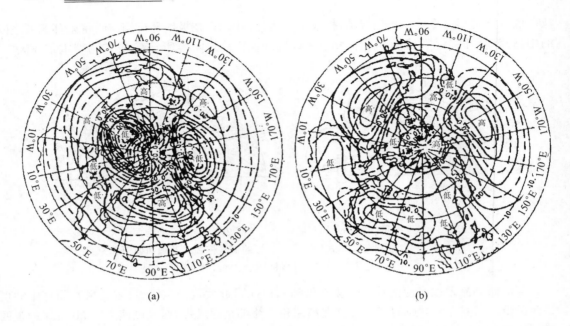

(a)   (b)

图 2.3.4　北半球平均海平面气压场图

(a)1 月；(b)7 月

(引自梁必骐，《天气学教程》，1995，图 4.4)

南几个纬度。在副热带大陆地区，从夏到冬气压是上升的。在副热带高压以南，平均气压急剧下降，在 60°～70°S 之间的环球低压槽中达到其最低值，这个环球低压槽中有 4 个(春季有 5 个)低压中心，它们的位置随季节变化不大。在低压槽以南，海平面气压随纬度升高，但在南极洲地区，因为南极洲的海拔高度在 2 000～4 000 m 之间，使得海平面气压值失去意义(因在地表以下)，不做讨论。

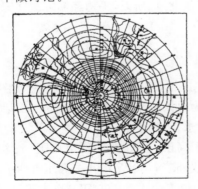

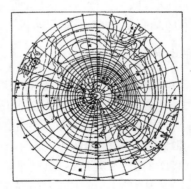

图 2.3.5　南半球 1 月海平面平均气压(hPa)　　图 2.3.6　南半球 7 月海平面平均气压(hPa)

(引自 Taljaard 等，1969)　　　　　　　　(引自 Taljaard 等，1969)

夏季与冬季的最突出的差别是冬季大陆上的两个冷高压到了夏季变成了两个热低压：亚洲低压和北美低压。阿留申低压和冰岛低压在夏季虽仍存在，但比冬季弱得多，在地面平均图上已不清晰可见。副热带高压夏季显著北移，海上的两个副热带高压变得非常强大，太平洋高压平均中心位置为 40°N,155°W 左右,大西洋高压平均中心位置为 40°N,40°W 左右。

随着冬、夏海平面气压场的改变,与气压系统相伴随的风系也发生了根本的变化。这种大规模的风系随季节的转换称为季风。中国东南沿海地区冬季盛行偏北风,夏季盛行偏南风。另外东非的索马里、西非的几内亚附近沿岸、澳洲北部和东南部沿岸、北美洲东南岸以及南美洲巴西东岸等地区,都是比较著名的季风区。其中以亚洲季风为最强盛,范围也最广。

冬季北半球对流层中部(以 500 hPa 为代表)环流的最主要特点是盛行着以极地为中心的沿纬圈的西风环流,西风带上有行星尺度的平均槽、脊(图 2.3.7)。其中有 3 个明显的槽:一在亚洲东岸(由鄂霍次克海向较低纬度的日本及中国东海倾斜),称为东亚大槽;二是位于北美东岸(自大湖区向较低纬度的西南方倾斜),称为北美大槽;三是欧洲白海向西南方向伸展的较弱的欧洲浅槽,是三槽中最弱的 1 个。在 3 个槽之间有 3 个平均脊,分别位于阿拉斯加、西欧沿岸和青藏高原的北部。脊的强度比槽要弱得多。低纬度的平均槽脊位置和数目与中高纬度并不完全一样,除北美和东亚大槽向南伸到较低纬度外,在地中海、孟加拉湾和东太平洋都有较明显的槽。

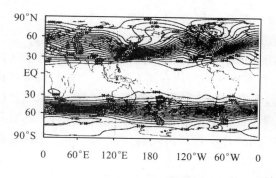 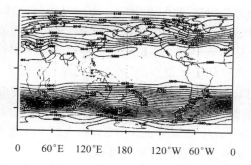

图 2.3.7　1 月位势高度场　　　　　　　　图 2.3.8　7 月位势高度场

(500 hPa,NCEP 资料,1982~1994 年)　　　　(500 hPa,NCEP 资料,1982~1994 年)

夏季北半球对流层中部的环流与冬季相比有显著的不同(图 2.3.8)。西风带明显北移,等高线变稀,中高纬度的西风带上由 3 个槽转变为 4 个槽,其强度比冬季显著减弱。比较可见,北美大槽的位置由冬至夏没有明显变化,而东亚大槽却向东移到了勘察加半岛附近,另一个槽在欧洲西海岸,贝加尔湖附近地区则新出现了 1 个浅槽,从而构成了夏季四槽的形势。但是要特别指出,另外在欧洲中纬度的地中海地区还有 1 个明显的低槽。

南半球无论从 1 月平均图(图 2.3.7)还是从 7 月平均图(图 2.3.8)上都可以看出等高线相对北半球都比较平直,没有明显的大槽、大脊,但在南半球中纬度具有很强的斜压性,这表现为 500 hPa 上的等高线无论冬、夏都表现得十分密集。但这种斜压性在 60°S 附近突然消失,从这里向南极大气的平均状况接近正压,等压面的平均坡度还不到 40~60°S 之间的平均坡度的1/8,这也是南半球与北半球的典型不同之处。

对流层上部(以 200 hPa 为代表,平均在 11~12 km 附近)冬季北半球 200 hPa 上的平均槽脊分布(图 2.3.9)和 500 hPa 上的平均槽脊分布很相似,但在 200hPa 上槽线的位置同 500hPa 上的相比均向西有所倾斜。赤道西太平洋具有庞大而明显的赤道反气旋结构。冬季南半球200 hPa 上的中偏低纬度地区自非洲南部经印度洋到澳大利亚西岸为 1 个高压脊,东太平洋以及西太平洋地区为另外两个高压脊,在这 3 个高压脊之间为弱而宽广的槽区,而其中以南美

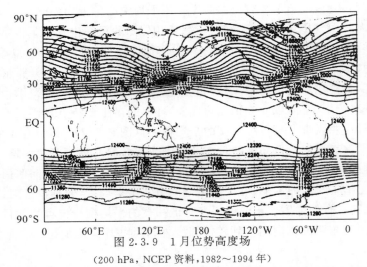

图 2.3.9　1 月位势高度场

(200 hPa, NCEP 资料, 1982~1994 年)

的槽为最明显,槽的北端同一个明显的气旋环流相联系。低压在南极附近。在西太平洋的 40~50°S 地区 200 hPa 位势高度下降现象比同纬度其他地区为小。

夏季北半球 200 hPa 上仍存在着 4 个槽(图 2.3.10),其中北美大槽同 500 hPa 上槽的位置相比位相变动很小,显示了正压结构的性质。而东亚大槽的位置同 500 hPa 上槽的位置相比更加偏东,表现为位相东倾,到了北太平洋中部,形成了典型的洋中槽。贝加尔湖及其以西地区仍然维持 1 个宽阔的槽区,欧洲西岸的槽已变得十分微弱,中心在青藏高原上空的南亚高压,其长轴从 20°E 延伸到 140°E,表现得十分强大,另外在墨西哥湾及其以西的东南太平洋地区有 1 个较为明显的副热带高压。

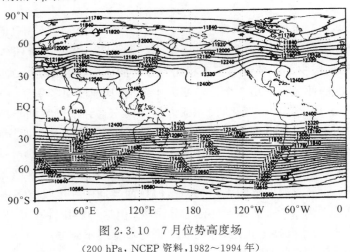

图 2.3.10　7 月位势高度场

(200 hPa, NCEP 资料, 1982~1994 年)

夏季南半球 200 hPa 的位势高度在非洲及南美洲西岸各有 1 个锋值,200 hPa 的高度向极地方向下降,在南极洲的东侧 85°S 附近达到最小值,在 60°E 的中纬度地区位势高度自北向南下降得最快。

由上所述可知:大气运行的基本状态是以极地为中心的纬向环流为主,而且这种纬向运动是不均匀的,在对流层中、上层,纬向运动存在着急流,是纬向运动南北不均匀性的反映;而大型长波槽、脊的扰动，则是纬向运动东西分布不均的反映；近地面层气压带中永久性或半永久性活动中心，也是纬向运动不均匀的表现。

第四节　东亚环流基本特征及其季节变化

东亚地区是位于亚洲陆地的东岸，又濒临世界最大的大洋，西部有地形十分复杂的高原。海陆之间的热力差异和高原的热力、动力作用，使得东亚地区成为 1 个全球著名的季风区，具有冷干的冬季与热湿的夏季，天气气候差异比同纬度其他地区悬殊得多，相应的环流特征和天气过程也都具有明显的季节变化，本节将介绍我国各个不同季节里环流、天气过程和天气的主要特点。

一、海、陆、地形对东亚环流的影响和各季环流特征

（一）海陆、地形影响

在对流层低部，由海陆差异造成东亚的 4 个大气活动中心（蒙古冷高压、阿留申低压、印度热低压和太平洋副热带高压）几乎都是全球最强的气压系统（不过阿留申低压的强度比冰岛低压稍弱），季节变化也最明显，风系转换也显著。冬季盛行偏北风、偏西风，夏季偏南风、偏东风。冬季天气干冷，夏季湿热。

对流层中部，由于海陆差异和高原的热力、动力的共同作用，东亚西风带平均环流的脊、槽在冬、夏季也完全是反位相的。冬季，东亚上空 500 hPa 等压面图上是一脊一槽（脊在高原北部，槽在亚洲沿岸）高空基本气流为西北风；夏季则变成一槽一脊，即冬季的槽，夏季变为脊，冬季的脊，夏季变为槽，高空基本气流在 30°N 以北为西风，30°N 以南为偏东风。高原季风的复杂性：高原四周的风系，由于高原上空与四周自由大气之间的热力差异，具有明显季节变化，高原上近地面层里冬季为冷高，夏季为热低，所以高原在冬季北侧为西风，南侧为东风；夏季变为相反的方向。而在高原东侧冬季为偏西风，夏季转为偏东风。400 hPa 以上的自由大气中，冬季整个高原均为西风控制，对流层上部，高原的南、北两侧各存在一支西风急流。夏季则由于高原加热作用，使南侧西风急流消失变为东风急流，而高原北侧的西风急流得到加强。

夏季高原的加热作用还在青藏高原及其邻近地区产生上升气流，这支上升气流，到了高空即向四周辐散并下沉（图 2.4.1）。高原南侧的垂直环流很明显，印度的西南季风沿喜马拉雅山爬坡上升，在高层辐散，主要部分向南流去并下沉，而下沉气流最南可达到南半球，随南半球的东南信风向北流动，越过赤道到了北半球，由于偏向力的作用而转为西南气流，再北上构成一个闭合环流，这个垂直环流称为季风环流，破坏了这个季节里该区域中的哈得来环流。高原上这种垂直环流结构对高原及其邻近区域的天气都有重要影响，从高原南、北两侧的辐合气流约于 30~35°N 之间垂直上升，这正是高原上夏季纬向的辐合切变线的平均纬度，是造成高原上雨季的主要降水系统。在这个辐合切变线中，由于涡度分布不均匀，还可能产生许多大小不同的低涡，低涡的出现，可使降水强度增大，并向东移动，是造成高原东部及邻近地区夏季暴雨天气的重要系统之一。高原辐散气流向四周下沉，向南的一支下沉气流并入下层为比较深厚的西南季风。拉萨气象台的预报经验认为，从高原南边移来的天气系统，有时天气现象表现的很严重，可往往一到高原南缘就减弱甚至消失，这显然是受下沉气流的影响所致。

冬季对流层下半部的西风带，受到高原阻挡而分为南、北两支，绕过高原，向东流去，在对

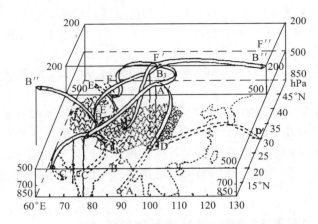

图 2.4.1　高原附近的垂直气流

(引自朱乾根等,《天气学原理和方法》,1992,图 4.47)

流层中、上部的气流则爬坡越过高原。这两种作用使得高原北部形成一个地形脊,南部形成地形槽,它们对东亚的天气过程有很大影响。冬季从欧洲移来的长波槽在高原邻近就开始减弱,往往还分为两段,远离高原的北段迅速东移,至贝加尔湖附近才有可能重新加强,槽的南段或是切断变成冷涡,停滞少动并渐渐就地减弱,或是绕过高原往东移去。但是这并不意味着所有的高空槽都不能越过高原往东移去,当行星锋区位于高原上空时,平直西风中的小槽还是能越过高原的。据拉萨气象台统计,冬季每月可以有 5~10 次高空槽移过拉萨。槽在爬山时减弱,气压场表现得并不清楚,但温度场却比较清楚,这样的高空槽也能引起恶劣天气。

　　冬季,高原对其四周的自由大气来说是个冷源,因而加强了南侧向北的温度梯度,使得南支急流强而稳定。南支急流在孟加拉湾出现地形槽,槽前的暖平流对于高原东部的天气过程影响很大,是我国冬半年主要水汽输送通道,强的暖湿空气向我国东部地区输送,是造成该地区持久连阴雨的重要条件,也使得昆明静止锋和华南静止锋能在较长时间内维持下去,而且还是我国东部的江淮气旋、东海气旋生成的重要条件之一。从孟加拉湾低槽的涡源中,东移的南支急流中的小波动,我国预报员称之为南支槽、印缅槽。它们也是造成我国华南冬季阴雨天气的主要系统。

　　夏季,北半球的东西风带都向北移动,青藏高原虽固定不变,但因为热力作用和经过高原的气流有季节变化,高原对环流的影响也就显出了季节性的差异。夏季,由于加热,高原对于周围的自由大气来说是个热源,它使高原上空大气的水平温度梯度在高原北侧增大,在高原南侧变为相反方向(即指向南)。根据热成风原理,高原北侧的西风增大,高原南侧西风消失而被东风所取代。高原对大气的摩擦作用使高原北侧的反气旋性涡度相应地明显起来,表现为在 700 hPa 天气图上常常有 1 个孤立的闭合小高压在祁连山东南侧的兰州附近生成并东移,小高压东部的偏北风和

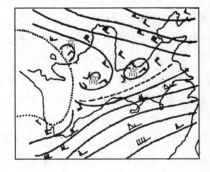

图 2.4.2　夏半年切变线

高压南部的偏东风与这个季节西伸的太平洋高压脊西侧的西南风之间形成一条切变线(图 2.4.2)。这是我国夏半年黄河流域降水的主要系统之一。切变线随着两侧气流势力的对比变

化而南北摆动,伴随着的雨区也南北移动。

夏季,高原 500 hPa 上高压活动频繁,对我国天气也有重要影响。例如,范围较大而稳定的暖高压控制高原不仅会造成高原上干旱天气,而且当这种高压向东移到高原边缘时,还会产生暖而干的辐散下沉气流。这种气流又由于有利的下坡地形而又有所加强,所以它在地势较陡的祁连山北坡最为显著,这时河西走廊在地面图上就有强的热低压发展,吹干热的偏东风,形成干热风。这在小麦灌浆到成熟期间会造成小麦严重减产。这种稳定的暖高压向东北方向移动,经常同西风带的长波脊或西太平洋副热带高压合并,是造成我国夏季酷暑天气的一种重要天气过程。

(二)各季环流特征

1. 冬季

10 月中旬以后东亚高空西风急流分为南北两支,急流强度逐渐加强达全年最强程度。整个中国大陆都在西风环流控制之下,西风带的平均大槽位于 140°E 附近,强度明显加强。青藏高原北部 90°E 附近为平均脊的位置。我国上空基本气流是西北风,地面上蒙古的冷性高压强度达全年最强值,中心平均位于 100～105°E,45～55°N 附近,冷高压的范围可达整个东亚地区,并相当稳定。我国北部盛行西北—北气流。长江以南为北—东北气流,愈向南,偏东分量愈大,这就构成了我国的冬季风。每当在高空有较大的低槽移来或转向时往往酝酿并诱导 1 次新的强冷空气入侵东亚地区或形成东亚寒潮天气过程。当这种过程结束后冬季风又会相对稳定一段时间,整个冬季基本上就是这样一次次冷空气活动一再重复的过程。同时,南支急流中孟加拉湾低槽的槽前西南气流不断向我国输送水汽,与蒙古冷性高压向南输送的冷空气相遇而形成华南、昆明准静止锋,对我国南方天气影响很大。

另外,诱导强冷空气向南爆发的高空槽,随西风带基本气流向东移动并加深,最后变成大槽取代衰老的东亚大槽,于是东亚大槽经历了一次新陈代谢的更替。强冷空气活动结束时,地面的气旋在高空槽前向东北移动并加深,最后汇入亚洲东北部的阿留申低压,补充了它本身因为摩擦而消耗的能量与涡度,从而使它再生。因此在整个冬季,这个大低压基本上维持稳定不变,故又称之为半永久性的大气活动中心。它与蒙古冷高一起是亚洲冬季天气形势的基本成员。

2. 春季

南支西风急流于 3～6 月先后发生两次显著减弱,位置也向北移动约 5 个纬距。北支西风急流的强度和位置均少变化。西风带槽、脊的平均位置没有大的变化,但强度减弱。5 月份东亚大槽明显变得宽平,我国上空基本气流就由冬季西北风变成偏西风了。在每日天气图上多小槽、小脊的活动,而且槽、脊的移动都很明显。低纬度热带系统开始活跃。

地面上因为大陆增暖较快,蒙古冷性高压减弱并西移到 75°E 附近,阿留申低压也东移到160°W。我国东北地区开始出现一个低压,鄂霍次克海为一个高压,南亚的印度低压于 3 月份开始渐渐扩展到孟加拉湾、缅甸,形成一个低压带,华南开始出现偏南风。4 月中旬以后偏南风就盛行起来,雨季也就逐渐开始。太平洋副热带高压开始向西伸展。

因为冬季的两个大气活动中心向相反方向移动并减弱,南方出现了印度低压和西太平洋副热带高压。但是它们的势力还弱,高空的基本气流是较平直的西风,多小波动,南、北两支急流仍然存在,并对应着两个锋区,所以这个季节里是我国气旋活动最频繁的季节。气旋出现在北方的有蒙古气旋、东北低压和黄河气旋。出现在南方锋区中的有江淮气旋、东海气旋,与气旋相伴出现的还有移动性的小型反气旋,这就构成了春天天气多变的特点。

3. 夏季

南支急流消失,与北支急流合并出一支急流,位于 40°N 附近。西风带的平均槽、脊位相与冬季相反,东亚沿海出现高压脊取代原来的东亚大槽,在 80～90°E 出现低槽取代原来的平均脊。脊、槽强度都比冬季弱。西太平洋副热带高压脊线由 15°N 向北移到 25°N 并继续向北移。在 22°N 以南出现了东风气流,随之副热带高压脊线逐渐向北移动。在青藏高原南侧出现了全球最强的东风气流,中心位于 100～150 hPa 等压面上。在东风急流的下方为印度西南季风气流。印度的热低压大大加深。比海洋暖得多的亚洲大陆几乎都为热低压控制。蒙古冷性高压和阿留申低压完全破坏。副热带高压在我国东部势力增强。我国西部则受性质不同的大陆副热带高压影响。冷空气势力大大减弱,范围缩小,路径偏西,常常沿高压东侧南下到四川、陕西一带再往东移。冷空气南下,在高空图上表现为冷性低槽或冷涡,而在地面图上则为冷性闭合小高或高压脊。锋面的斜压性也大大不如冬、春两季,但它是我国大部分地区雨季中不可少的角色,雨带就发生在西太平洋副热带高压脊的西北部的西南气流与冷空气交缓的地方。6～7月雨带停留在长江中下游,这就是梅雨。7 月中旬梅雨结束,雨带北移到华北,长江流域相对干旱。但这时华南受热带天气系统影响,雨量又增多,进入另一雨量高峰期。东风带系统随副热带高压脊线北移,一直影响到 35°N,台风影响范围就更广了。

所以夏季东亚天气变化十分复杂。这同冬季我国天气过程是以西风带气流控制为特色,比较单一稳定十分不同。夏季因同时受东、西风带控制,影响的系统除了西风带的槽脊、气旋、反气旋和锋面等以外,又有副热带高压和东风带的热带辐合带、东风波、台风等天气系统。季风风系也比冬季复杂得多。北部是偏北风,南部有东南季风和西南季风。

4. 秋季

9 月份,东亚沿岸在 130°E 附近平均槽开始建立,副热带高压势力减弱,并自盛夏最北的位置南撤,脊线退到 25°N 左右,海上高压中心则向东南方向移去。高空强东风开始南移,南支的西风带逐渐恢复。地面上北方冷空气势力加强,冷高压又活动在蒙古人民共和国一带,地面热低压渐渐消失。各地区冷空气活动增多。热带天气系统,除台风外,基本上很少能影响到我国大陆。除华西、华南以外,各地区雨季基本结束。由于西风急流开始控制我国上空,所以构成秋高气爽的天气特色。若副热带高压增强且稳定地控制某一地区时,也会使该地区很热,形成秋老虎天气。但华西地区,因青藏高原地形的影响秋季开始常出现阴雨连绵,形成华西秋雨,直到冬季来临时秋雨才会结束,这方面与其他地区有所不同。

二、大气环流的季节变化

平均场主要说明了大气环流的基本事实情况。以 1 月和 7 月分别代表冬季和夏季。一年当中大气环流存在着两种有显著差异的极端状态,这两种状态都是基本状态,而且二者总是交替出现,即从一种极端状态过渡到另一种极端状态。这种变化是一种长期的季节性的变化,在变化过程中,从冬到夏之间为春季的过渡环流形势,而从夏到冬之间为秋季的过渡环流形势。一般常用 4 月和 10 月的平均图分别代表春季和秋季的情况。随着资料的增多,现在已经可以做出 1～12 月各月各层的多年平均图。考察 1～12 月月平均场的连续演变,可以了解大气环流季节变化的基本特征,它可作为研究大气环流中短期变化的背景材料。1 至 12 月月平均场的连续演变是大气环流的"月际变化"或称为"年变化"。

讨论环流的年变化可以看到一年中季节交替的总面貌,为了了解它的实质,并不需要讨论1～12月中各月各层以及各种环流(包括水平环流、纬向环流、经圈环流等)的连续演变。以下只就500 hPa和200 hPa上某些方面加以讨论。

(一)500 hPa环流年变化

根据1～12月北半球500 hPa平均图,作出北纬50°纬圈的高度廓线年变化,如图2.4.3所示,它可以表示北半球西风带环流年变化的主要情况。

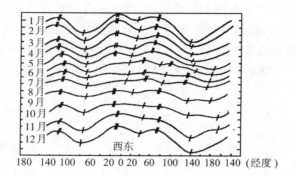

图2.4.3 沿50°N 500 hPa平均槽脊位置和强度的年变化 (纵轴每格代表100 gpm)
(引自北京大学地球物理系气象教研室,《天气分析和预报》,1976,图17.1)

由图可知,1～4月和11～12月槽脊的位置和强度基本上相似,在西风带上有3个槽脊;6～8月槽脊的位置和强度也大致相似,由原来的3个大槽变成4个小槽;5月和9～10月相当于这两种环流的过渡情况。5月的环流变化首先是原来在太平洋西部(亚洲东岸)的槽减弱东移,并且变成1个比较宽平的槽;6月在亚洲中部开始有小槽生成,太平洋西部的低槽和西欧海岸的高脊开始建立,但它们的强度都比冬季弱得多。另外,原在乌拉尔山附近的弱脊和亚洲中部的小槽也消失了。

根据1～12月北半球500 hPa平均高度图,可作出1～12月相应的平均地转风速图。再根据这些北半球平均地转风速图的数据,可作出全北半球或某地区(某经度)地转风速沿纬度分布的月际变化图。图2.4.4(a),(b)是东亚和北美东岸的情况。由图可知,强西风带的分布在6～9月基本相同,其他各月强风带都维持在冬季的正常位置,而东亚明显地存在着两支强风

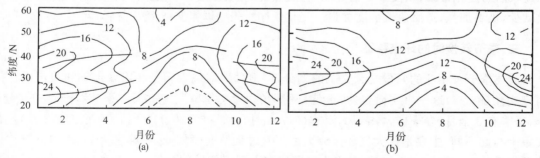

图2.4.4 500 hPa平均地转西风风速年变化
等风速线单位为m/s,粗实线为强风带轴线
(a)100～120°E地区平均情况; (b)100～80°W地区平均情况
(引自北京大学地球物理系气象教研室,《天气分析和预报》,1976,图17.2 (a),(b))

带。到了 6 月,最显著的变化就是亚洲的两支强风带突然的消失了,北美的强风带显著北移,这样就转变为夏季的情况,一直维持到 9 月。由 9～10 月又有一个大变化,这就是在 10 月份东亚又出现了南支强风带,北美强风带显著南移到达冬季的位置。

从上述事实可以得到结论:冬季和夏季的大气环流型式是基本的、稳定的,占了全年相当长的时间,而两者之间的过渡季节(春和秋)是短促的。因此在环流年变化中可以看作有两次显著的变化:一次在 6 月,相当于夏季的来临;一次在 10 月,相当于冬季的来临。这两次显著的变化在大气环流和大型过程中的表现不是渐变的,而是具有一定程度的"突变"性质。据研究,这种"突变"不是局部地区的,而是半球范围甚至全球范围的现象,但以亚洲最为明显,而且以中东地区和我国青藏高原附近变化最早,向东至太平洋中部逐渐落后,美洲最后。

表 2.4.1　200 hPa 大气环流中两次"突变"的时间

	冬→夏		夏→冬	
急 流 强 度	3～4 月		10～11 月	
极 涡 强 度	4～5 月		9～10 月	
西 风 带 槽 脊	5～6 月	↓	9～10 月	↑
急 流 位 置	5～6 月		8～10 月	
副热带高压强度	6～7 月		8～9 月	

(引自北京大学地球物理系气象教研室,《天气分析预报》,1976,表 17.1)

需强调指出,上述结论是从大范围 500 hPa 上的高空槽脊和西风风速分布的基本形势出发的。然而从环流其他方面的特点来看,春、秋两季就不那样短促,而且还可进一步划分出其他几个季节来,这将在下面讨论。

(二)200 hPa 环流年变化

对 200 hPa 上大气环流的月际变化情况,通过分别考察急流强度、位置,中高纬西风带槽脊个数以及极涡,副热带高压强度的月际变化。发现它们在一年当中都有两次"突变",但它们发生突变的时间并不相同,具体时间见表 2.4.1。由表可知:200 hPa 上西风带槽脊和急流位置的变化情况和上述 500 hPa 上情况基本相似,"突变"的时间在 5～6 月和 9～10 月。另外,由表还可看到一个很有规律的现象,就是从冬到夏,急流强度变化(减弱)最早,随后极涡强度发生变化(减弱),接着是西风带槽脊和急流位置发生变化(急流北跳,槽脊个数增加),副热带高压强度(加强)变化最晚;从夏到冬恰好相反,副热带高压(减弱)变化最早,随后急流南撤,槽脊个数减少,极涡加强,最后急流强度加强。变化顺序在表中以粗实线箭矢表示。

三、季节转换时的环流特征

前述季节及相应的月份是天文上的划分,即根据地球绕太阳公转以及地轴和黄道面保持固定交角(66.5°)这一事实而定的,也就是所谓的"天文季节"。按"天文季节",一年中共分 4 季,每季有 3 个月:春季(3,4,5月),夏季(6,7,8月),秋季(9,10,11月),冬季(12,1,2月)。在气象上与此不同,主要是按大气环流或大型天气过程情况而划分,特称之为"天气季节"或"自然天气季节"。在某一"天气季节"内大气环流和大型天气过程总保持一定的特点,并盛行着某种主要天气过程。一年中各"天气季节"时间长短不同,而且同一天气季节在不同年份的时间长短也不同,季节开始和结束的日期也不一样。此外由于不同地理区域环流特点有所差异,所以它们的天气季节划分也不一样。这种情况主要是由大气环流变化的复杂性所决定。

从北半球大范围着眼,并根据高空大气环流最主要的特征,可将全年划分为(冬和夏)两个基本自然天气季节。如果考虑环流变化其他方面的一些特点时,一年中还可再划分出春和秋两个过渡天气季节。在东亚地区,由于它是世界上著名的季风区域,因此季节变化非常明显;同时由于东亚所处的地理位置及地形影响,使得大气环流及其变化相对地复杂些,所以东亚季节的划分也就相应地较难些。因此对东亚季节的划分并没有一个统一的看法,究竟应该划分出几个季节,意见也不完全一致。在我国东部大陆最多可划分出 7 个自然天气季节,即初冬(10 月中、下旬开始)、隆冬(11 月末或 12 月初开始)、晚冬(3 月上、中旬开始)、春(4 月中、下旬开始)、初夏(6 月上、中旬开始)、盛夏(7 月上、中旬开始)、秋(8 月末 9 月初开始)。每个季节开始和结束的日期并不是固定的,这里所给出的只是大致情况。

从季节变化的角度而言,大气环流的变化可包括两种状态:第一种是当某一季节开始建立后,该季节内部的环流"量变";第二种是该季节结束、新季节开始时,即季节转换时的环流"质变"。前者是较长时期内逐渐的缓慢的变化,后者则是短时内迅速的剧烈的变化。月平均环流只能表示该月(或某季节)内环流的总的特征,就是说该月(或该季节)内大气环流和天气过程的变化总是以月平均环流为背景进行着,这种变化为上述第一种状态的"量变"。至于季节转换时完成"质变"的时间大约为 5 d 左右,相对于整个季节内的天数而言,它是相当短促的,因此当讨论季节转换时刻的环流特征时,除用每日天气图之外,还常用候(5 d 为 1 候)平均图。

季节转换时刻意味着旧的季节结束和新的季节开始,即季节交替的短暂时间。在这个短暂时间内与大气环流发生显著质变的同时,盛行的天气过程也随之发生显著的变化。就是说,在季节交替时,经常伴随着一种新的明显的(或者是发展较强烈的)天气过程出现,它具有即将来临的新季节内天气过程的特点。当季节转换时,整个大气环流都将发生显著变化,那么究竟应该抓住哪个主要环节呢?根据研究,在中纬度高空东西风结构(急流)的变化是表示季节转换的一个良好标志。

(一)夏季来临时的特征

如图 2.4.5 所示,5 月 11 日高空 200 hPa 急流明显地有两个中心,极锋急流中心位于 50°N,而副热带急流中心位于 30°N,表明仍是典型的春季风系特征。10 d 以后,到了 5 月 21～26 日,200 hPa 上空已变为只有 1 个急流中心,中心在 30°N 左右摆动。到了 6 月 6 日,高空急流中心出现了一个突变性的北撤,到了 40°N 左右。与此同时高空东风建立。通过上述变化,北半球范围内副热带高压北移,西风带平均槽脊由冬季的 3 个变为 4 个;冬季风退缩到北方,并且达到最弱的程度;夏季风在华南达到极盛,在华中盛行,并开始影响华北,我国江淮流域(和日本)进入初夏梅雨季节。这次变化即所谓的"六月突变",经过这次变化,印度西南季风也同时爆发,相应的赤道辐合带北进到印度和南海一带。

(二)冬季来临时的特征

如图 2.4.6 所示,9 月 25 日高空西风带急流中心位于 33°N 左右,10 月 6～11 日西风带范围进一步扩大,南界已达 20°N 以南,中心强度明显增强,中心位置在 33°N 左右摆动,到了 10 月 16 日,西风带范围进一步扩大,出现了两个南界已接近 10°N,而且高空再次出现了两个急流中心,这标志着秋季的结束,冬季的来临。

通过上述变化,北半球西风带由夏季的四槽脊型变成冬季的三槽脊型。东亚沿岸平均槽明显加强,整个东亚地区高空为西风带控制,高空副热带高压已向南退出大陆,地面上蒙古冷高压和阿留申低压大大加强,基本上变为冬季的形势。这次变化即所谓的"十月突变'。顺便指

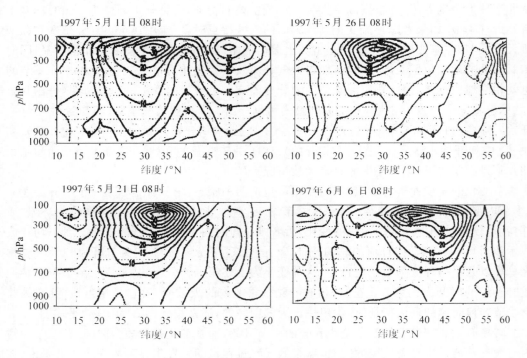

图 2.4.5　1997 年 5 月中旬到 6 月上旬沿 120°E
纬向风变化的垂直剖面(NCEP 资料)

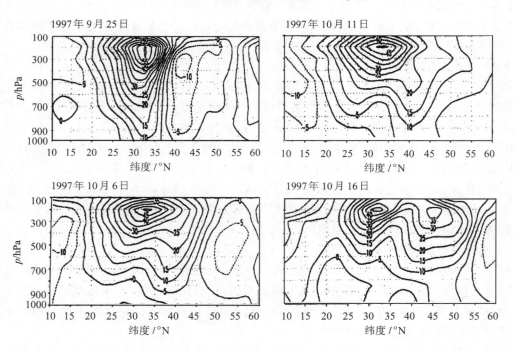

图 2.4.6　1997 年 9 月中旬到 10 月上旬沿 120°E
纬向风变化的垂直剖面(NCEP 资料)

出,经过这次变化,与印度西南季风退出大陆的同时,赤道辐合带也从印度和南海迅速南撤。秋季在我国华南沿海残存的夏季特征至此已完全消失。

第五节 大气环流的中短期变化

一、西风带大型天气过程

(一)概述

通常所谓的"天气过程"是指气旋、反气旋这类系统移动、发展演变的过程,这是人们所熟知的。大型天气过程则是指更大尺度系统移动、发展演变的过程。西风带大型天气过程主要指西风急流、行星锋区、超长波和长波槽脊、阻塞形势等的移动、发展演变过程。副热带高压和极涡的活动过程也属大型天气过程,这里只着重讨论中高纬西风带的情况。

由于所考虑的是空间尺度较大的系统,因此大型天气过程的时间间隔也相应地较长一些,所注意的地域范围也较大一些,通常应用半球范围天气图(如北半球 500 hPa 图)比较合适。但要指出,东半球和西半球大型环流和大型天气过程之间,固然是相互联系和相互影响的,但它们之间有其相对的独立性。东半球部分从大西洋、格陵兰(30°W 附近)向东至太平洋白令海峡(180°附近)的广大地区,西半球部分则是包括北美在内的其余广大地区。这种区域有时称为"自然天气区域"。在一个自然天气区域内,大型天气系统之间的关系最为密切,大型天气过程发展、演变的"方向"是一致的。根据实际情况,东半球这个广大的自然天气区域有时以乌拉尔山(60°E)为界,再分成两个自然天气区域。

西风带大型系统本身各有其特点,但就其发展演变而言,它们之间是紧密联系的,由它们所导出的大型天气过程(与前述长期的季节性变化对比),实际上是整个西风带大范围环流的一种中短期变化。这种变化主要表现在西风带纬向环流型式的建立和破坏,或者说是纬向环流、经向环流以及阻塞型式的相互转换上。

实践表明,在西风带大型系统演变的过程中,环流演变是有"阶段性"的。在一个自然天气区域内的某个大型过程发展演变的时期内(例如,20 d 左右),常常在一段时间内(例如,5 d 左右)高空大范围环流型式基本维持不变或其发展的方向和趋势不变,相应在地面图上冷高压、锋面气旋的移动速度和路径也较稳定,随后环流形势在较短时间内(1～2 d 左右)发生较激烈的变化,随之大型过程即转入了一个新的阶段,从此又处于一种新的相对稳定的状态,并蕴育着新的变化。这种以 5 d 左右的"阶段"可叫做"自然天气周期",普通天气过程演变趋势一致的阶段属于同一周期。大型天气过程就是这样一个周期接一个周期地发展下去的,最后完成整个过程。抓住大型天气过程的"阶段性",具体分析每个周期的基本特征及转化时起主导作用的天气系统和过程,是作中期预报所必需的。

(二)表征方法

大型天气过程和普通的天气过程有本质的区别,因此处理大型天气过程需要特殊的方法。我们从日常北半球 500 hPa 图上,可看到西风环流经常发生着纬向—经向的变化,尽管情况复杂,但仍有规律可寻,首先是将它们各种各样的变化型式按一定原则给以概括归类,也就是用一定的方法表征大型环流的基本状态,然后再讨论其间的变化规律。表征大气环流基本状态的方法有定性的和定量的两种,无论哪一种,都该抓住基本特征,并且要简单明了。

1. 环流分型

环流分型是一种定性表征大型环流的方法,主要是按照大范围内高空行星锋区的位置和走向,长波槽脊的位置和发展状况以及纬向、经向环流的不同来划分。不同环流型式下盛行不同的天气过程并具有不同的天气特点,从整个北半球而言,中纬西风带一般可划分成 3 种主要类型:第一,纬向型:对流层中盛行自西向东的气流,上面有小振幅波动随之向东传播;第二,经向型:对流层中自西向东的气流破坏,出现明显的南—北分量,有大振幅的槽脊形成;第三,阻塞切断型:对流层中自西向东的气流完全被破坏,除了明显的南—北分量之外,还出现自东向西的气流,有切断出来的(高、低压)涡旋中心形成。

以上是整个半球总的环流分型。实际工作中具体的环流分型工作很多,由于目的不同,分型标准不同,结果也有差异。有的分型是根据每日天气图进行的,也有的是按平均图(如候平均图等)作出的。不论哪种分型工作,其根本原则是能较客观地、高度概括地反映出环流形势最根本的特征。但它们都是以静态的外形为主,对其间的动态联系还不够明确,对其演变的关键还反映不出来,并且在划分时尚有主观随意性。

2. 西风(环流)指数

由于西风带大型环流的变化过程是纬向环流的建立和破坏过程,西风带的西风(分量)强弱基本上能反映出这种过程。当纬向环流建立或增强时,西风(分量)就变强;当纬向环流破坏或减弱时,南—北向风速分量增强,西风(分量)就变弱;出现阻塞形势时,南—北向风速分量更强,甚至有东风出现,西风(分量)最弱。因此取西风带主体所在纬度带平均地转风速西—东方向的分量作为一个"指标",来定量地描述大型环流的变化是适宜的,这就是所谓的"西风(环流)指数"。

显然计算西风指数时,应取广阔西风带所占据的广大范围才有意义。一般说来,取 35~55°N 或 45~65°N 代表西风带南北方向的范围。经度范围要根据需要而定,有时分别取东半球或西半球,有时按自然天气区域,有时取整个北半球的范围。无论取多大的范围,西风指数都是指该范围内各点上地转西风(分量)的总平均值。怎样具体计算呢?由地转西风分量公式并加以适当变换形式,可得

$$u = \frac{10}{f} \frac{\Delta \Phi}{\Delta y} = \frac{10}{fR} \frac{\Delta \Phi}{\Delta \varphi},$$

其中,f(地转参数)和 R(地球半径)定为常数,Φ 为位势高度,φ 为纬度,y 为南北向距离,向北为正,且 $\Delta y = R\Delta\varphi$。由于计算时纬度范围已经取定,所以 $\Delta\varphi$ 也为常数,因之西风指数(即上式的 u)只与 $\Delta\Phi$ 成正比。由此可见,只要把取定两个纬圈上 Φ 值的差值计算出来。再乘以常数即可得到 u 值。通常可不必乘以常数,只要求出 $\Delta\Phi$ 值就能代表西风指数。由于所求 u 值是平均值,所以在实际计算时,只要分别求出两给定纬圈上的平均 Φ 值,然后再相减就可得到所要的结果。

一般说来,在各个高度上都可计算西风指数,但通常只在 500 hPa 上计算。另外,在 1 年当中各个季节、各个时期,每天图上或平均图上都可计算,但在讨论大型天气过程时通常多在 5 d 平均图上计算。西风指数常以符号 I 表示。

3. 经向度

根据上面讨论,很容易提出一个问题,即,平均地转风速南—北向风速(分量)能不能作为一个"指标"呢?回答是肯定的。根据实践经验,有时当平直西风环流破坏后,大槽大脊明显发

展,南—北向风速分量变大,但在整个区域内全风速很强,因此,西风指数并不减弱;或者有时当阻塞形势建立后,由于其相邻地区大槽明显加深,使得西风指数也不减弱。在这些情况下,单西风指数就不再能充分反映大型环流的实际情况,此时以"经向度"来定量表征是必要的。由地转风南—北向分量公式并加以适当变换形式,可得

$$v = \frac{10}{f}\frac{\Delta \Phi}{\Delta x} = \frac{10}{fR\cos\varphi} \cdot \frac{\Delta \Phi}{\Delta \lambda} \quad ,$$

其中 x 为东西向距离,向东为正,且 $\Delta x = R\cos\varphi \cdot \Delta \lambda$,$\lambda$ 为经度。如果取定某一纬圈(φ 为常数),并固定经距 $\Delta \lambda$(如取 15 个或 10 个经距),则 v 只与 $\Delta \Phi$ 成正比,v 或相应的 $\Delta \Phi$ 就是所谓的"经向度"。具体计算是,由于所取地区内向北(正)和向南(负)的分量往往同时存在,当取它们的平均时,最后数值(由于正负相抵消)必定很小。为了表示得更清楚,常取"绝对值",即在某一纬圈 φ 上,取各个固定 $\Delta \lambda$ 的 $\Delta \Phi$ 的绝对值,然后再把它们相加,可得整个范围内的经向度值。经向度常以符号 M 表示。M 的表达式为

$$M = \sum |\Delta \Phi|_\varphi.$$

至于所取计算 M 的范围,一般和计算西风指数 I 的范围相同。另外,为了更准确些,在计算 M 时,可同时计算 2 或 3 个纬圈上的数值,最后取其平均值,可作为整个范围的经向度。

显然,经向度可表征广大地区内大型环流南北向发展的程度,它常常与西风指数同时应用。

二、指数循环

(一)指数循环的概念及其一般特征

在讨论西风带大型天气过程时已经表明,伴随着大型天气系统或大型环流的演变,西风带气流或者由纬向型转为经向型甚至阻塞形势,或者相反,由经向型(或阻塞形势崩溃)转为纬向型。对应前者,西风指数是由高值转为低值,对应后者则是由低值转为高值。因此,西风环流型的转换也就是西风指数的变化。纬向环流型也叫高指数环流型,经向环流型(或阻塞形势)也叫低指数环流型。由于西风带环流总是由纬向型→经向型(或阻塞形势→纬向型,…循环往复地变化着,因之相应的西风指数也总是由高值→低值→高值…循环往复地变化着,我们称这种变化过程为"指数循环"。显然上节举出的每一大型过程实例仅仅是"指数循环"中的某一阶段;或者指数由低变高,或者是由高变低,或者是持续低指数或高指数。因此,"指数循环"是一种时间阶段更长、含义更为广泛的大型过程。

指数循环过程固然是西风气流纬向型和经向型之间的转换,但从西风急流着眼的话,它表现为急流向南扩张以及向北"收缩"的交替过程。当急流向南扩张时(此时常伴随着长波槽发展加深,振幅加大)西风指数减小,当急流向北"收缩"时(此时常伴随着长波系统减弱,振幅减小)西风指数增大,急流向南扩张是急流一种实际的连续向南移动的过程,急流向北"收缩"则不是急流真正的自南向北移动,而是原来急流向南移去之后,并逐渐减弱"消失",在高纬极区又重新生成一支急流,之后这新生急流又向南移。这种过程不断进行,从形式上看好像是同一急流在不断地扩张和收缩,实际情况则不然。因此,注意高纬极区新生急流(锋区)的出现及其活动是相当重要的,因为它预示着大型环流可能发生转折。

"指数循环"过程在指数(随时间变化的)曲线上表现得很清楚。根据需要,可以从每日天气图上,或从候平均图上,或从月平均图上计算西风指数。在 1 年中计算 1~12 各月月平均指数,绘出指数曲线可表示月平均西风强度的年变化,如图 2.5.1 所示,曲线近似呈 V 形,即冬

季指数高,夏季指数低,春、秋季处于过渡状态。在 1
年各月中,计算每 5 d 平均指数,并绘出指数曲线,可
表示候平均西风强度的连续变化。在讨论大型环流
变化以及一般所谓的指数循环过程时,常用这种曲
线作为一种工具,候平均指数曲线与月平均指数曲
线的关系如图 2.5.1 所示,前者以后者为背景,是以
后者为"平衡"位置的"振动"。至于每天的指数曲线,
则是以候平均指数曲线为背景的。

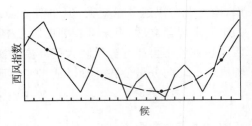

图 2.5.1 月平均(虚线)和候平均(实线)
指数曲线示意图
(引自北京大学地球物理系气象教研室,
《天气分析和预报》,1976,图 17.22)

一般所谓的"指数循环"是非周期性的"循环"过
程,一个"循环"大约为 3～8 周不等。一般说来,冬季
周期长一些,高低指数之间的变化幅度也大一些,指数循环比较明显;夏季相反,周期短一些,
高低指数之间变化幅度也小一些,指数循环比较不明显。这几年中出现最多的是 5 候一个"循
环",最少的是 7,8 或 9 候一个"循环"。这些统计结果仅供参考。

如果在实际工作制作中候平均指数曲线并与大范围天气图相结合考察它的连续变化,特
别是根据指数变化具有"持续性"的特点,估计大型环流未来变化的趋势,会有一定的帮助。

(二)两支西风带的指数循环

西风带是不均匀的,它有分支现象,主要分为两支。这两支西风带肯定地都有指数循环过
程,现在的问题是:它们二者是一致的呢,还是二者分别进行着各自的"循环"过程,以及二者之
间的关系又是怎样的。根据研究,两支西风带各自有其指数循环,而且相互间有着密切的关联。
两个"循环"过程往往不一致,甚至经常出现"反位相"情况,即北支西风(急流)发生由高指数—
低指数—高指数的变化时,南支西风(急流)则对应着发生低指数—高指数—低指数的变化。

另一个问题是,西风带和它北面的极涡以及南面的副热带高压有着密切的联系。因此,西
风带的指数循环必然和极涡、副热带高压的变化有关联,特别是北支西风(急流)和极涡之间,
南支西风(急流)和副热带高压之间更有着直接的关系。现在的问题是,当西风带发生"循环"过
程时,极涡和副热带高压本身有什么样的变化。根据初步研究,配合西风带的指数循环,极涡和
副热带高压的"强度"也同时发生"循环"变化,即与西风指数由高—低—高的变化相对应,它们
的"强度"由强—弱—强地周而复始的变化着。但要指出,冬半年中纬度西风指数曲线与极涡
"强度"变化曲线更相似,夏半年则与副热带高压"强度"变化曲线更接近。

关于两支西风带指数循环之间以及它们与极涡、副热带高压变化之间的关系目前还了解
的不够,需要进一步研究。

第三章　大尺度天气系统

第一节　大气长波

从半球范围的高空图上可以看出,中高纬地区是一支宽阔的围绕着极地的具有波状的西风气流。这种流型在对流层中上层及平流层低层最明显,下层变得不清楚,近地面层则变成圆圈状的流型。波状流型的波谷对应着气压槽,波峰对应着高压脊,通常称之为西风波动。西风波动有两种:一种是波长较长、振幅较大、移动较慢、维持时间较长的"长波",也称行星波;另一种是波长较短、振幅较小、移动快、维持时间较短的叠置在长波上面的"短波"。图 3.1.1 是北半球长波示意图。

长波波长一般为 5 000～12 000 km 或 50～120 个经距,所以北半球经常出现 3～6 个长波,冬半年通常为 4～5 个波。长波振幅一般为 10～20 个纬距或更大,平均移速为 0～10 个经距/d(短波为 10～20 个经距/d),有时呈准静止状态,甚至向西后退;一般可维持 3～5 d 以上。在实际天气图上,长波和短波是混杂在一起的,数个短波附着在长波上面移动和发展着,二者可以相互转化。因此,从实际天气图上,采用一定的方法辨认出长波来是非常必要的。通常用半球 500 hPa 或 300 hPa 图可定性地鉴别长波,因为高层气流更为光滑,短波变得不明显。制作 3～5 d 的时间平均图,可消去短波,而使长波显示出来。另外,制作空间(网格距 5 个纬距)平均图,可平滑掉短波而突出长波。

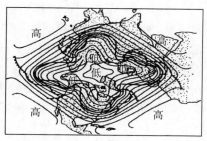

图 3.1.1　北半球高空长波槽与
锋面气旋族(引自梁必骐,
《天气学教程》,1995,图 4.17)

一、长波的移动

依据长波公式及预报经验,长波移动的快慢与以下几点有关:

(1) 波速 c 与西风强度 U 有关,西风越强,波动向东移动越快;反之,移动越慢。

(2) 波速与波长有关,波长越短,移动越快;波长越长,移动越慢。

(3) 因 β 随纬度而变化,当其他情况相同时,波动在高纬度移动较快,在低纬度移动较慢。

(4) 波动的振幅越大时,风的南北分量就越大,西风分量就越小,因而波动向东移速就越小,甚至呈静止或西退;反之,当波动振幅越小时,向东移速就越大。

以上结论与实际情况基本一致,但要定量计算是很困难的,主要因为实际的波动并非正弦波,而且波长也不易定准。即使定性应用也要注意下列几点:首先自 700 hPa 到 200 hPa 大气层内,波长 L 和移速 c,上下可近似看作一致,但西风自下至上可增大 2～4 倍之多,因此,长波公式只在某一层上应用最好,一般认为是 600 hPa 附近。其次,实际波动的移动受地形影响很大,尤其东亚更为明显。如一长波自欧洲至亚洲,其南端受青藏高原影响而停滞在高原西侧,其北端的槽可继续东移。因此,不能机械地应用长波公式。最后,实际的西风带相当宽,南、北的西风强度 U 差异很大,而在其上的一个波动,其南北部位的波长也可不等,所以波动不同部位的移动速度可有很大不同。

二、长波的结构

在高空等压面图上,和等高线的波状流型相对应,等温线也呈波状型式。在一般情况下,等温线位相稍落后于等高线,有时两者重合,少数情况下等温线超前等高线。总的说来,长波具有冷槽暖脊的热力结构特点。因此,长波的强度在对流层中是随高度增加的。短波情况与之类似,但有时温度场较弱,甚至出现冷脊暖槽的热力结构,因此其强度随高度而减弱。由于长波具有冷槽暖脊的结构特点,则按静力学原理,槽脊的位置是随高度向西倾斜的,即所谓的后倾槽。等温线的位相落后于等高线,显示出槽前有暖平流,槽后有冷平流,因而槽前有上升运动,槽后有下沉运动。

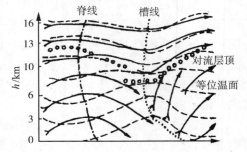

图 3.1.2 为通过长波槽脊的东西向剖面图,由图可见,对流层中的槽脊轴线均随高度向西倾斜,约在五六公里以下倾斜得最厉害。进入平流层,槽脊轴线随高度稍向东倾斜。图中还示出对流层顶的高度在低槽上空较低,在高脊上空较高,在长波槽前后,对流层顶可出现不连续现象。垂直运动如图中的流线所示,槽前是上升运动,槽后是下沉运动。

图 3.1.2 波槽脊的东西向剖面图
(引自梁必骐,《天气学教程》,1995,图 4.18)

三、上、下游效应和长波调整

大范围上、下游长波系统之间的相互联系,通常称为“上、下游效应”。上游某地区长波系统发生某种显著变化后,接着以相当快的速度(一般大于基本气流的速度,也大于波动本身的移动速度)影响到下游地区长波系统的变化,最后使广大范围内的环流形势发生变化,叫做“上游效应”;反之,下游某地区长波系统的显著变化也会影响到上游,使上游环流系统也随之发生转变,则叫做“下游效应”。在长波调整过程中,以上游效应最为重要。对于东亚和中国,就西风带来说,乌拉尔山地区、欧洲、北大西洋,甚至北美东岸,均为上游地区,北太平洋则为下游地区;就东风带来说,西太平洋地区为上游,西南亚为下游。

这种上、下游效应可以用“能量频散”的原理来解释。实际大气中的波动是由不同振幅、不同频率、不同波长的简单波叠加而成的所谓群波。群波的移动速度称为群速度 c_g,设波速为 c,若 $c_g \neq c$,则表示有“能量频散”,如 $c_g > c$,表示波动能量先于波动本身到达下游,出现所谓“上游效应”;反之谓“下游效应”。

由于上、下游效应等方面的原因,北半球的长波经常发生调整,且调整往往先从关键地区开始,然后向下游传播。根据经验,太平洋和大西洋就是两个关键区。在日常工作中我们十分重视北美大槽、北大西洋暖脊及东亚大槽的变化和调整。例如,从北美洲大槽加深到冷空气影响我国一般为 6~8 d;从北美洲大槽减弱并调整到美洲东海岸后,到冷空气影响我国,一般为 4~6 d。可见,长波调整与我国的关系极大。

第二节　阻塞高压

　　大气环流中基本流的变异,使得在长波脊中往往可形成闭合的暖高压,称为阻塞高压。有时这种阻塞高压的一侧或两侧可形成切断低压。因这种阻塞高压的形成与维持阻挡着上游波动向下游传播,破坏了正常的西风带环流,其上游系统如气旋和反气旋的移动受到阻挡,所以这种环流形势又称之为阻塞形势。阻塞形势是一种稳定的形势,它可以维持相当长的时间,对其控制下的地区以及上、下游大范围地区的环流、天气过程和天气,都将会产生很大的影响。

　　根据 500 hPa 月平均图,分别计算各个区历年 500 hPa 高度距平的标准化值,作为各个区历年的阻塞高压指数。定义阻塞高压时,主要依据下列两条标准:

　　(1)阻塞高压指数≥1.0,表明该区域高度距平异常超过10,在平均图上该区域有明显的高压脊存在。

　　(2)西风急流有明显的分支现象,40～50°N 的平均西风比常年显著偏弱,40°N 以南和 60°N 以北西风比常年偏强。

一、阻塞高压的一般特征

　　最近,根据研究,将阻塞高压定义为(1)在地面图上和 500 hPa 等压面图上必须同时出现闭合等值线,而且在 500 hPa 图上,阻塞高压将西风急流分为南北两支;(2)阻塞高压中心位于30°N 以北;(3)阻塞高压持续时间至少不小于 5 d。

　　阻塞高压出现频数随季节而不同,冬季大西洋出现最多,其次为东太平洋及欧洲。春、秋与冬季类似。夏季欧洲地区最多,大西洋为次多,值得注意的是,在 60～90°E 出现了峰值区,这个区域为夏季所独有,与中国天气气候有很大的关系。秋季大西洋区又出现最多。阻塞高压出现的纬度也相当集中,大多发生在 46～68°N 之间。阻塞高压持续时间以 6～10 d 的次数最多,占51%以上,平均持续时间为 12 d 左右。另外,其持续时间随季节和区域不同而不同,欧洲平均持续时间最长,北美加拿大区域最短;冬季持续时间长,秋季持续时间短。

二、阻塞高压的结构和天气

　　阻塞高压是高空深厚的暖高压系统,在它的西侧盛行偏南气流,在东侧盛行偏北气流。图 3.2.1 为发展完好的阻塞高压垂直结构示意图。由图可见,高压自下而上伸展到很高的高空,超过高而冷的对流层顶,高压轴线在低层自下而上向西北方向倾斜,到高层轴线基本上垂直。

　　在阻塞高压直接控制下的天气一般是晴朗少云,但在其东西两侧,由于盛行经向环流,天气情况不同,在阻塞高压东部常有冷平流和下沉运动,天气以冷晴为主;而在阻塞高压西部为暖平流和上升运动,天气较暖而多云雨。

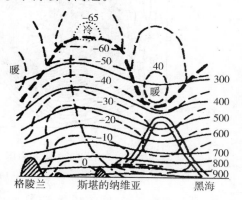

图 3.2.1　阻塞高压垂直结构示意图

(粗实线为对流层顶;细实线为等压线;虚线为等温线;断点线为高压轴线;双实线为锋区)

(引自梁必骐,《天气学教程》,1995,图 4.24)

三、阻塞高压形成及维持的可能性机制

因为阻塞高压是基本流的变异,所以如同 Shutts (1983)等人的看法一样,最合适地应称阻塞高压为阻塞流,这反映它应属于流的一部分而区别于波。有很多证据可以支持这一看法,其中最有说服力的是 Lejenas 等人(1992)的论文,其标题是移动的行星波和阻塞流,他们详细分析了西移的 1 波及 2 波与阻塞流的关系,指出 1 波对阻塞流的贡献大于 2 波,并给出西移的 1 波脊同阻塞流相遇的例子。虽然多年来对阻塞高压做了大量研究,但到目前为止,没有得到一致公认的关于阻塞高压形成的真正机理,所以本文只能提出阻塞高压形成及维持的一种最有可能的机制。所以认为有 3 个主要因素对阻塞流的形成(或说低频变异的形成)起主要作用。

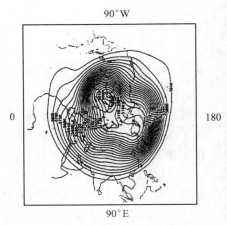

图 3.2.2　1 月份平均 500 hPa 断面
(断面间隔为 40m)

其一是阻塞流上游的低槽加深及东移。这一原因在两大洋阻塞的形成中都有较清楚的反应。从图 3.2.2 中可看出东亚大槽区的平均范围在 160°E 以西。但从图 3.2.3 可以看出在东太平洋阻塞异常时,东亚大槽区的范围东扩到 180°且有加深,以至于使槽前的暖平流明显加强北推以促使东太平洋暖性阻塞的形成。同样北美东海岸大槽的加深支配着大西洋上的阻塞高压异常,这一点只要对比图 3.2.2 与图 3.2.4 便可看得清楚。

由以上图形的对比,可知起着"上游效应"作用的东亚大槽区的东扩及加强,以及北美东岸大槽的加深对两大洋上阻塞高压的形成起着重要的作用。

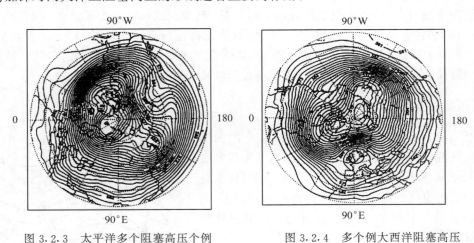

图 3.2.3　太平洋多个阻塞高压个例　　　　图 3.2.4　多个例大西洋阻塞高压
　　　　合成流型　(Tschuck,1994)　　　　　　合成流型　(Tschuck,1994)

其二是海-气之间的相互作用。蒋全荣和 J. M. Wallace(1991)计算了冬半年 11 月至次年 4 月的月平均 500 hPa 高度场与大西洋上纽芬兰岛附近的海温(TAN)和百慕大群岛附近的海温(TAS)之间的同时相关(资料年限为 1950～1979 年),得到如图 3.2.5 的结果。

从相关图中可以看出,在信息区内大西洋海温与 500 hPa 高度场成明显的正相关。可见大西洋上中、高纬的温度正距平对在该区域大气中阻塞形成起着相当的作用。实际上,大气对海

洋上热力强迫的响应,其时间尺度仅为几天至几周,因此从气候角度看,可以认为大气对海温变化的热力强迫响应是同时的。

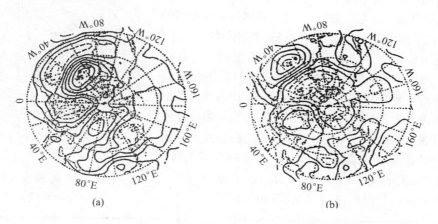

图 3.2.5　1950～1979 年的冬半年(11～4 月)月平均 500 hPa 高度场与海温的同时相关分布　(a)TAN;(b)TAS (蒋全荣等,1991)

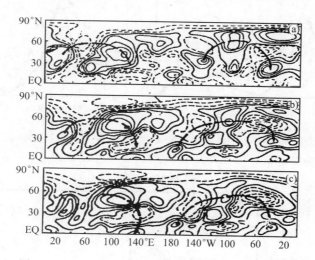

图 3.2.6　500 hPa 位势高度场的 30～60 d 低频相关型
(李崇银,1993)(实线和虚线分别表示正相关与负相关;
等值线间隔为 0.2。相关系数计算基点在 45°N,115°E)

　　太平洋上的低频变异同赤道太平洋海温异常有关。根据李崇银(1993)的研究,大气对赤道东太平洋地区 SST 异常的遥响应主要是 30～60 d 的低频遥响应,且在中、高纬度大气中激发出了明显的 30～60 d 的振荡,而这种低频振荡又存在着两个比较稳定的基本低频遥相关型。一个称为 EAP 型(欧亚太平洋型);另一个是 PNA 型(太平洋北美型)(图 3.2.6)。图 3.2.6 中的 PNA 型同太平洋赤道海温异常有着遥响应的关系。这是因为实际大气中典型的 PNA 类型的合成就恰恰构成了如图 3.2.7 那样的典型的低频变异,关于这一点只要比较一下图 3.2.7 同图 3.2.3 就可看出两者流型是一样的。

　　因此,东太平洋阻塞异常可以看成典型的 PNA 型。而已有大量的研究表明:大气对于赤道太平洋的热力响应可产生 PNA 型的遥相关(Webster,1981)。同时,12 月至次年 2 月是海洋同大气耦合最好的时期,可见东太平洋阻塞异常同样是同海洋-大气相互作用有着密切的关系。这一点从图 3.2.8 中可以得到进一步的证实。

其三是 1 波、2 波西移对阻塞流形成的贡献。对高纬度,由于 β 效应较小以及斜压性相对也较弱(斜压性最强在中纬度)。所以罗斯贝波的振幅比较小,且在高纬地区的阻塞流是呈相当正压结构。所以所谓斜压共振弯曲促使阻塞流形成的观点是难以成立的。但可以说波、流相互作用对阻塞流的维持是尤其重要的。Lejenas(1992)等人对 1 波、2 波与阻塞流的关系进行过专门讨论,着重讨论了 1 波西移如何影响阻塞流的风场变化(图 3.2.9)。

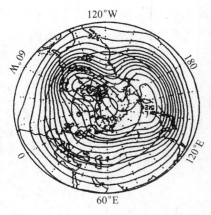

图 3.2.7　多个例 PNA 型的合成图
(Wallace,1981)

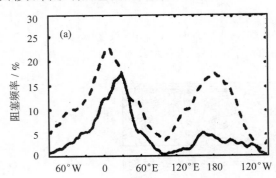
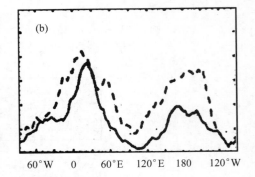

图 3.2.8　(a)为在固定的赤道洋面 SST(实线)条件下大洋上阻塞响应(断线);
(b)为实际观测的赤道洋面 SST(实线)条件下大洋上阻塞响应(断线)

(Bengtsson,1996)

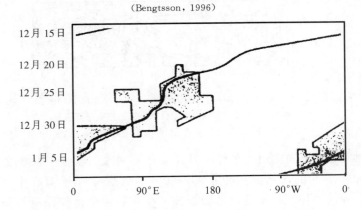

图 3.2.9　在 60°N 处西行的 1 波脊(粗实线)同阻塞流相遇的例子
(Lejenas et al,1992)(时段为 1954 年 12 月 15 日至 1955 年 1 月 8 日。
周界的折线表示在 60°N 处不同时间阻塞流所在的经度范围)

特别在持久和严重的低指数形势下,当超长波(波数为1和2)在高纬度向西移动并接近定常的槽区时,在500 hPa面上它的上游有新的脊产生,或者原先已存在的脊要增长,并向北伸展。然后这个脊的北部被大面积的正距平区所占据,其南面有大尺度切断低压或负距平中心出现,这样就建立了典型的倒Ω流型。倒Ω型阻塞经常在远东、欧洲和北美地区出现。

四、阻塞高压的活动对东亚环流及天气的影响

阻塞形势是整个大气环流演变的一个过渡阶段,它的建立与崩溃对其控制区域以及上、下游广大地区的环流都产生巨大的影响。

(一)冬季乌拉尔地区阻塞高压的影响

在乌拉尔地区有阻塞高压存在时,其下游的环流形势是稳定的,整个东亚处于宽广的大低压槽区内,有时可以有小槽沿西北气流不断向东南侵袭,中国北部常受其影响。由于这种小槽不发展,因此不会引起全国性的寒潮爆发。在这期间,除中国北部地区外,温度一般较暖和,但当乌拉尔阻塞高压崩溃时,其下游的低槽通常发展加深东移,在日本上空建立新的东亚大槽,使原堆积于乌拉尔阻塞高压东部的冷空气,随着东亚大槽后的西北气流大举南下,给中国带来1次寒潮天气过程。

(二)夏季鄂霍次克海或雅库次克地区阻塞高压的影响

每年6,7月份,鄂霍次克海或雅库次克地区上空经常出现阻塞高压,使东亚地区上空的西风带急流分为两支:一支绕阻塞高压的北部东移;另一支沿青藏高原北缘的河西走廊到达江淮流域转向日本。在这支强西风气流上,不断有小槽东移,槽后偏北气流引导冷空气南下,与西太平洋副热带高压脊西缘的西南气流汇合于江淮流域,造成江淮流域的持续性的梅雨天气。

第三节 急 流

北半球中纬度对流层中、上层基本上为沿着纬圈方向呈带状的西风气流,即所谓的"西风带"。西风带最显著的特征是水平和垂直方向上(风速分布)的不均匀性以及弯弯曲曲的扰动状态。前者主要是指西风带具有分支现象和急流,后者主要是指西风带上具有大型天气系统,如大气长波、阻塞高压、切断低压等,它们都是大型扰动。本章集中讨论锋区、急流、西风带大型扰动的状况。

一、急流的一般特征

急流是风场上的一个突出特征。实际上在高空与低空,在中、高纬西风带和低纬东风带中都可出现急流带。以下着重讨论高空西风带中的急流。高空急流是一个强而窄的气流,它集中在对流层上部对流层顶附近或平流层中,其中心轴向是准水平的,它以强大的水平风切变和垂直风切变为特征,有一个或多个相对风速极大值。在正常情况下,急流长几千公里,宽几百公里,厚几公里,风速垂直切变一般约为 $5 \times 10^{-3} \sim 10 \times 10^{-3}$ s^{-1},水平切变一般约为 5×10^{-2} m/s。沿着高空急流轴的方向上,如果风速小于30 m/s,将不再称之为急流(在这种情况下可认为是急流的中断现象)。

高空西风急流的宽度量级约为800～1 000 km,厚度一般为4～6 km,有时还要大一些,沿急流轴的长度可达10 000～12 000 km,像一条弯弯曲曲的河流自西向东围绕着整个半球,

但它的个别部分在高空闭合强大系统外围变为南北走向,甚至呈东北—西南走向,有时还发生分支和汇合现象。急流中心风速可达 $50\sim80$ m/s,最强大的可达 $100\sim150$ m/s,甚至还要大些。据现有资料可知,以东亚海上和日本上空的急流最强,冬季曾达到 $150\sim180$ m/s,甚至达 200 m/s 之巨。急流附近最大风速垂直切变可达 10^{-2} s^{-1}。

急流也是三度空间的现象,分析急流中心轴高度附近的等压面(如 200 hPa)图,可表现出急流在水平方向的分布情况。根据等压面上的实测风,分析等风速线,其最大值区域可较好地表征急流。图 3.3.1 为流线图,流线的密集区即为急流所在图位置。至于急流在垂直方向的分布情况,可由垂直剖面图表示出来,这种图上的等风速线(实测风、地转风均可)表示急流的垂直截面(见图 3.3.2)。

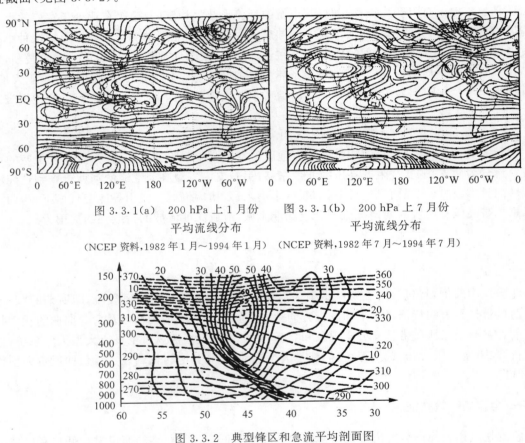

图 3.3.1(a)　200 hPa 上 1 月份　　图 3.3.1(b)　200 hPa 上 7 月份
平均流线分布　　　　　　　　平均流线分布
(NCEP 资料,1982 年 1 月~1994 年 1 月)　(NCEP 资料,1982 年 7 月~1994 年 7 月)

图 3.3.2　典型锋区和急流平均剖面图
细实线为地转风纬向(西风)分量;虚线为等温线;粗实线为锋区上、下界
(引自北京大学地球物理系气象教研室,《天气分析和预报》,1978,图 10.2)

二、急流的分类

依据北半球的资料,以急流所在的高度和所在的气候带位置,通常可将急流划分成下面几类:

(一)温带急流

温带急流又称极锋急流,有时还称为北支急流,它和中、高纬度的高空行星锋区(极锋)相

联系着。急流轴出现的高度为 8～10 km（300 hPa 附近）的中纬对流层顶附近,夏季略高些。它的中心强度变化和南北位移都比较大,所以其平均位置不易表达得很好,其中心的平均风速值也不如南支急流强大。急流轴一般位于 500 hPa 极锋的正上方,和极锋一样,弯弯曲曲地围绕半球并有中断现象,和极锋相配合,它在一些地区加强,在另一些地区减弱。自极锋急流中心向下延伸的较强风带,日常在某些地区可出现不只一支的复杂情况,这主要和中、高纬西风带上的大型槽脊、阻塞切断系统的活动有关。此外,和极锋一样,气旋、反气旋的活动和极锋急流有密切的关系。图 3.3.3(a),(b)分别表示极锋急流与西风带大型扰动以及地面气压系统相互关系。

图 3.3.3(a) 极锋急流(粗箭头)和　　图 3.3.3(b) 极锋急流(粗箭头)和
大型扰动相互关联示意图　　　　地面气旋族相互关联示意图
(引自北京大学地球物理系气象教研室,《天气分析和预报》,1978,图 10.4)

(二)副热带急流

又称南支急流,它和中、低纬度的高空行星锋区(副热带锋)相联系着。急流轴出现的高度为 12 km 左右(200 hPa)或更高些(150 hPa),位于热带对流层顶和中纬对流层顶之间的地区,它的南北位移较小,其中心平均风速值比极锋急流大,副热带急流形成于高空副热带暖高压的北部边缘,由于副热带高压本身在某些地区是断裂的,以及海洋上记录稀少,副热带急流是否始终围绕半球一圈尚不能肯定。亚洲南部冬季沿青藏高原南缘经我国到日本的副热带急流最为稳定少变,平均最大风速达 60 m/s,日本地区最大可达 75 m/s 以上;北非、地中海南岸至中东上空的副热带急流也是相当稳定的,只有北美的副热带急流变动较大。

此外,副热带急流上的槽脊活动(即南支扰动)也是很频繁的,它本身以及它和极锋急流共同的活动,与大范围环流变化以及某些天气系统的形成发展有着密切的关系,也与某些严重天

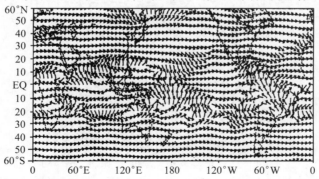

图 3.3.4　200 hPa 1 月份平均流场分布
(NCEP 资料,1999 年 1 月)

气现象的产生有密切关联。图 3.3.4 表示 1999 年 1 月平均的北半球副热带急流水平分布情况。从图中可以看出 1 月份副热带急流的平均中心位置在 30～35°N 左右。

三、西风急流区的温度场和流场

西风带急流和行星锋区关系密切，通常两者是同时存在的。由热成风原理可知，在水平温度梯度最大的区域（即锋区）上空的一定高度上，必然会出现与温度场相适应的相对最大强风区，如风速达到一定的数值即为急流。急流轴心所在的高度应当是水平温度梯度开始转变方向的所在。急流轴心的下方，左侧冷右侧暖，急流轴心以上则左侧暖右侧冷。

图 3.3.2 是一个具有单一锋面的急流的典型结构。由图可清楚地看出风的垂直切变和等压面上温度梯度的关系。在低层，锋区暖空气一侧存在着相对的最大强风区，随着高度的增加，通过锋区的温度对比愈来愈小，相对最大强风区离开了锋区，而在更高高度上风的垂直切变系由暖空气内部本身的温度梯度所维持（图 3.3.2 的等温线分布）。

观测表明，高空急流并不是一种围绕地球的均匀气流。一般它的很强的风速是集中在急流带中的风速最大中心，急流带的大风中心之间的风速相对较弱，这些大风中心沿急流轴一个个地向下游传播，由于大风中心前进速度比风速要小得多，因而当空气穿过大风中心时，在上风方速度会增加，在下风方速度会减小。结果在大风中心（急流中心）的入口区或出口区出现明显的非地转现象，在入口区运动的气块由于加速得到向左偏（当顺风看向下游时）的非地转风分量（即出现跨急流轴的南风分量）。结果在急流北侧产生高空辐合，急流南侧产生高空辐散。因而北侧出现下沉气流，南侧出现上升气流。由于空气质量的连续性，低层大气也必然发生相应的质量调整，产生与高层相反的辐散、辐合区，上下层的辐散、辐合区由垂直运动连接。结果在急流的入口区产生了急流南侧（当顺风看向下游时）的上升运动，北侧的下沉运动，构成如图 3.3.5 的环流圈，这种环流圈在气象上称为直接环流圈。在急流中心的出口区发生同急流中心的入口区完全相反的环流状况（图 3.3.5b），即急流北侧上升，南侧下沉，构成气象上所谓的间接环流圈。

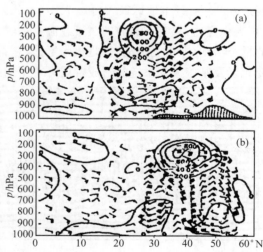

图 3.3.5 1979 年 11 月 20 日 00GMT 日本和东亚地区横交急流轴剖面中的二维流场
(a)入口区情况； (b)出口区情况(向量是无旋分量与垂直运动之合成)
实线是等 K 线，单位:J·kg⁻¹·s⁻¹·10⁻⁴(引自丁一汇，《高等天气学》,1991,图 2.20)

四、西风急流的季节变化以及东亚急流与中国的天气

图 3.3.6 为 200 hPa 的 1 月份纬向风分布图。可以看出在北半球中纬度地区有 3 个明显的西风极大值区。分别位于西亚,日本东南的海上及北美大陆东岸。

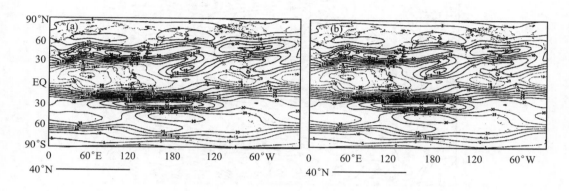

图 3.3.6　1 月 200 hPa 纬向风分布
(NCEP 资料,1982 年 1 月~1994 年 1 月)
(引自董敏等,1999,图 2a)

图 3.3.7　7 月 200 hPa 纬向风分布
(NCEP 资料,1982 年 7 月~1994 年 7 月)
(引自董敏等,1999,图 2c)

日本东南海上的西风中心达 75 m/s,是全年最强的西风。考察逐月的 200 hPa 纬向风的分布图可以发现,从冬(1 月)到夏,位于日本东南的西风急流逐渐减弱,且中心位置逐渐向西偏北方向移动。到 5 月份急流中心位于中国沿海到日本的上空,中心约在 35~40°N,135°E 附近,强度减为 40 m/s 左右。6 月份东亚地区的西风急流分裂为两个中心,其西边的中心已经移到中国的华北到西北地区,中心位于 40°N,105°E 附近,强度为 35 m/s。到 7 月份,西风急流中心强度则只有 30 m/s,位于 40°N,90°E 的地方(图 3.3.7)。

东亚西风急流是影响东亚及我国天气的重要系统。东亚大气环流的季节转换,我国大部分地区雨季的开始和结束都与西风急流位置的南北移动以及强度变化有紧密的联系。叶笃正等(1958)指出了亚洲季节转变是与 6 月及 10 月大气环流的突变相联系的,而这种突变的重要表现之一就是亚洲西风急流的北跃或南移过程。陶诗言等(1958)则指出东亚梅雨的开始和结束与 6 月及 7 月份亚洲上空南支西风急流的二次北跳过程密切相关。董敏等(1987)研究了北半球 500 hPa 纬向西风的年际变化,指出东亚地区夏季西风指数与我国初夏梅雨的年际变化有密切的关系。图 3.3.8 给出我国长江流域 10 站(南京、上海、杭州、安庆、合肥、九江、汉口、南昌、岳阳、宜昌)的 6 及 7 月份月降水量与 500 hPa 上空东亚地区地转西风强度(定义为各点南北各 5 个纬距间的高度差)之间的相关系数。

从图 3.3.8 可以看出,6、7 月份,即长江流域梅雨期该地的降水是与其上空 500 hPa 的西风强度呈正相关的,而与更北地区约 40~45°N 的西风强度呈反相关,相关系数均达到 0.01 信度。从图 3.3.8 可以看出,西风急流活动对中国降水的重要意义。它表明,在 6,7 月份当西风急流的位置偏南时,长江流域上空的西风偏强,江淮地区的梅雨就多;当西风急流的位置偏北时,长江流域上空西风弱,而东亚 40~45°N 地区的西风偏强,即急流北跳较早并稳定在 40°N 以北地区时,长江流域的梅雨就减少。因此研究西风急流的活动对预报我国夏季旱涝具有重要意义。

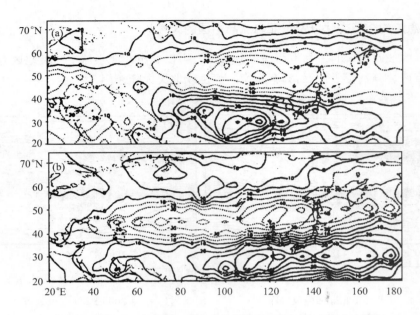

图 3.3.8　长江流域 10 站降水与 500 hPa 地转西风的相关系数

(a)6 月；　(b)7 月等值线已乘了 100,资料年代为 1951～1996 信度 0.05 的相关系数临界值为 0.29;
信度 0.01 的相关系数临界值为 0.37 (引自董敏等,1999,图 1)

最后,关于高空急流的形成不仅与大气环流中西风角动量的输送有关,而且还与大气温度分布中的热成风平衡有关,同时还与热带的对流活动以及高空波对急流的作用等因素有关,由于篇幅的限制,这里不再详述。

第四节　气团和锋

一、气团的概念

天气分析发现,在同一时间各地区的空气物理属性,如温度、湿度和稳定度等,都存在一些差异,但就广大区域而言,在水平方向上仍存在物理性质比较均匀的大块空气,其水平范围可达几千公里,垂直范围可达几公里到十几公里,常常从地面伸展到对流层顶,我们把这种对流层内水平方向上物理属性比较均匀的大块空气称为气团。

(一)气团的形成和变性的物理过程

气团是在大范围性质比较均匀的地球表面和适当的环流条件下形成的。例如广阔的海洋、巨大的沙漠或冰雪覆盖的陆地等等。性质比较均匀的广阔地球表面,是形成气团的首要条件。在性质比较均匀的广阔地球表面上空停留或缓慢移动的空气,主要是通过大气中各种尺度的湍流、系统性垂直运动、蒸发、凝结和辐射等物理过程与地球表面进行水汽和热量交换,经过足够长的时间才能取得与地球表面相适应的相对均匀的物理属性,水汽和热量分布得比较均匀。这种形成气团的温湿特性比较均匀的地区称为气团源地。适当的流场对气团的形成也有很大的关系,具备这个条件,才能使大范围的空气较长时间停留在气团源地上,并逐渐获得与地球表面相适应的相对均匀的物理属性,例如,准静止的反气旋环流有利于气团的形成。这是因为反气旋内辐散气流可以使大气中温度、湿度水平梯度减小,使大气的物理属性在水平方向上更趋均匀。如常年存在的太平洋副热带高压、冬季的西伯利亚高压等都是有利于气团形成的适当流场。

气团形成之后,当它离开源地移动到另一个新的地区时,由于地球表面性质以及物理过程的改变,它的属性也随之而发生相应的变化。气团属性的改变,称之为气团变性,老气团变性的过程就是新气团形成的过程。

（二）气团的分类

气团的分类法,按着眼点不同而不同。现将气团的主要两种分类法介绍如下:

1. 地理分类法

气团是在一定的地理环境下形成,因此它的属性也必然会带上气团形成源地的特性。地理分类法即是按气团的形成源地来分类的。气团可分为4大类:即北极(南极)气团,又称冰洋气团;极地气团;热带气团和赤道气团等。其中极地气团、热带气团又可分为大陆性和海洋性两种。赤道气团只有赤道海洋气团,而没有赤道大陆气团。

2. 热力分类法

热力分类法是根据气团温度和气团所经过的地球表面温度对比来划分的。按照这种分类法,气团可以分为暖气团和冷气团两种类型。当气团向着比它暖的地球表面移动时称为冷气团,冷气团所经之处气温将下降。相反,当气团向着比它冷的地球表面移动时称为暖气团,这种气团所经之处气温将升高。冷、暖气团是相互比较而存在,不是固定不变的,而且它们会依一定的条件,各自向着其相反的方面转化。例如,冷气团南下时通过对流、湍流、辐射、蒸发和凝结等物理过程会很快地把地球表面的热量和水汽传到上层去,逐渐变暖;同理,暖气团北上时也会逐渐变冷。

（三）影响中国的气团

中国境内出现的气团多为变性气团。

冬半年中国通常受极地大陆气团影响,它的源地在西伯利亚和蒙古,称它为西伯利亚气团。这种气团的地面流场特征为很强的冷性反气旋,中低空有下沉逆温,它所控制的地区天气干冷。当它与热带海洋气团相遇时,在交界处则能构成阴沉多雨的天气,冬季华南常见到这种天气。热带海洋气团,可影响到华南、华东和云南等地,其他地区除高空外,它一般影响不到地面。北极气团也可南下侵袭中国,造成气温剧降的强寒潮天气。

夏半年,西伯利亚气团在中国长城以北和西北地区活动频繁,它与南方热带海洋气团交绥,是构成中国盛夏南北方区域性降水的主要原因。热带大陆气团常影响中国西部地区,被它持久控制的地区,就会出现严重干旱和酷暑。1955年7月下旬以及1997年7月至8月中国华北,受该气团控制后,天气酷热干燥,有些地方最高温度竟达40℃以上。来自印度洋的赤道气团(又称季风气团),可造成长江流域以南地区大量降水。

春季,西伯利亚气团和热带海洋气团势力相当,互有进退,因此是锋系及气旋活动最盛的时期。秋季,变性的西伯利亚气团占主要地位,热带海洋气团退居东南海上,中国东部地区在单一的气团控制下,出现全年最宜人的秋高气爽的天气。

二、行星锋区及锋的基本特征

在对流层中上层的等压面上,经常有弯弯曲曲地环绕着半球,宽度为几百公里,水平温度梯度最大(即等温线最密集)的带状区域,就是所谓的高空锋区,也称为行星锋区。

由于半球范围的高空等压面图上等高线密集区,几乎常与等温线密集区同时存在,且位置偏离不大,因而有时也常将等高线密集带称为行星锋区。行星锋区的北边经常是并列的若干个冷性(气旋)中心,而它的南边则是几个分裂的暖性(反气旋)中心,所以行星锋区实际上就是中高纬度冷气团与较低纬度暖气团之间的过渡区域。北半球行星锋区主要有二支:北支介于冰洋气团与极地气团之间,一般称为极锋;南支位于极地气团和热带气团之间,一般称为副热带锋。这两支锋区,特别是极锋,随着中高纬环流的多变,它的位置、强度和走向经常发生变动,而且还可以产生分支和汇合的现象。

行星锋区是三度空间的现象,因之等压面上等温线密集带是三度空间的行星锋区和该等压面相交割出来的结果,由于行星锋区自下而上向冷区倾斜,所以各等压面上等温线密集带的相对位置,也自下而上近于相互平行地向北移动。极锋一般都可达到地面,但可以不伸展到对流层顶,它在对流层中层(500 hPa 附近)表现最清楚;副热带锋则多是自对流层顶延伸下来的,但往往达不到地面,它在对流层中上层表现最清楚。副热带锋以东亚地区最为明显。三度空间的行星锋区与周围比较,其水平温度梯度最大,而垂直温度梯度最小。

气旋、反气旋的活动和行星锋区有密切关联,它们的发生、发展一般都是在锋区上进行的,它们的出现最大频数(次数)以及主要路径和锋区的平均位置基本上一致,因此仔细分析行星锋区及其活动规律对天气过程分析和预报有很大作用。

1. 锋的概念

大气中冷、暖气团相遇以后,其间有一个界面,由于湍流、辐射、分子扩散等作用,不同性质的气团之间的界面实际上是一个过渡层,这个过渡层就称之为锋。

锋具有一定的厚度并在空间呈倾斜状态,随高度它总是向冷气团一侧倾斜。锋的下方为冷气团,上方为暖气团。靠近冷气团一侧的界面叫下界,靠近暖气团一侧的界面叫上界(图 3.4.1)。锋与空间某一平面或某一垂直剖面相交的区域称为锋区。锋区的水平宽度在近地面层约几十公里,在高空可达 200～400 km,甚至更宽一些。锋的长度可延伸数百公里至数千公里。锋的宽度和长度相比是很小的,因此锋可近似地认为是一个几何面,称为锋面。锋面和地面的交线称为锋线。

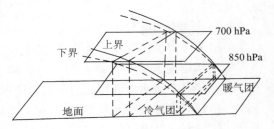

图 3.4.1　锋面的空间结构
(引自梁必骐,《天气学教程》,1995,图 2.1)

2. 锋的分类

为了了解各种锋的共同特征和天气变化规律,将锋进行分类。由于着眼点不同,有不同的分类方法。根据锋在移动过程中冷暖气团所占的主次地位可将锋分为:冷锋、暖锋、准静止锋和锢囚锋 4 种。根据锋伸展的不同高度,也可将锋分为对流层锋、地面锋和高空锋 3 种。根据气团的不同地理类型,又可将锋分为冰洋锋、极锋和赤道锋(热带锋)3 种。下面根据第一种分类法加以讨论。

(1)冷锋

锋面在移动过程中,冷气团起主导作用,推动锋面向暖气团一侧移动,这种锋面称为冷锋。冷锋过境后,冷气团占据了原来暖气团所在的位置(图 3.4.2a)。冷锋在中国一年四季都有,尤其在冬半年更为常见。需要注意的是气团在移动过程中,由于变性程度不同,或有小股冷空气补充南下,在主锋后,即同一气团内又可形成一条副锋。一般说来,主锋两侧的温度差值较大,而副锋两侧的温差较小。

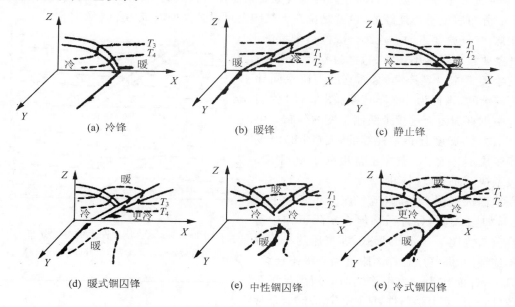

图 3.4.2 锋的分类

(引自梁必骐,《天气学教程》,1995,图 2.2)

(2)暖锋

锋面在移动过程中,若暖气团起主导作用,推动锋面向冷气团一侧移动,这种锋面称为暖锋。暖锋过境后,暖气团就占据了原来冷气团的位置(图 3.4.2b)。暖锋多在中国东北地区和长江中下游活动,大多与冷锋联结在一起。

(3)准静止锋

当冷暖气团势力相当,锋面移动很慢时,称为准静止锋(图 3.4.2c)。事实上,绝对的静止是没有的。在这期间,冷暖气团同样是互相斗争着,有时冷气团占主导地位,有时暖气团占主导地位,使锋面来回摆动。实际工作中,一般把 6 h 内(连续两张天气图上)锋面位置无大变化的锋定为准静止锋,或简称为静止锋。在中国的天山、秦岭、南岭和云贵高原等地区常见到冷锋由于受到高山阻挡而形成静止锋。

(4)锢囚锋

暖气团、较冷气团和更冷气团(3 种性质不同的气团)相遇时先构成两个锋面,然后其中一个锋面追上另一个锋面,即形成锢囚。中国常见的有锋面受山脉阻挡所造成的地形锢囚;或冷锋追上暖锋;或两条冷锋迎面相遇形成的锢囚锋。它们迫使冷锋前的暖空气抬离地面,锢囚到高空。我们将冷锋后部冷气团与锋面前面冷气团的交界面,称为锢囚锋。锢囚锋又可分为 3 种:如果锋前的冷气团比锋后的冷气团更冷,其间的锢囚锋称为暖式锢囚锋(图 3.4.2d);如果锋后的冷气团比锋前的冷气团更冷,其间的锢囚锋称为冷式锢囚锋(图 3.4.2f);如果锋前后的冷气团无大差别,则其间的锢囚锋称为中性锢囚锋(图 3.4.2e)。空间剖面图上原来两条锋面的交接点称为锢囚点。

3. 锋的不连续面概念

　　锋是冷、暖气团之间的过渡带,由于锋区的宽度与长度相比很小,在比例尺很小的天气图上,这个过渡带显得极为狭窄,而在其两侧气象要素值却有很大的差异,因此,可将锋两侧的气象要素的分布看成是不连续的,也就是说在天气图上可以把锋面看成为不连续面。

　　通常,将气象要素的不连续分成两级来考虑。如果气象要素本身是不连续的,称为零级不连续;如果气象要素本身是连续的,而它的一阶空间导数是不连续的,则称为一级不连续。图 3.4.3 为实际大气中垂直剖面上过渡带两侧温度的分布。可以看出,图(a)温度分布是连续的,而(图 b)温度分布就变成不连续了。气象上常用温度(或密度)的零级不连续面来模拟锋面。

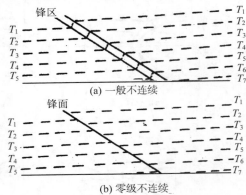

图 3.4.3　垂直剖面图上的温度分布
(引自梁必骐,《天气学教程》,1995,图 2.3)

　　在地面天气图上,锋附近气压分布实际上是连续的,如图 3.4.4(a)所示,但在实际工作中等压线都分析为图 3.4.4(b)形式,即气压的一阶导数是不连续的,即气压在锋面附近为一级不连续。在大气中,锋面作为一个不连续面必须满足下列两个条件:一是动力学条件,即通过锋面时气压应当是连续的。如以 p_1 表示从冷气团内趋近于锋面上某点的气压,以 p_2 表示从暖气团内趋近于同一点的气压,则 p_1 必等于 p_2,也就是

$$p_1 - p_2 = 0.$$

如果 p_1 不等于 p_2,则在无限小的距离内,气压差却为有限值,这样就会出现接近无穷大的气压梯度力,这在大气中的锋面附近是不可能的。

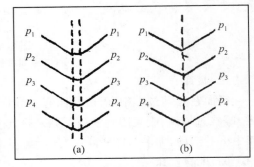

图 3.4.4　过渡带与不连续面两侧气压的分布
(引自梁必骐,《天气学教程》,1995,图 2.4)

　　另一个是运动学边界条件,即通过锋面时,垂直于锋线的风的分量应当是连续的。如以 u_1 表示从冷气团中趋近于锋面上某点的风速的垂直分量,以 u_2 表示从暖气团中趋近于同一点的风速的垂直分量,则

$$u_1 = u_2,$$

如果 u_1 不等于 u_2,就会在不连续面附近出现接近真空或空气质点无限堆积的现象,这在锋面附近也是不可能的。

　　根据流体力学理论,满足这样两个条件时,锋面的移动速度应等于 u_1 或 u_2。这说明组成锋面的质点是不变的,或者说锋面为一物质面。必须指出,在实际大气中锋面是一个近似的物质面,锋上的质点可能离开锋面,锋两侧冷、暖空气质点也可能互相穿越锋面,这是在研究锋面时所应当注意的。

三、锋面天气

　　从天气实践中知道,在锋面附近存在着大片云系和降水现象。同时在各种类型的锋面附近,云和降水现象也有明显差异。本节主要介绍影响锋面云系和降水的主要因素和几种类型锋

面的典型天气模式。

（一）影响锋面天气的主要因素

锋面天气,主要指锋附近云和降水的分布。影响锋面云系和降水的主要因素有:垂直运动、大气中的水汽条件和层结稳定度。由于这些因素随时间、地点而变化,所以锋面云系和降水千变万化。

一般而言,暖空气来自南方海洋上,因此具有气温高、比湿大、露点温度高等特点,所以暖空气中水汽含量较多。而冷空气来自北方内陆地区,因气温低、比湿小和露点温度也低,所以冷空气中水汽含量较少。锋面云系和降水的形成,主要是暖气团沿着冷气团斜坡爬升时,由于绝热冷却作用使水汽发生凝结的结果。因而锋面附近出现什么样的天气,主要决定于暖气团的水汽含量和层结稳定度。

一般层结稳定和水汽含量多的暖空气沿锋面爬升时,则形成层状云和连续性降水,但若暖空气水汽含量大和层结不稳定则可形成对流性云和阵性降水。此外,锋面附近能否形成云系和降水,除必须具有暖湿空气这个条件外,水汽的输送也是不能忽视的。

（二）锋面天气类型

锋面附近形成的云系和天气,除主要受上述条件影响外,还受地理条件的影响。尽管锋面天气因时间、地点而变化多端,但人们在长期的天气实践中已归纳出一些天气模式,找到了一些共性,现分述如下:

1. 暖锋

暖锋是向冷气团方向移动的。在它移动过程中,暖空气一方面向冷空气方向移动,另一方面又沿着锋面向上滑升,故属上滑锋。典型的暖锋天气如图 3.4.5 所示。如果暖空气的层结是稳定的,在地面锋线的最前缘是卷云,以后依次是卷层云、高层云、雨层云。这个云系沿着整个锋面可连绵数百公里,离地面锋线越近,云层越低且厚度愈厚,云顶可达 6 000 m 以上。降水发生于雨层云内,一般多属连续性降水,降水宽度约为 300～400 km,降水区一般位于锋前。由于从锋面上降落的雨滴蒸发使空气饱和,加上低层辐合、湍流混合等作用,在

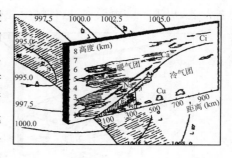

图 3.4.5　暖锋云系示意图
（引自梁必骐,《天气学教程》,1995,图 2.17）

锋下靠近地面锋线的冷空气里,常产生层云、碎层云、碎积云。当空气中的饱和层到达地面时,可形成锋面雾。

由于暖空气湿度和垂直运动分布不均匀,因而实际上出现的暖锋云系比上述模式要复杂得多。在锋面云系中有些部分比较浓密,有些部分比较稀疏,甚至会出现无云的空隙,把云分为两层或更多层。夏季,当暖空气层结不稳定且湿度很大时,在暖锋上可产生积云和积雨云,常伴有雷阵雨天气。这种积雨云往往隐藏在深厚的雨层云之中(图 3.4.6),对云中飞行威胁很大。当暖空气干燥,水汽含量很少时,锋上只出现一些中、高云,甚至无云。在夏季由内蒙古移到东北西部的暖锋常有这种情况。

2. 冷锋

冷锋是中国各地最常见的一种锋面,一年四季都可出现。根据冷锋和高空槽的配置、移动速度和锋上垂直运动等特点,可将冷锋分为第一型冷锋和第二型冷锋,这两种冷锋在天气上也

图 3.4.6　有积雨云的暖锋云系示意图
（引自梁必骐，《天气学教程》，1995，图 2.18）

有明显的差异。

（1）第一型冷锋天气

第一型冷锋的地面锋线位于高空槽前部，锋面坡度不大，约为 1/100，移动速度较慢（与第二型冷锋相比）。暖空气沿着冷空气楔向上滑升，故属上滑锋。主要云系和降水分布与暖锋大体相似，只是云雨区出现在地面锋线后面，且云系排列次序与暖锋相反。由于此型冷锋坡度通常比暖锋大，所以云区和降水区比暖锋窄。

此型冷锋的天气特征是：地面锋线过后开始降水，风速突然增大，天气恶劣，待高空槽过后，降水逐渐停止，天气开始转晴，如图 3.4.7 所示。这种冷锋在中国冬半年比较常见。但若暖空气比较干燥，锋上云系中就可能不出现雨层云或高层云。如中国东北和西北高纬地区，锋上仅有卷层云，但常有降雪现象。当暖空气处于对流性不稳定时，在锋线附近可有浓积云和积雨云发展，出现雷阵雨天气，这种情况在中国夏季比较常见（图 3.4.8）。

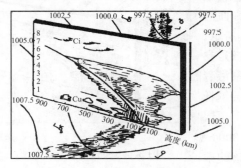

图 3.4.7　第一型冷锋云系示意图
（引自梁必骐，《天气学教程》，1995，图 2.19）

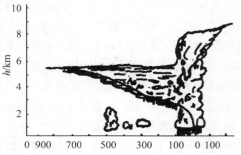

图 3.4.8　有积状云的第一型冷锋天气示意图
（引自梁必骐，《天气学教程》，1995，图 2.20）

（2）第二型冷锋天气

这类冷锋的地面锋线一般位于高空槽线附近或槽后，其坡度大约为 1/70，移动较快，其低层锋面坡度特别陡峭，有时甚至向前突出成一个冷空气"鼻子"，使前方的暖空气产生激烈的上升运动。在高空，这时冷锋往往处于西风带低槽后，冷平流较强，上升的暖空气在高层由冷空气灌入而形成云系。因而云系及降水区分布于地面锋线附近，云雨区比较狭窄，一般约为几十公里到一百公里。

这种冷锋的天气特征是：如果暖空气比较潮湿且不稳定，在地面锋线移近时，由于冷空气的冲击，往往形成强烈发展的积雨云，沿着锋线排列成一条狭窄的积雨云带，顶部常可达 10 km 以上，而宽度则仅仅有数十公里。这种积雨云带之间一般多有空隙。当这种冷锋来临时，常常是狂风暴雨,乌云满天,且有雷电现象。待锋面过后不久,天气即转晴朗,如图3.4.9所示。这种冷锋天气在中国夏半年比较常见。

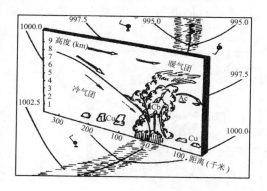

图 3.4.9 第二型冷锋云系示意图
(引自梁必骐,《天气学教程》,1995,图2.21)

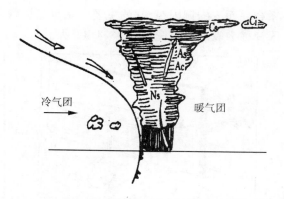

图 3.4.10 中国冬半年常见的第二型冷锋云系
示意图 (引自梁必骐,《天气学教程》,1995,图2.22)

如果暖空气比较稳定时,第二型冷锋的云系分布和暖锋相似,为层状云系。当锋面来临时,也是先见卷云、卷层云,以后云层逐渐增厚变低,在临近锋线时有时有降水。待锋线一过,云消雨散,但风速突然增大,有大风出现。这种冷锋天气多出现在中国冬半年,如图3.4.10'所示。

如果暖空气比较干燥,第二型冷锋也可能只出现少量高云和中云,而无降水现象,在锋后常出现大风和风沙天气,这种冷锋常称为"干冷锋",多出现于中国北方的春季。这种冷锋由北方移到江南地区时,若暖空气中水汽含量丰富,有时也可以产生降水现象。

当锋面处于高空槽后或处于高空急流入口区的正环流的下沉侧时,由于大气中、高层有下沉气流沿锋面下滑而形成典型的下滑锋冷锋,在这时锋前的暖空气一般不会有明显的上升运动,而使锋面逐渐趋于锋消,所以典型的下滑冷锋并不能带来明显的降水天气。

3. 准静止锋

中国的准静止锋一般是由冷锋演变而成的,它的坡度一般很小(约为1/250)。准静止锋的天气,类似于第一型冷锋,由于准静止锋的坡度较第一型冷锋为小,因此云雨区较冷锋更为宽广。在冬半年,当准静止锋的坡度特别小时,由于暖空气滑升到离地面锋线一定距离之处才能凝结成云雨,故云雨区不紧靠地面锋线,而是离锋线有一定距离。

在春、夏季节,若暖空气层结不稳定,在准静止锋上同样可以出现积雨云和雷阵雨天气,若在低空有切变线或低涡相配合,多有显著的降水现象,有时甚至可产生暴雨。梅雨时期江淮流域的静止锋常出现这种天气。

由于静止锋移动缓慢,当冷暖空气时强时弱时,可使准静止锋在某一地区来回摆动,受它影响的地区可出现长时间的晴雨相间天气。

当冷空气遇山受阻时,经常会形成静止锋,如我国的天山静止锋(是我国最典型、最强的静止锋)、秦岭静止锋、南岭静止锋和云贵静止锋等。当静止锋出现时,往往会在山的迎风面出现平行于山的大风区(又称急流),使冷空气沿大风区输送明显,造成大风区末端的明显低温,这在天山静止锋中表现得比较突出。冬季的南岭静止锋在有利的高空偏南气流配合下会带来明显的江南大冰冻天气。而春季的南岭静止锋又常常带来江南的低温连雨天气,对国民经济影响极大。

4. 锢囚锋

锢囚锋常是由两条锋面合并而成,故它的天气就保留原有两条锋的特点。如由两条层状云系合并而成的锢囚锋,它的主要云系也是层状云,且近乎对称地分布于锢囚锋的两侧,这种锢囚锋称为暖式锢囚锋,如图 3.4.11 所示。

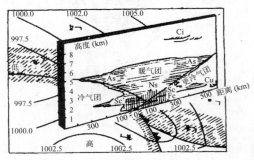
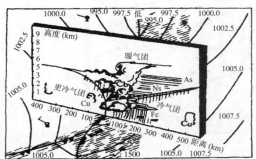

图 3.4.11 暖式锢囚锋云系示意图
(引自梁必骐,《天气学教程》,1995,图 2.23)

图 3.4.12 有积状云的冷式锢囚锋云系示意图
(引自梁必骐,《天气学教程》,1995,图 2.24)

若原来一条锋面是层状云,而另一条锋面是积状云,两者合并锢囚后,层状云和积状云相连在一起,这种锢囚锋称为冷式锢囚锋,如图 3.4.12 所示。

当锢囚锋形成后,在锢囚点以上的上升运动会进一步发展,云层增厚,降水强度增强,降水区域也不断扩大;而在锢囚点以下则有新的云系产生。随着锢囚锋的进一步发展,暖空气会被抬得更高,所含水汽也因降水而逐渐减少,锢囚点以上的云层就会逐渐变薄而消散。在锢囚点以下的有可能发展成新的云系,但就锢囚锋而言,已是消亡阶段,天气一般逐渐好转。在中国,锢囚锋主要出现在东北和华北地区,在 1 年当中以春季为最多。

以上介绍了各种锋面的天气模式,即各种锋面天气的一般情况。了解这些一般情况,可以帮助我们去认识任何个别的锋面天气。但实际出现的每一条锋面天气都不一定和上面介绍的完全相同,即使是同一条锋面,天气也会随时间和地点的变化而变化。例如,冬季冷锋在北方时,云雨区常出现在地面锋线前面或锋线附近,但当它移到黄河流域以南后,由于暖湿空气加强,锋面坡度变小,云雨区就移到地面锋线后面,且范围扩大。所以,在分析锋面天气时,必须对具体的事物作具体的分析。

第五节　东亚及西太平洋锋面上的气旋

一、东亚及西太平洋锋面上的气旋的统计特征

锋面气旋是重要的天气系统,在国外有很多关于气旋的统计工作,最早对北半球统计的是Petterssen(1956)和 Klein(1957),他们使用 20 世纪 40 年代以前的 20 年资料,其结果在《天气分析和预报》一书中有过详细介绍。后来对有限区域做了许多统计工作。Reitan(1974)以及Zishka 和 Smith(1980)分别对北美地区 1954～1970 年和 1949～1976 年期间气旋活动的频率做了研究,发现北美地区气旋有减少趋势;Whittaker(1981)研究了 1958～1977 年间北美气旋生成的地理和季节变化特征,证实气旋次数的确有减少趋势。对亚洲的气旋也有不少统计工

作,50 年代吴伯雄和刘长盛用 1951~1955 年的资料对东亚气旋做过统计。Hanson 和 Long (1985)用长年代资料对东海地区气旋生成做了统计并指出与 ENSO 事件有关。朱乾根等 (1981)用 10 a(年)资料统计了亚洲地区气旋的生成。齐桂英(1986)统计了北太平洋地区的气旋,认为此地区强气旋年际变化不大,年内变化明显。对海洋上气旋的爆发性发展也有许多统计研究,Sanders(1986)和 Gyakum(1989)统计了 1976~1979 年的冬半年北半球海洋的爆发性气旋,发现西太平洋是一个最大频率区。Roebber(1984)重新做了统计,得出类似结果。Murty 等(1983)统计了东北太平洋温带气旋,指出 10 月是爆发性气旋的最多月。Gyakum 等 (1989)研究了 1975~1983 年北太平洋冷季气旋的活动。Sanders(1986)对北太平洋 1981~1984 年 3 类爆发性气旋做了统计。董立清(1989)等用 20 a(年)资料统计了 130°E 以西中国近海地区的爆发性气旋,认为主要出现在冷季,没有年际变化,集中在 30~40°N,爆发性气旋就是强气旋。张培忠等(1993)用 1958~1989 年共 32 a 资料对东亚及西太平洋地区的锋面气旋做了统计研究,发现气旋生成有两个集中区,蒙古生成区次数最多,沿海生成区次之。

　　锋面气旋就是有锋面的低气压,温带气旋大多是锋面气旋。其水平尺度大的可达 1 000~2 000 km,小的只有几百公里。中心气压一般在 1 000 hPa 左右,强的中心气压可降到 980 hPa 以下,弱的中心气压可达 1 010 hPa 以上。由于它同锋面相联系,常会带来恶劣的天气和急剧的天气变化,所以在天气学中,一直把它作为一个重要的课题来讨论。

二、锋面气旋形成的类型

　　根据气旋发生、发展时的环流和天气形势,可以把气旋的发生、发展分为 3 种类型。第一类是经典的锋面波动发展成气旋的过程。关于这类气旋发生发展的问题已经讨论得很多,总的特征可概括为以下几点:(1)锋区或最大斜压区位于近于平直的高空气流下(没有明显的涡度平流)开始发展。(2)最初没有高空冷槽存在,但当地面气旋发展时,槽加强。在气旋未达到最大强度之前,高空槽和低层气旋间的距离明显保持不变。(3)高空涡度平流数值最初很小,并且在整个发展过程中一直保持较小,气旋加强的主要作用是温度平流。(4)对流层下部的斜压性开始时大,锢囚时减小。(5)发展的最终结果是达到经典的锢囚气旋。一般认为这类气旋的发展由斜压不稳定使扰动增幅引起。发展是从低层开始的,在发展中具有明显的锋区和斜压性。温度平流在此类气旋发展中起着主要作用。

　　第二类气旋发生、发展的启动机制主要在高空。气旋发生、发展是具有如下几个特点:(1)当高空槽(主要是指无辐散层上的高空槽,其前部有强涡度平流)在低层暖平流区(或近于没有冷平流)上扩展时,气旋开始发展,这是低层可以有也可以没有锋面存在。(2)当气旋加强时,高空槽与低层系统直接的距离迅速减少,气旋发展最盛时轴线近于垂直。(3)高空涡度平流量最初很大,接近气旋最强时,平流量减少。开始时温度平流量最小,随低层气旋的加强而增加。(4)对流层下部斜压性开始较小,随风暴加强而增加。(5)发展的最终结果达到与经典锢囚相类似的热力结构。这类气旋与第一类经典气旋的发展模式不同,在发展时,低层不一定有锋面存在,高空涡度平流是气旋发展的主要因子。Petterssen(1971)和 Smebye(1971)曾对这类气旋的发展做过详细分析,并从能量收支上研究了动能的来源和维持。卫星云图的分析也证实了这类气旋的存在。图 3.5.1 是 Petterssen 等(1956)总结的这类气旋的发展模式,这是地面有锋面的情况。这种气旋主要发生在高空槽前正涡度平流区赶上并叠加在地面冷锋或静止锋上的时候和地方。在叠加区,云带中的云量变稠密、加宽,并向冷空气一侧凸起。

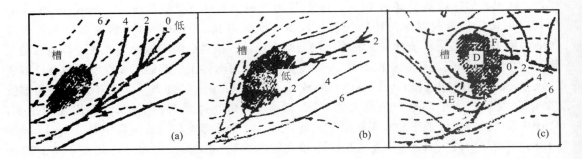

图 3.5.1　气旋发展的几个阶段

（当高空槽向前推进,高空有明显的涡度平流区（斜线区）
扩展到锋区上的时候,所引起的不平衡就使低层产生辐合）

（引自丁一汇,《高等天气学》,1991,图 2.28）

　　第三类是中间尺度温带气旋的发展。这类气旋的水平尺度一般在 1 000～2 000 km,比上述气旋的尺度小。它具有以下一些特征:(1)在扰动形成的初始阶段,扰动与对流层上部高空槽没有关系。高空经常是纬向气流,扰动的振幅只在对流层下部明显,而第 1 类有明显的长波槽。(2)这类气旋通常形成在一条延续的锋面上,能接连发生,形成一系列气旋族。这种锋面不但地面明显,在 850 hPa 上也有等温线密集区。(3)这类气旋主要出现在较低纬度,与湿润大气中的云带有密切关系,具有明显的对流不稳定区,因而常发生在雨季(如梅雨季节,华南和日本东南海上、美国东南海面上)。关于这类气旋的发展机制主要是由混合不稳定(斜压和正压不稳定的结合)和 CISK 机制(第二类条件不稳定)相结合的结果。

　　锋面气旋的形成过程,概括起来有以下 3 种类型:

　　第一种类型多形成于高空槽前的准静止锋或缓慢移动的冷锋上,是气旋初生过程较多的一种,常出现在中国江淮流域和东海地区。

　　这类锋面气旋,主要是由于高空槽前的正涡度平流区叠加在准静止锋或缓慢移动的冷锋上而形成的。图 3.5.2 是这类锋面气旋生成过程的示意图。图 3.5.2a 表示气旋生成前的情况,准静止锋处在冷的偏东风和暖的偏西风之间,两种气流构成明显的气旋式切变。图 3.5.2b 表示锋的上空有低槽移近,槽前的正涡度平流叠加在地面锋上,引起地面减压和气流的水平辐合,因而在锋上产生了小波动,于是冷气团向南移,暖气团向北移,使准静止锋前部锋段变为暖锋,后部锋段变为冷锋,冷、暖锋之间为暖气团所占据的区域,冷、暖锋的交接处称为波顶。由于冷暖气团的南北移动,高空温度场也随着变成波状,冷平流就变得明显起来,这样,反过来又促使高空槽加深,涡度平流也不断加强。图 3.5.2c 表示锋面气旋的形成。随着高空槽继续向前

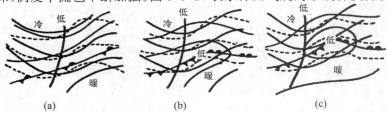

图 3.5.2　准静止锋上锋面气旋形成过程示意图

（引自梁必骐,《天气学教程》,1995,图 3.3）

移动,正涡度平流作用使波顶附近气压继续下降,辐合也进一步加强,出现了逆时针方向旋转的流场,冷、暖锋及暖区更为明显,当在地面天气图上能分析出一根闭合等压线时,标志着锋面气旋已经形成。

第二种类型则形成于锢囚点上。这类锋面气旋多形成于蒙古人民共和国和中国的东北地区。其形成过程如图3.5.3所示。当已锢囚了的气旋由欧洲东移到贝加尔湖及蒙古高原一带

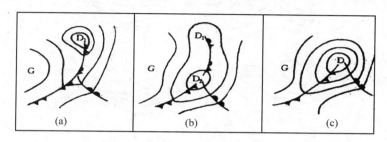

图 3.5.3　锢囚点上锋面气旋形成示意图
（引自梁必骐,《天气学教程》,1995,图 3.4）

时,这时锢囚气旋上空仅有一低槽,没有闭合环流,但槽区的等高线沿气流方向是散开的且与等温线的位相差不多相反(图3.5.4),为冷脊暖槽型。槽前、槽后平流交角(等高线与等温线交角)几乎为直角,故冷暖平流都很强。当高空槽加深而移速减慢时,冷平流向槽区输送促使高空槽进一步加深,槽前的正涡度平流也进一步加强。结果使地面锢囚点处气压降低,气流辐合,出现低压中心而形成新的锋面气旋(图3.5.3b)。当锢囚点上新气旋形成之后,其北方的锢囚锋就迅速减弱消失(图3.5.3c)。

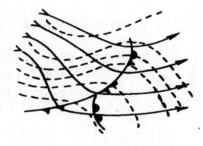

图 3.5.4　高空温压场示意图
（引自梁必骐,《天气学教程》,
1995,图 3.5）

第三种类型由倒槽(或热低压)锋生而成。图3.5.5是这类锋面气旋生成过程示意图,具体分为以下3个阶段:

(1)地面倒槽形成阶段。高空有一浅槽,见图3.5.5a中右图,温度场中有一锋区,冷槽暖脊较清楚。温度槽落后于高度槽,槽后和槽线上有冷平流,槽前有暖平流。对应高空冷平流区地面有一条冷锋,锋后小高压不断加强,并随冷锋向东南移动。由于高空暖平流的降压作用,在地面冷锋的前方,常有一个向南开口的暖性倒槽形成,见图3.5.5a中左图。

(2)暖锋锋生阶段。地面倒槽形成之后,高空槽进一步加深,冷暖平流进一步加强。这样在地面倒槽东侧,由于高空暖平流加强,在暖平流最强的地区,等温线相对密集而形成锋区,在地面倒槽内因锋生作用而形成新的暖锋(图3.5.5b)。

(3)地面气旋形成阶段。高空槽继续东移的结果,地面冷锋便进入倒槽,和新生的暖锋相连接,由于连接处正处于高空槽前正涡度平流区的下方,地面气压不断降低,出现闭合的低压环流,锋面气旋即告形成(图3.5.5c)。春季江淮流域发展的锋面气旋,一部分属于这种类型。

上述3种类型形成的锋面气旋,尽管其演变过程各不相同,但只要在地面锋带上出现第一根闭合等压线时,气旋即告形成。这个时期的锋面气旋,一般称之为初生气旋。

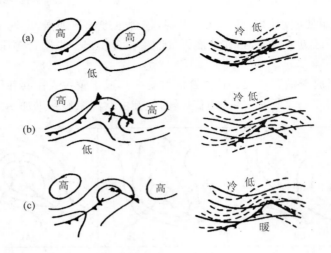

图 3.5.5 由倒槽锋生而成的锋面气旋演变过程示意图

(引自梁必骐,《天气学教程》,1995,图 3.6)

三、锋面气旋的结构模型

所谓结构一般是指天气系统中温度场与气压场的垂直分布,也就是通常所说的系统的高空与地面的配合问题。根据锋面气旋发展过程中各个阶段不同的温压场结构特点,下面分初生、发展、锢囚和消亡 4 个阶段来说明。

1. 初生阶段

从发生波动到绘出第一根闭合等压线为止的整个阶段,称为锋面气旋的初生阶段。其典型如图 3.5.6 所示。初生气旋的温压场结构的主要特征是:高空锋区呈波状,温度槽落后于高度槽。地面气旋位于高空槽前脊后。气旋的前部,高空有暖平流,后部有冷平流(图 3.5.6(a))。高空槽前有正涡度平流引起地面减压,槽后负涡度平流引起地面加压;槽前暖平流引起地面减压,槽后冷平流引起地面加压(图 3.5.6(b))。这些都有利于锋面气旋的发展。这时由于气旋刚形成,环流较弱,摩擦效应比较小,垂直运动较弱,因此辐合上升运动引起的绝热冷却作用也不大,这些不利于气旋发展因子都处于次要的地位。这些因子的综合作用上所引起的地面 3 h 变压分布如图 3.5.6(c)所示。气旋中心是减压区,所以锋面气旋将继续发展。

初生阶段的锋面气旋,中心气压一般比四周低 2~3 hPa、移速 24 h 可达十几个经距。

2. 发展阶段

在这阶段中,气旋式环流进一步加强,冷暖锋更为清楚,冷暖锋之间的暖区开始逐渐缩小。闭合等压线不断增加,并伸展到了较高的层次,可达到 850 hPa,甚至 700 hPa 高度上,但高低空的低压中心尚未重合,中心轴线随高度向冷区倾斜。

这阶段高空温压场结构的主要特征是:高空槽明显加深,振幅加大,但还没有闭合环流。等温线出现冷舌和暖脊,温度槽仍落后于高度槽,但两者比前一阶段有所接近。地面气旋仍处在高空槽前(图 3.5.7(a))。气旋前部的暖平流和气旋后部的冷平流都很强。由涡度平流和温度平流所造成的气压变化,在地面气旋的中心区仍是负值(图 3.5.7(b))。上升运动随着气旋的发展而显著加强,这是不利于地面气旋发展的。但是,在上升运动加强的同时,若有充沛的水汽,则水汽凝结潜热的释放可以减少这种不利的作用。对于饱和湿空气而言,当层结为条件不稳

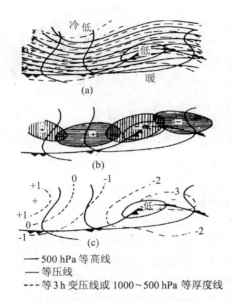
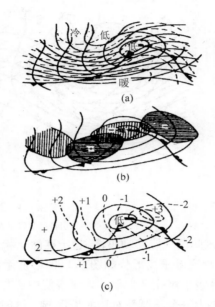

—— 500 hPa 等高线
—— 等压线
- - - 等3 h 变压线或 1000~500 hPa 等厚度线

图 3.5.6 锋面气旋的初生阶段
（引自梁必骐,《天气学教程》,
1995,图 3.7)

图 3.5.7 锋面气旋的青年气旋阶段
（引自梁必骐,《天气学教程》,
1995,图 3.8)

定时,上升运动对气旋的发展反而有利。这阶段低层摩擦辐合所引起的填塞作用,也随着气旋的发展而加强,这也是不利于气旋发展的因子。然而,该阶段高空涡度平流和温度平流的作用仍占主导地位。因此,地面气旋中心区域仍为负变压(图 3.5.7(c)),气旋仍能继续发展。

发展阶段的锋面气旋,中心气压一般比四周低 10~20 hPa,移速比初生阶段略慢,24 h 约 10 个经度。

3. 锢囚阶段

从地面冷锋追上暖锋形成锢囚锋开始,称为气旋锢囚阶段。气旋刚开始锢囚,尚能继续发展加深一段时期,然后达到最强盛时期。锋面气旋开始锢囚时,暖空气被抬到高空,暖区更加缩小。气旋低层为冷涡旋,上空仍为冷暖空气交汇处。随着锢囚的加深,冷涡旋的厚度也愈来愈大。这时,地面涡旋中心气压达最低值,较四周低 20 hPa 以上,闭合等压线多而密集,移速大大减慢。气旋锢囚阶段温压场结构如图 3.5.8(a)所示。高空槽加深达最大程度,闭合的低压环流有时可从地面一直伸展到 500 hPa 高空,高低空低压中心轴线已接近垂直。温度场表现有明显的温度脊(在 850 hPa 等压面上一般有暖舌出现)位于闭合低压的前部。图 3.5.8(b)是气旋锢囚阶段初期由涡度平流和温度平流所引起的地面 3 h 变压分布情况,在锢囚点附近仍表现为负值区,这表明气旋还能继续发展一段时期。

气旋发展到锢囚阶段后,由于高空出现闭合环流,因此气旋式曲率沿气流方向的变化减小,所以涡度平流大大减弱,温度场与气压场接近重合,表明温度平流对气压变化的作用也减弱。这时,上升运动的绝热降温和地面的摩擦辐合等不利因子将逐渐占主导地位,因而气旋将逐渐填塞。

4. 消亡阶段

锋面气旋进入消亡阶段后,气旋就逐渐与锋面脱离,成为一个冷涡,地面气旋中心的降压

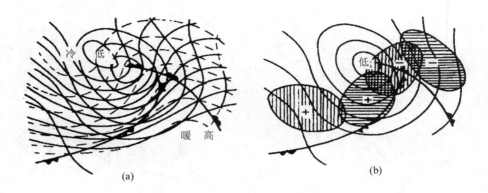

图 3.5.8　锋面气旋的锢囚阶段

（引自梁必骐，《天气学教程》，1995，图 3.9）

停止。该阶段气旋移动很慢，趋于准静止状态。以后由于地面摩擦作用而慢慢填塞消亡。消亡阶段的高空温压场形势如图 3.5.9(a)所示。等温线和等高线是闭合的，冷中心和低中心近于重合，冷暖平流几乎为零。地面气旋中心与 500 hPa 低中心也近于重合，整个气旋为冷气团所占据，成为一个深厚而对称的冷涡旋。这时在气流辐合作用下，地面气旋中心出现了 3 h 正变压中心，见图 3.5.9(b)。

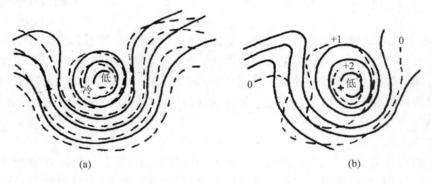

图 3.5.9　锋面气旋的消亡阶段

（引自梁必骐，《天气学教程》，1995，图 3.10a）

　　锋面气旋填塞从地面开始，当地面气旋开始消失以后，高空气旋还能维持一段时期。以后，若没有新冷空气补充，最后也将和地面气旋一样逐渐消亡。

　　顺便指出，上述锋面气旋的发展过程是典型的情况。实际上，所有的气旋并不一定都经历这 4 个阶段。如有的气旋没有得到发展就消亡了；有的则锢囚之后仍能继续发展一段时期而不消亡；有的气旋即使经历 4 个阶段，但各阶段的情况与上述也不尽相同。因此，必须根据具体情况作具体分析，更好地掌握锋面气旋的发展规律。

四、锋面气旋的天气模型

　　锋面气旋的天气与锋面紧密相联，而且在气旋的不同发展阶段，其天气也是不同的。

　　锋面气旋在初生阶段，一般强度较弱，上升运动不强，云和降水等坏天气区域不大。在暖锋前会形成雨层云和连续性降水，能见度低。当大气层结不稳定时，暖锋上还可出现阵性降水。冷锋后面的云和降水区通常比暖锋前的窄一些。

当气旋达到发展阶段时,气旋区域内的风速普遍增大,云和降水的分布模式如图 3.5.10 所示。上图为沿气旋北部的东西剖面图,下图为沿气旋南部的剖面图。中图为气旋区中的天气模型,图中的阴影区为降水区。暖区为暖气团控制,主要是多层云和层积云,并有毛毛雨等降水现象。

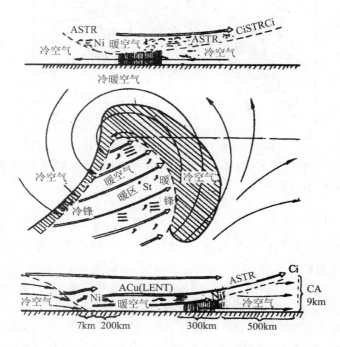

图 3.5.10 气旋发展阶段天气模型

(引自梁必骐,《天气学教程》,1995,图 3.11)

随着气旋进一步发展,冷暖锋逐渐靠近形成锢囚,当气旋锢囚初期,气旋中心区出现了与锋面云带连接在一起的螺旋状云系,有时此螺旋云系可以绕气旋中心 1 圈以上。此时,在锋面云带后面开始出现 1 条干舌,逐渐伸向气旋中心。当干舌已伸到气旋中心时,表明水汽供应被切断,气旋便不再继续发展了。

锋面气旋进入消亡阶段后,原来的螺旋云系与锋面云带分离,云带中的中高云逐渐消散,致使螺旋云带断裂。在气旋中心附近出现了无云区,或仅有一些由于地面加热而形成的对流云。

以上是锋面气旋不同发展阶段云和降水的分布。然而自 20 世纪 60 年代起随着雷达在气象上的应用,特别是对降水探测的增多,以及雨量站的加密,证实了气旋雨区的分布并不一定都是均匀的,在不均匀的雨带中还存在着各种中、小尺度的雨区。这在美国、日本、欧洲都先后观测到这种现象。Browning 和 Harroed(1969)研究了刚开始锢囚的气旋后,给出了这类气旋的降水区示意图(图 3.5.11),这是对传统的气旋降水模型的一种补充。他们把气旋内的雨区分为两种类型:暖锋前约 150 km 以外的雨区 A 为均匀降水区;在冷锋与暖锋之间都有非均匀的降水区 B_2 和 B_1,其中 B_2 发生在气旋的暖区中,呈带状,与高空急流轴平行,在 B_2 的各条雨带中分布着若干小的中尺度雨核。B_1 不均匀雨带与暖锋相平行,在这些雨带中亦有小的中尺度雨核。

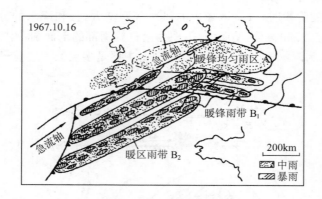

图 3.5.11　锢囚气旋降水区分布

(引自梁必骐,《天气学教程》,1995,图 3.12)

　　由于降水或其他中小尺度系统都具有明显的地方性特征,所以这种降水模型是否对中国的气旋都合适尚需进一步研究。

五、中国的气旋活动

　　活动于中国的气旋大致可以分为两类:一类称为北方气旋,主要是活动于黄河以北、贝加尔湖以南的广大地区的锋面气旋,其中包括蒙古气旋、东北低压(东北冷涡)和黄河气旋等;另一类称为南方气旋,主要发生在两个地区,一是发生在长江中下游、淮河流域和湘赣地区,称为江淮气旋;另一是发生在东海地区,称为东海气旋。

　　与北方气旋相联系的高空锋区是北支锋区。但在盛夏时节,黄河气旋往往与南支锋区相对应,这是因为这时的北支锋区已北撤到 70°N 附近,而南支锋区北上到黄河流域、朝鲜一带活动的缘故。南方气旋的活动与南支锋区相联系,它们是南支锋区上的波动。

　　(一)蒙古气旋

　　1. 概述

　　蒙古气旋是指发生和发展在蒙古人民共和国境内的锋面低压系统。主中心在蒙古中部,其一年四季均可出现,以春、秋季最多,特别是春季最多;冬、夏两季最少(见表 3.5.1)。这是因为春秋两季蒙古上空多为平直西风锋区所控制,多小波动,冷暖空气之间相互交绥频繁,故气旋出现最多;夏季北支锋区北移,蒙古地区以暖空气活动为主,故气旋很少出现;冬季蒙古地区为冷高压所控制,故气旋活动也少。

表 3.5.1　各季蒙古气旋出现次数统计

季节	春			夏			秋			冬		
月份	3	4	5	6	7	8	9	10	11	12	1	2
次数	32	56	51	28	14	16	35	34	30	28	14	14
频率(%)	39.5			16.5			28.1			15.9		

(引自梁必骐,《天气学教程》,1995,表 3.1)

　　蒙古气旋多发生在蒙古中部和东部高原上,这和蒙古的特殊地形有密切的关系,因蒙古的西部和西北部有阿尔泰山、萨彦岭和杭爱山,西南有天山,而中部和东部正位于这些大山脉的背风坡一侧有利于气旋的生成。

2. 蒙古气旋的形成

蒙古气旋的形成过程,按气旋后部冷空气主力影响地区形势的特点,可以分为 3 类:

(1) 暖区新生气旋

这类蒙古气旋出现次数最多。当一个发展很深或已锢囚的气旋,从中亚或西伯利亚东移到蒙古西北部或西部时,受萨彦岭、阿尔泰山等山脉的影响,往往表现减弱。再继续东移时,有的过山后重新获得发展,成为蒙古气旋;有的则向中西伯利亚移去,当移至贝加尔湖东南时,气旋中心部分常和它南部的暖区脱离而向东北方向移去,南段冷锋则受山脉阻挡移动缓慢,在其前方暖区逐渐形成一个新的低压中心并发展成蒙古气旋,如图 3.5.12 所示。气旋形成之初,低压内无锋面,以后西边的冷锋进入低压。当高空槽从西边移入蒙古时,在槽前暖平流作用下,形成暖锋,故形成锋面气旋。

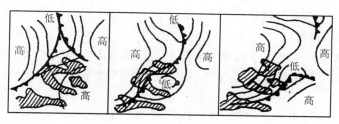

图 3.5.12　暖区新生气旋过程示意图
(引自梁必骐,《天气学教程》,1995,图 3.15)

(2) 冷锋进入倒槽形成的气旋

当有宽广的暖性西北倒槽自中亚移来或在中国新疆北部一带发展起来时,它可伸向蒙古地区。当其发展较强时,往往在倒槽北部(蒙古中部略偏南的地区)形成一个暖性闭合低压,在冷空气未侵入前它一般少动,当冷锋进入倒槽时即形成锋面气旋。这类气旋的形成过程如图 3.5.13 所示。

图 3.5.13　冷锋进入倒槽形成气旋过程示意图
(引自梁必骐,《天气学教程》,1995,图 3.16)

(3) 蒙古副气旋

这类气旋形成过程与上两类不一样,它是在两股冷空气前方的相对低压区中形成的。一股从萨彦岭以北安加拉河、贝加尔湖谷地进入蒙古中部;另一股从巴尔喀什湖以东山谷进入新疆北部。这两股钳形的冷空气把蒙古西部围成了一个相对低压区。这时,整个冷空气主力仍留在蒙古西北部边缘地区,以后,当整个冷空气东移时,便在其前方的相对低压区里形成气旋,并获得发展,称为副气旋。这是因为在它出现之前,在进入蒙古中部的第一股冷空气的前沿已经生成过蒙古气旋,所不同的就是它后方紧接着移来的不是冷空气的主力而已。其形成过程如图

3.5.14 所示。

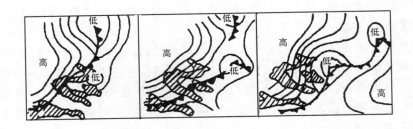

图 3.5.14　蒙古副气旋形成过程示意图
(引自梁必骐,《天气学教程》,1995,图 3.17)

3. 蒙古气旋的移动和天气

(1) 蒙古气旋的移动

蒙古气旋的移动主要受高空引导气流所引导。若槽前为西南气流,气旋将向东北方向移动;槽前为偏西气流,气旋将向东行。因此,蒙古气旋的移动与高空低槽的方位和强度变化有密切的联系。

据统计,在蒙古发生的气旋基本上向以下 3 个方向移去:

①向东经过中国黑龙江省呼伦贝尔盟移去。

②向东略偏南经过中国内蒙古自治区锡林郭勒盟西部沿东北平原、松花江下游移动。此条路径最为常见。

③向东南经过中国华北、渤海,绕长白山经朝鲜移去。

此外,蒙古气旋往往还有向高空暖中心或地面 3 h 负变压中心移动的趋势。蒙古气旋的移速,春、秋两季一般为 800～1 000 km/d,冬季为 800～1 200 km/d,夏季为 600～700 km/d。

(2) 蒙古气旋的天气

蒙古气旋对中国北方地区天气影响很大,当它发展东移时,对内蒙古、东北、华北等地常造成大范围的大风、风沙、降水及雷暴等天气。凡发展较强的蒙古气旋,无论在气旋的哪个部位,都可以出现大风。但由于受地形影响,以内蒙古中、西部地区西北大风较强;辽宁的昭盟、吉林的哲盟以西南大风最为明显;黑龙江的呼盟,特别是阿尔泰山东南的大风很强。暖区新生的蒙古气旋,因气旋常能强烈发展,因此风力很强,大风主要影响的地区有内蒙古中、东部地区,以及昭盟、哲盟和呼盟。冷锋进入倒槽形成的蒙古气旋,一般发展不太强,只引起内蒙古中、东部一些地区不很强的偏西大风。蒙古副气旋,一般自西向东影响内蒙古地区,也只能引起 6 级左右的区域性大风。从蒙古副气旋发生到引起内蒙古西部的西北大风,一般不超过 12 h。

蒙古气旋的降水,一般出现在发展较强的气旋中心偏北的部位,其他部位多出现高云天气。这是气旋内的暖空气都来自青藏高原的东北部和河西走廊一带,水汽含量较少的缘故。以上 3 类蒙古气旋中,除冷锋进入倒槽形成的蒙古气旋能在内蒙古以及东北地区西部产生较多的降水外,其他类型气旋的降水量一般不大,甚至没有降水发生。

由于蒙古气旋内降水量不大,不少部位甚至无降水,而是多大风,加上蒙古和中国内蒙古地区多沙漠,所以经常引起风沙,造成较低的能见度。特别是春季解冻之后,风沙出现最多,也最严重。由于气旋东移,风沙也随之东移,东北和华北一带也都受到严重影响。

受蒙古气旋的影响,除大风、降水和风沙外,还可出现降温、吹雪和霜冻等天气,对农牧业生产影响很大。

（二）黄河气旋

在黄河流域发生的气旋称黄河气旋。一年四季均可出现,以夏季最多,是影响中国华北和东北南部地区一类重要的天气系统。

1. 黄河气旋的发生、发展过程

按照其生成地区的不同,一般可分成 2 类:

（1）产生在河套北部的气旋

这类气旋发展过程的形势是:在 40～45°N 高空有一纬向锋区,锋区上有一小槽自新疆移到河套北部地区,导致地面准静止锋上产生气旋。由于高空小槽较浅,冷暖平流不强,气旋一般无大发展,东移到 120°E 附近时便减弱消失。另外,当新疆或西伯利亚有温度槽移至河套,且有低涡出现时,地面也相应能产生气旋。这类气旋一般也不会有较大发展,维持时间也较短。

（2）产生在黄河下游的气旋:这类气旋生成前在中国东部近海为副热带高压控制,淮河以南处在高压南部,地面和高空都在西南气流控制下。中国西部地区也是一高压,而西南、河套、华北和东北地区为低压或倒槽控制,四川盆地常有低压中心,倒槽一直伸至华北地区。此时若有一较强的冷锋东移,且高空有低槽配合,当冷锋进入倒槽后,一般可产生气旋(图 3.5.15)。

2. 黄河气旋的移动和天气

（1）黄河气旋的移动

产生于河套北部的气旋,大部分向东北或偏东方向移到华北北部就减弱消失。产生在黄河下游的气旋,视引导气流方向的不同,大致有以下 3 条路径:

① 东移入黄海,气旋不大发展。

② 向东北方向从山东半岛入海,气旋也不大发展。

③ 向东北方向沿黄河北岸经渤海进入东北地区,气旋往往能得到发展。

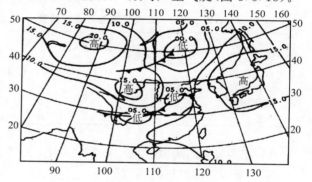

图 3.5.15　黄河气旋生成时的地面图

（引自梁必骐,天气学教程,1995,图 3.18）

黄河气旋的移速,通常为 800～1 200 km/d。春季的移速较快,多为 1 000～1 500 km/d;夏季较慢,只有 500～700 km/d。

（2）黄河气旋的天气

产生在河套北部的气旋,由于无多大发展,维持时间也不长,只影响内蒙古中部地区的天气。在夏季,如果气旋发展完好,则在气旋中心附近可出现大雨或短时间雷阵雨和大风等天气,对内蒙古中部和华北北部地区有较大影响。

产生在黄河下游的气旋,当它向渤海移动时,可给渤海和辽东半岛一带带来 5～7 级大风,气旋中心附近可出现大雨或暴雨,大雨中心一般出现在地面气旋中心前方。当气旋向东移动时,最大雨量出现在山东中部和南部;当气旋向东北方向移动时,则大雨出现在山东半岛和河南南部;气旋向北东方向移动,则最大雨量出现在河北和东北南部地区;若气旋后部冷空气较强,则冷锋降水可影响江淮地区。

（三）江淮气旋

1. 概述

江淮气旋主要发生在以下 3 个地区：

（1）长江中下游：西起宜昌，东到长江口的沿江两岸一二个纬度的地区，是江淮气旋发生最多的地区，占江淮气旋总数的 62%。其移动路径有两条，一条是向东北东方向经东海北部到日本海南部附近；另一条是向北东北方向经黄海到日本海。后一条路径的气旋，大部分可以获得发展。

（2）淮河流域：淮河沿岸一二个纬度内的地区，占江淮气旋总数的 28%。它们绝大部分从海州入海，经黄海到日本海。

（3）湘赣地区：即湖南、江西两省地区，发生次数较少，只占总数的 10%，它们大部分从长江口入海。

江淮气旋一年四季都可发生，但以春、夏两季出现较多，特别是 6 月份是江淮气旋活动的最盛时期（表 3.5.2）。另外，气旋发生的地区随季节变化也较明显，如 6 月以前气旋多发生在长江中下游，7 月则多发生在淮河流域。这与副热带高压 4 月份以后开始增强北进和东亚锋区位置逐渐北移有密切关系。

表 3.5.2　江淮气旋各月发生频数 （引自梁必骐，《天气学教程》，1995，表 3.2）

地区＼月份	1	2	3	4	5	6	7	8	9	10	11	12	总计
长江中下游	4	3	4	10	14	19	5	1	3	2	0	2	67
淮河流域	1	0	2	1	3	4	11	3	0	2	2	2	31
湘赣地区	1	2	0	2	2	1	1	2	0	0	0	1	11
总　计	6	5	6	13	19	24	17	6	3	4	2	4	109

2. 江淮气旋的形成过程

（1）形成江淮气旋的高空形势

① 两脊一槽型。500 hPa 图上乌拉尔山附近为暖性高压脊，中国沿海大陆也有一明显的高压脊，贝加尔湖、蒙古和中国北部地区为两脊之间的大槽控制。在这种形势下，当有发展的小槽沿大槽的外围向东南方移到江淮地区时，在槽前暖平流作用下，地面将有气旋生成。该形势是较稳定的，因此江淮气旋可多次发生。

② 两槽一脊型。500 hPa 图上中国东北和乌拉尔地区为一槽，贝加尔湖地区为脊，中国中部地区上空为平直西风气流控制。当有小槽移至高原东侧发展加深时，往往有低涡配合，在槽的下方常有气旋生成。当经高原东移的低槽强度趋于减弱时，则不利于气旋的生成和发展。

③ 切变线型。700 hPa 图上东南沿海为副热带高压脊控制，从河西走廊东移的小高压与副热带高压之间形成一条东西向的切变线，其位置常在江淮流域一带。当有低涡沿切变线东移时，在低涡下方往往有气旋生成。

顺便指出，当中国东南沿海有稳定的副热带高压控制，其脊线呈东北—西南走向时，高脊西侧的西南风向江淮流域输送充沛的潮湿空气，这对江淮气旋的生成发展是有利的。而当副热带高压减弱东退时，则对气旋发展不利。

（2）形成江淮气旋的地面形势

① 准静止锋上产生波动形成气旋。但应指出，有很多气旋波是没有多大发展的，能发展的

一般也只有入海后才得到发展。

②冷锋进入倒槽,暖锋锋生形成气旋。这类气旋形成过程的模式如图 3.5.14 所示,参见锋面气旋形成的第三种类型。

天气分析表明,江淮气旋在形成发展之前,长江中下游地区常有雨区形成并逐渐扩大东移,强度也有所增加,在降水区中,风向气旋式旋转明显的地区,往往是将要形成气旋中心的地方。这主要是由于该地区水汽充沛,上升运动形成的降水能释放大量凝结潜热,激发着高层辐散,有利于低空降压和气旋的形成。

3. 江淮气旋的移动与天气

(1)江淮气旋的移动

江淮气旋的移动主要受高空槽前气流的引导,路径和锋区走向一致。移速平均为 25～35 km/h,春季移速快,一般为 40～50 km/h;夏季移速较慢,特别是 7、8 月份,移速小于 25 km/h。

(2)江淮气旋的天气

江淮气旋生成之后,在长江、淮河及黄河下游广大地区都会出现降水,降水区主要出现在 700 hPa 槽线或切变线与地面锋线之间。春、夏之交和夏季,在锋面附近可出现雷暴、大风和暴雨天气,是造成江淮地区大到暴雨的重要天气系统之一。在锋面气旋的东部,东南风将海上潮湿空气输送到大陆,受地表的冷却作用而形成平流雾和平流低云,甚至有毛毛雨出现,能见度很坏。迅速发展加深的江淮气旋,不但可产生暴雨,而且可引起大风,气旋西部为西北大风,东部为偏南大风。由于气旋出海后往往发展较强,常可引起东海和黄海海面上的大风天气。

(四)东海气旋

1. 概述

东海气旋对中国东海、东部沿海、台湾省以及朝鲜、日本的天气影响很大,常给这些地区带来大风和降水。

东海气旋在春季发生最多,冬季次之,夏、秋两季最少。这是因为春季大陆上冷高压的强度将减弱,而西太平洋副热带高压却逐渐增强北进,这两个高压的强度几乎相当,致使东海和日本海一带处于两个高压之间的低压带里,而且在这一季节里,高空西风带低槽活动频繁,南方的暖湿空气也开始活跃,特别有利于东海气旋的发生和发展。而在夏、秋两季,正是西太平洋副热带高压控制中国大陆和沿海地区的时期,不利于东海气旋的生成。

2. 东海气旋生成的形势及天气特征

产生东海气旋的形势主要有下列几种:

(1)当大陆上变性冷高压由华中转向东南而逐渐入海时,原先位于高压前缘的冷锋常在南海附近静止下来或表现为极不明显的冷锋,这时在高压的后部常形成低压区,在低压区内往往有东海气旋生成。

在低压区形成前,由于南方暖湿空气沿着高压后部北上,使得冷锋之后的降水区随着高空偏南气流的增强而向北扩展,形成范围较广的层状云系和降水区,持续时间较长,常达 3～4 d 之久。直到冷高压中心移到日本南部或日本以东海面,同时蒙古又有新的冷空气南下,东海气旋获得发展时,雨区才会随着气旋而迅速东移,江南天气转为晴好。

气旋后部常有偏北大风出现,在近气旋中心的苏南、浙江和福建北部沿海地区风力最强,有时可达 7～8 级,台湾海峡风力更大;在苏北、闽南、粤东等沿海地区风力较小,对山东南部沿海影响不大。当气旋中心移到日本南部以后,近海一带风力便开始减弱。

（2）产生于鞍形场内。地面图上,冷高压主体在蒙古中部或西部,其脊或分裂高压伸到长江以南地区,日本以南为太平洋高压脊控制,两者势力相当。中国东北地区有一低压逐渐加深,当其移到朝鲜附近加深时,东海地区正好处在鞍形场内。当有小槽从西伯利亚东移并在沿海地区加深时,可引导新的冷空气南下,在鞍形场内产生气旋。

这种形势下产生的气旋,其雨区主要分布在气旋中心附近,中国东南沿海受雨区边缘影响,内陆地区受高压控制,天气晴好。当气旋发展加深时,常常造成长江口以南沿海一带的大风,风力 6 级左右,持续时间约 12～24 h。

（3）产生于"北涡南槽"形势下。850 hPa 和 700 hPa 图上华东沿海有低涡,低涡南部常有一低压槽,构成"北涡南槽"的形势。槽线近似南北向,且有明显的温度槽配合,槽前的台湾、东海至日本海一带的西南风可大于 20 m/s,有明显的暖平流,东海气旋即产生在低涡东南部位的下方。当低涡东移时,地面图上对应有一片雨区东移;当低涡东移到华东沿海时,原来控制东海地区的太平洋高压脊明显东退,在东海地区先有明显的 3 h 负变压中心出现,接着东海气旋即产生。

以上是东海气旋产生的主要天气形势。除此以外,下列经验指标在预报东海气旋的发生、发展中可作为参考:

（1）当 200 hPa 有低槽东移到东海附近,槽线为东北—西南向或南—北走向,且低槽又加深发展时,东海气旋有可能产生;如果高空槽在东移过程中,槽线转为东—西走向的切变线时,则不利于东海气旋的发生、发展。

（2）地面南岭倒槽有东移趋势,或者东海地区出现鞍形场,都是东海气旋生成的预兆。当有雨区在华南自西向东伸展和移动时,且琉球群岛一带,尤其是石垣岛的风向随时间顺转(北至东至南),而四国与冲绳之间出现 3 h 负变压时,则未来 12～24 h 内东海南部有气旋生成。

（3）在春季,具备以下 3 个条件,72 h 后华东沿海将有气旋形成:

① 700 hPa 上,贝加尔湖以西有一移动性低槽,槽后有冷平流,且槽后有一移动性高压脊。同时在青藏高原东部(90～105°E)还有一个低槽存在,云贵高原上空有西南向暖平流。

② 850 hPa 锋区在巴尔喀什湖附近到天山一带,锋区强度≥10 ℃/5 纬距。

③ 地面图上河套以西青海湖一带,是热低压或热性低槽。

东海气旋生成以后,绝大多数是发展的。一般在生成后头两天,中心常向东北偏东方向移动,移速约为 30 km/h,中心气压平均每天加深 6～10 hPa。移到日本南部之后,加深更明显,其移向由东北东转变为东北。但当日本为冷高压控制时,则冷空气常能抑制东海气旋的发展。

第六节　副热带高压

副热带高压是低纬度最重要的大型环流系统。它的活动不仅对低纬度环流和天气的变化起着极大作用,而且对中高纬度环流的演变亦有显著的影响。此外,副热带高压是影响中国的主要天气系统之一,特别是西太平洋副热带高压的进退与中国夏季旱涝有极密切的关系,因此,研究副热带高压,无论在天气学理论上还是预报实践上都有着重要的意义。不过,由于副热带高压主要位于海洋上,海洋上的资料比较缺乏,所以目前对它的结构和活动规律还了解得很不详细。这里主要讨论直接影响中国天气的西太平洋副热带高压。

一、副热带高压的基本特征

（一）副热带高压概述

如前所述,在南北两半球的副热带地区各有一个很强的高压脊,这就是通常所称的副热带高压。由于沿纬圈方向海陆分布的影响,这两个副热带高压带并不沿纬圈带成连续的分布,而是常分裂成若干个具有闭合中心的高压单体。这些闭合高压环流主要位于海洋上,通常按其所在的大洋地理位置分别称为北太平洋高压、北大西洋高压、南太平洋高压、南大西洋高压、南印度洋高压等。在对流层中层,除以上高压外,夏半年在北非大陆还存在1个强大的反气旋环流,称为北非高压。冬半年在南海到中南半岛一带也常可出现闭合高压单体,称为南海高压。在高层(200 hPa 以上),情况完全不同,特别是在夏季,大洋上的高压不复存在,而变成低槽区,强大高压只出现在亚洲南部和北美南部,这就是所谓的青藏高压(或南亚高压)和墨西哥高压。

副热带高压是常年存在的永久性气压系统,不过,其强度和位置冬、夏不同。平均而言,北半球副热带高压的强度在暖季要比冷季强大得多,尤其是盛夏时期最为强大,其面积几乎占整个北半球面积的 1/5~1/4;在暖季较冷季的位置更偏西而纬度偏高。然而,在南半球情况正好相反,副热带高压的强度在暖季反较冷季为弱,在暖季比在冷季其位置虽也有偏于高纬的现象,但不是像北半球那样偏西而是偏东些。

以上所讲的仅是平均情况,实际上在每日天气图上,任一地区所见到的副热带高压,无论是强度、形状和位置都可有较大的变化。事实上,即使在同一季节、同一月份中,我们看到的副热带高压,常常是时而强度增大或范围扩大或西伸北进,时而又强度减弱或范围缩小或东退南移,而且1个副热带高压单体有时分裂为几个闭合中心,有时又发生合并现象。总之,副热带高压平均而言是稳定少动,但逐日变化还是大的。

为了研究副热带高压的活动规律,首先必须确定它的位置。由于副热带高压在高空比地面表现更为清楚,所以通常多用高空图(如 500 hPa 图)来研究它的活动,副热带高压位置的表示方法很多,但在实际工作中,通常是用特征等高线来表示,例如,用 500 hPa 图上的 588 dagpm 等值线可以表示副热带高压边缘所伸展的范围。也有用高空西风零线来表示副热带高压脊线,它可以表示出副热带高压的位置和长轴方向。根据卫星云图上的云系分布也可以确定副热带高压的范围,因为高压区内少云或无云,而其北缘通常是 1 条锋面云系,南面是热带辐合带云系,分析这两条云带,便可以在云图上大致确定副热带高压的边界。

（二）副热带高压的形成与维持

副热带高压的形成是大气环流中的一个尚未彻底解决的问题。不过,其生成的最基本原因应当是地球自转及各纬度太阳辐射分布的不均匀性所致。

副热带高压的形成过程复杂,原因是多方面的。但一般认为,副热带高压的形成主要有两方面的原因和过程。首先是,赤道附近低纬度地区空气受热上升至高空后,向高纬度方向流动。由于地转偏向力的作用,向北的气流发生向右偏转产生西风,到达纬度愈高,西风分量愈大,向北的风速就愈小。向北风速随纬度增高而减小的结果便造成空气质量的水平辐合,致使地面气压升高,而在副热带高空水平辐合最强,由此在副热带地区形成高压。由于质量连续的关系和辐射冷却的原因,高空向北流的空气在副热带高压区内不断下沉,以补偿地面因辐散而外流的空气。这就是副热带高压形成过程的一个方面。另外,中纬度高空西风急流的空气与南面空气发生侧向混合的结果,使南面空气获得动量,运动加速,因而使其原来的气压梯度力不能平衡加速后的地转偏向力,这样空气便往低纬度方向运动。然而由于距离急流愈远,侧向混合作用愈小,所以空气向南运动的分速亦愈小,结果在西风急流的南边产生空气质量的水平辐合,导致地面气压增大,形成高压。同样由于空气质量连续的原因,高空向南运动的空气和来自赤道低纬的气流一起在副热带下沉,以补偿地面外流的空气,因而形成副热带高压。

这里从两个方面说明了副热带高压的形成过程,然而这只能说明高压带的形成,实际上副热带高压并不是连续的均匀分布的高压带而是断裂成某些具有闭合中心的高压单体,并且高空与地面也不相同,这显然是由于海陆分布造成沿纬圈方向不均匀加热的结果。由此可见海陆分布对副热带高压形成的重要作用。

上面提到的两支下沉气流分别为 Hadley 环流和 Ferrel 环流圈的下沉支。一般认为Hadley 环流对副热带高压的形成与维持起主要作用,而 Hadley 环流是冬季强,夏季弱,其冬季强度约为夏季的 9 倍,所以副热带高压强度亦应在冬季较夏季更强。由表 3.6.1 也可以清楚看到,在南半球各个副热带高压单体在冬季较夏季强,但在北半球情况相反,各副热带高压单体却是夏季比冬季强。这说明南半球副热带高压的形成和维持基本上决定于 Hadley 环流,而北半球副热带高压的形成和维持却不完全如此,它可能还与高层大陆高压的影响有关。在 200hPa 上,南亚地区和墨西哥附近地区分别为质量源,大洋中部则为质量汇,其间必存在行星尺度的翻转气流,即东西向环流。由此可以推论,由于夏季存在从青藏高压向东(西)的辐散气流和从墨西哥高压向西(东)的辐散气流,使在太平洋(大西洋)上空产生水平质量辐合,因而使大洋上的副热带高压增强。这可能是北半球副热带高压夏季比冬季强的重要原因。同样,由于青藏高压的影响,使南半球冬季(7 月),南印度洋高压比南太平洋和南大西洋上的高压更强大。

表 3.6.1　各海洋副热带高压单体的平均强度(单位:hPa)

(引自梁必骐,《天气学教程》,1995,表 5.1)

月份	北 半 球		南 半 球		
	北太平洋高压	北大西洋高压	南太平洋高压	南印度洋高压	南大西洋高压
7 月	1026	1026	1023	1026	1023
1 月	1020	1023	1020	1020	1020

(三) 副热带高压的结构

副热带高压的结构是相当复杂的,不仅高空与低空的情况不同,而且它在海洋上和大陆上也有所不同,尤其是海洋副热带高压与青藏高压的结构很不相同。

从垂直方向变化来看,海洋上的副热带高压,强度随高度增加而减弱,位置随高度增加而西移。例如,西太平洋高压在对流层下层比较清楚,往上逐渐向大陆方向倾斜,并且减弱,在200 hPa 平均图上就不易见到它的闭合中心了。大陆上的副热带高压,强度却随高度增加而增大。例如,青藏高压在低层不清楚,只在 500 hPa 等压面上才开始出现,向上加强,在 100 hPa图上成为北半球上空最强大的活动中心。

副热带高压垂直变化亦清楚地反映在其脊轴的垂直变化上。副热带高压脊线通常呈东北东—西南西走向。一般而言,无论在大陆上或是海洋上,当副热带高压北移时,高压脊轴向上的倾斜度一般变大,而南退时,其脊轴的倾斜度变小。西太平洋高压脊轴一般在夏季随高度增加而向北倾斜,在冬季则相反,向南倾斜。青藏高压脊轴冬、夏都近于垂直。

副热带高压是一个暖性系统,高压带和高温区的配置是一致的。但副热带高压内部的温度分布并不是均匀的,而且在各个高度上亦不完全相同,一般来说,在 200 hPa 以下高压与暖区相结合,但高压中心并不一定与暖中心重合;200 hPa 以上则高压变为与冷区相结合。在西太平洋高压的低层往往有逆温层存在,这显然是下沉运动造成的。

在湿度场上,副热带高压带内一般是比较干燥的,只在南北两缘有湿区带。但在对流层低层,最干区位于副热带高压的南部,而在对流层中层,最干区差不多与副热带高压脊线相重合。然而,不同地区的副热带高压内,湿度结构特征有所差别。

涡度场结构比较简单。在任一高度上,副热带高压区的相对涡度都是负值,只是在低层由于地形和地面摩擦的影响,涡度分布比较零乱,不像高层有规则。负涡度区的范围与强度均随高度增加而增大,一般在 300～200 hPa 间达到最大。在副热带高压南北两侧各存在一个强风区,即北侧的副热带西风急流和南侧的热带东风急流。两支急流之间是与副热带高压相对应的负相对涡度区,其南北两缘则是正相对涡度区,北缘在 300～200 hPa 高度上达最强,约与西风急流高度相当,而南缘最大正涡度区出现在 100 hPa 高度附近,约与东风急流高度一致,可见南北两缘的最大正涡度主要为风速切变所造成。

高压区内的散度场结构较为复杂,一般而言,高压单体内在低层以辐散占优势,但主要位于高压的南部,而北部主要为辐合区,尤其集中于高压的西北侧。再往上,在对流层上层,高压中心的西部和北部为辐散,而东部和南部为辐合,而且辐合扩展到中心部分。

海洋副热带高压和大陆青藏高压在垂直环流上也存在明显差异。一般来说,在高压中心附近,前者是下沉运动,后者是上升运动。从夏季平均经向环流(图 3.6.1)也可以看到这种差异

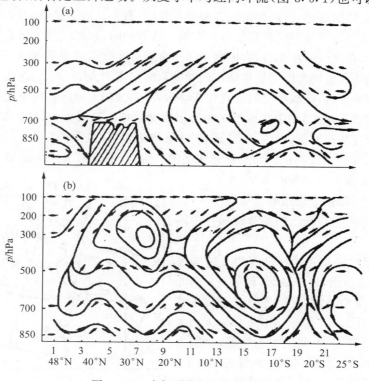

图 3.6.1　多年平均 7 月经向环流

(a) 85～110°E;　　(b) 120～140°E

(引自梁必骐,《天气学教程》,1995,图 5.1)

性。在青藏高压所在地区(85～110°E)的剖面上(图 3.6.1a),从整个高原及其南侧到赤道区都是上升运动,下沉支在南半球,形成一个巨大的季风经圈环流,这反映出青藏高压区为热源,热汇在南半球。而西太平洋高压区的垂直运动情况相反,由图 3.6.1b 可见,在 20～30°N 附近。对流层中上层存在一个闭合环流圈,在中下层则盛行下沉运动,20°N 以南与季风辐合带相对应,为 1 支上升气流。

由以上讨论可知,青藏高压和西太平洋高压具有不同的结构,这种不同结构不但表现在平均场上,也表现在每日天气图上。这表明两者的性质是不同的,青藏高压主要是热力性质的,它的形成可能与青藏高原在夏季作为一个热源有关,而太平洋高压则主要是动力性质的。至于在大陆东岸的高压和高压脊,处在两者的过渡地带,其结构则反映出过渡的性质。

二、西太平洋副热带高压的变动及其对中国天气的影响

西太平洋副热带高压是对中国夏季天气影响最大的一个大型环流系统。它的位置、强度的变动对中国的雨季、暴雨、旱涝和热带气旋路径等都有很大的影响,当西太平洋副热带高压脊伸入中国大陆时,由于高压内部下沉气流强盛,在它控制下的天气特点是晴朗少云、炎热、无风,这是中国长江中下游夏、秋季节出现晴热天气的重要原因。但是,当西太平洋副热带高压脊强大且控制时间长久时,就会造成严重的干旱酷热现象。如 2003 年在江南地区由于副热带高压的控制出现了持续高温天气,日最高气温高于 35 ℃达 40 多天。浙江丽水地区达到 43.2 ℃。2004 年夏季江南地区又发生了类似的酷暑现象。而当控制中国的西太平洋副热带高压脊东撤时,由于往往伴有低槽东移,所以如果大气潮湿不稳定,有上升运动发展,则会造成大范围雷阵雨天气。此外,当西太平洋副热带高压脊向中国大陆西伸时,东南气流和偏南气流将大量暖湿空气向大陆输送,在流经冷洋面时,常形成中国东南沿海大范围的海雾;而当其北进时,同时在副热带高压边缘的西南侧常因副热带高压边缘的东南气流同大陆上空的西南气流或西北气流相遇而形成暖式切变线,造成明显的暖式切变降水,华东及华北地区在雨季的降水常常是由这种暖式切变系统所造成的,中国华南地区为高压南侧的偏东气流控制,这时如伴有热带气旋、东风波等热带天气系统的活动,则可造成强烈的雷阵雨天气,并伴有大风。可见中国夏半年的天气是与西太平洋副热带高压的活动息息相关的。为此,掌握西太平洋副热带高压的活动规律,无疑对天气预报有着重要的意义。

(一)西太平洋副热带高压的活动规律

1. 西太平洋副热带高压的季节位移和中国雨带的变动

西太平洋副热带高压的活动有明显的季节变化。其位置冬季最南,夏季最北,自冬至夏向北偏西移动,强度增大,而自夏至冬则向南偏东移动,强度减弱。图 3.6.2 绘出了 500 hPa 上西太平洋副热带高压脊 6～9 月的平均位置,由图上可以看出西太平洋副热带高压的逐月变化情况。

太平洋高压的季节性南北位移并不是等速的,而是既有明显的呈相对静止状态的阶段性,在两个阶段之间又有显著变动的跳跃现象。就

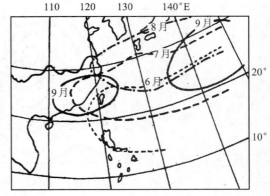

图 3.6.2　500 hPa 图上 588dagpm 等高线各月的平均位置　(引自梁必骐,《天气学教程》,1995,图 5.2)

500 hPa 图上而言,冬季,太平洋高压脊线一般位于 15°N 附近,随着季节的增暖,缓慢地向北移动,呈现相对静止状态;到了 6 月中旬,太平洋高压出现 1 次北跳过程,脊线超过 20°N,迅速北移到 25°N 附近;7 月中旬再一次出现北跳,脊线跳过 25°N,并很快移到 30°N 附近;9 月以后,西太平洋副热带高压势力大减,迅速南撤,10 月中旬以后,脊线又逐渐回到 15°N 附近。副热带高压的这种跳跃式变动是全球性现象,其基本原因显然是太阳辐射强度沿纬度的不均匀分布及其随时间的变化。不过,海陆地形的影响也是明显的,表现在各地区副热带高压脊线北跳的时间先后不同。例如在北美大陆似乎存在一种使副热带高压北跳的激发性扰动,这种跳跃在北美大陆发生后,一方面向东传播,随即在大西洋西部出现;另一方面向西传播,随后在太平洋上出现,最后在中国大陆出现。图 3.6.3 给出了西太平洋 110～118°E 范围内 500 hPa 等压面上副热带高压脊线的北移情况,可以看出副热带高压北移过程具有一种自东向西传递的现象。至于太平洋高压位置的季节变化,在 1979 年的曲线图上可以看到两次明显的突变过程。

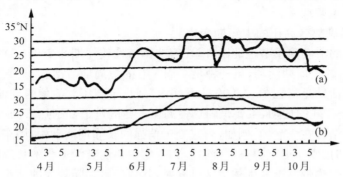

图 3.6.3　西太平洋副热带高压脊线 5d 滑动平均位置

(曲线 a 为 1979 年,b 为 1954～1984 年平均)

(引自梁必骐,《天气学教程》,1995,图 5.3)

西太平洋副热带高压位置的季节变动对中国天气有很大的影响。5 月,副热带高压脊线在 20°N 以南,华南地区开始出现持续的雨带,称华南前汛期;6 月,当副热带高压脊线北跳到 25°N 时,北边的西风带锋区正位于长江流域和日本一带,多气旋活动,此时也正是长江流域"梅雨"季节的开始时期。到了 7 月间,脊线北跳到 30°N 附近,雨带从长江流域移到黄淮流域,这时长江流域的梅雨期结束,进入盛夏的伏旱期,而华南则开始比较多地受到台风的影响。7 月底至 8 月初,脊线进一步越过 30°N,华北雨季开始。9 月间,副热带高压脊线又回到 30°N 以南并东退到洋面上,这时长江流域及江南一带出现相对少雨的类似北方的"秋高气爽"天气,华西则开始了有名的秋雨。10 月以后,副热带高压脊线撤到 20°N 以南,中国开始出现冬季天气形势。

以上是西太平洋副热带高压随季节活动的一般规律。不过,西太平洋副热带高压在个别年份的活动与一般规律不完全一致,当它的活动"异常"时,就将造成中国反常的天气。例如,1954 年和 1991 年西太平洋副热带高压北移很晚,较长时期停留在 20～25°N 之间,造成江淮流域的大水灾;1959 年西太平洋副热带高压迟迟没有北跳越过 20°N,造成华南暴雨,而江淮一带大旱;1978 年西太平洋副热带高压迅速北移,未在 20～25°N 附近停留,造成江淮地区干旱;1994 年西太平洋副热带高压第 1 次北跳偏晚,第 2 次北跳又明显偏早,而且副热带高压脊线在 6 月上中旬稳定在 18°N 以南,7 月则长时间持续在 30°N,因而造成华南 6～7 月出现持续性大暴雨和特大洪涝。1997 年因副热带高压过强而出现长江流域少雨,而华北大旱。1998 年 6 月中旬到下旬副热带高压较常年偏南,致使长江流域出现了第 2 次降水,尤其是在江南北部、两湖盆地出现了异常强的降水;7 月中旬到 8 月上旬副热带高压再次较常年异常偏南,曾一度退到 15°N 左右,这在历史上是罕见的,从而形成长江流域的异常降水,使长江流域出现仅次于 1954 年的洪涝。据研究,夏季西太平洋副热带高压位置持续偏东时,这时大陆副热带高压就会东移控制华北地区,引起该地区的持续高温。如 2002 年夏季我国北部广大地区出现了持续的高温天气。其中 7 月中旬的高温强度大,影响面积也大。北方大部分地区气温持续在 33～38 ℃之间,其中河北、山东、青岛等地的日最高气温达到了 40～43 ℃,北京、石家庄、济南、青岛等地的日最高气温超过了历史同期的最高纪录。北京 7 月 14 日最高气温达 41.1 ℃,为 1915 年以来 7 月中旬的最高纪录。连续出现的高温天气给人们的生产和生活带来极大的影响。

所以,一方面要掌握它的一般活动规律,同时又要注意它可能出现的特殊活动情况,这对于天气预报具有重要意义。

2. 西太平洋副热带高压的中短期变化

副热带高压的活动除季节性北跳外,还有非季节性较短期的变化。这类变化主要有两种,一种为 15 d 左右的长周期活动,另一种是 1 周左右的短周期活动。

所谓长周期活动是指在 15 d 左右的时间内,副热带高压总的偏强或偏弱的趋势。短周期活动则表现为 6～7 d 的摆动,主要是副热带高压东西的进退。副热带高压的短周期变化是与长周期变化密切结合在一起的。例如,当它处于偏强的长周期活动中,则东退一般不多,但如它由偏强转为偏弱时,则东退就很显著。同样,如果它由偏弱转为偏强的长周期活动时,则西进就更明显。此外,当副热带高压发生季节性跳跃时,其西进常伴随较大的北跳,而季节性南撤也往往同时有明显的东退。所以季节性跳跃和中短期活动虽然时间尺度不同,但却是相伴出现的。另外,副热带高压还有一种 1～2 d 的不规则小摆动。

副热带高压的这种中短期活动决定于它本身的变化和外界环境与系统的影响。掌握这种中短期活动规律,对于做好中短期天气预报是十分重要的。

(二) 西太平洋副热带高压的变动与周围环流系统的关系

1. 西太平洋副热带高压和西风带环流的关系

西风带环流的调整和系统的活动,对副热带高压的位移和强度变化有着明显的影响,它们之间的关系实际上反映了冷暖空气的相互作用,它们不是彼此孤立的,而是互相转化的。例如,大陆上的冷高压入海变性,变性高压往往合并到副热带高压之中,而使其增强。由于副热带高压主体与长波脊的位置基本一致,故当西风带长波槽脊由于上下游效应而发生调整时,副热带高压也会随之相应地发生显著变动。

当西风带环流比较平直时,东亚大陆上多短波槽脊活动,这些东移的小槽小脊对副热带高压脊位置变化影响不大。但如果西风槽在中国东部发展时,则槽前的减压作用将使西太平洋副热带高压东撤南退;而当西风脊移近时,则西太平洋副热带高压往往加强西伸北移。太平洋副热带高压的这样一个进退循环过程一般要 5～6 d,其循环过程的长短和西风槽脊的强弱有关,槽脊强度越强则过程越长。

2. 西太平洋副热带高压和中国大陆高压活动的关系

在初夏和秋季当中国大陆上有变性高压与副热带高压合并时,可使西太平洋副热带高压变形,脊线会从东西向转为南北向,表现为明显北伸,甚至在较高纬度出现 1 个闭合中心。

青藏高压的活动对西太平洋副热带高压的影响也是明显的。盛夏前,青藏高压比西太平洋副热带高压的位置偏北,当其东北方的暖平流入海时,正好在西太平洋副热带高压之北,这时如果在 500 hPa 等压面上不断有正变高中心东移,则往往使西太平洋副热带高压产生明显的北跳现象。盛夏后,青藏高压比西太平洋副热带高压位置偏南,当青藏高原上有暖高压东移并入西太平洋副热带高压时,则可使西太平洋副热带高压加强西伸。有时青藏高压主体东移,或由主体分裂出的小高压东移并入西太平洋副热带高压,则西太平洋副热带高压的加强或西伸就更为明显。

3. 西太平洋副热带高压和热带气旋活动的关系

热带气旋的活动与副热带高压的关系极为密切,当副热带高压位置偏北时,热带气旋(主要指台风)活动频繁,偏南时则发生较少。热带气旋的路径更与副热带高压的状况有紧密联系,当它移近太平洋副热带高压时,会使高压脊变形。不同的热带气旋路径,西太平洋副热带高压脊的活动也不同。对于转向的热带气旋,当其移到西太平洋副热带高压西南方时,高压通常是东退的,热带气旋越过高压脊线后,高压脊又会西伸;7、8 月份热带气旋常会穿过高压转向北上,而使高压脊断裂,断裂的西段常维持少动,而断裂的东部主体表现出明显的东退。同时比较扁平的西太平洋副热带高压一般是随着热带气旋的西移,高压脊也有西伸现象。

第四章　影响我国的大型天气过程

第一节　寒潮天气过程

　　一次强寒潮爆发南下,可给中国大范围地区带来寒冷天气。然而,寒潮出现的次数比冷空气要少得多,中国北方平均 1 a 可达 10 次左右,南方只有 4～5 次,其中强寒潮平均每年 2 次左右。寒潮是中国重要的天气过程之一,在灾害性天气的预报和研究上寒潮是十分重要的。

　　有关寒潮的定义,各地所用的要素和标准不尽相同。中国中央气象台规定:由于冷空气的侵入,使该地气温 24 h(小时)内下降 10 ℃以上,最低气温降至 5 ℃以下,同时伴有 6 级左右偏北大风,作为发布寒潮警报的标准。由于中国幅员辽阔,气候条件有很大差异,各地气象台站常根据当地的条件和服务对象的需要,规定了各自的寒潮警报标准。

　　寒潮冷空气在源地是深厚的,它可以占据整个对流层,伸展到对流层顶,在其向南爆发之后,极地气团的对流层顶可能移到 40°N 附近,华北的冷空气厚度可达到对流层顶,愈往南方冷空气的厚度愈薄。

　　在高空图上寒潮冷空气常常表现为 1 个强的低压槽伴随 1 个强锋区自北向南移动。锋区愈强(等温线愈密集),寒潮冷空气愈强,反之则弱。与低压槽相伴的冷中心温度愈低,冷空气愈强。

　　与强锋区相对应,在地面图上有一条寒潮冷锋,锋后有强大的冷高压。冷高压的中心数值愈高,冷空气愈强。冷锋的强度也反映了寒潮的强度,如冷锋后的降温数值、正变压和偏北大风的强度都能反映冷锋的强度。

一、寒潮的源地与路径

(一)寒潮的源地

　　这里所说的寒潮源地,是指冷空气最初进入亚欧大陆的地点或者指冷空气在大陆上发生的地点。实际上不论在什么地点进入大陆,冷空气的源地都可以远远追溯到北冰洋或者北极的区域。

　　根据近年来冬半年的资料统计,影响中国的寒潮冷空气有 4 个源地(图 4.1.1)。

　　第一个源地是来自冰岛以南的洋面,移到俄罗斯欧洲地区的南部或地中海地区,开始常常表现为一个小冷楔,移到黑海、里海逐渐发展。这个源地的冷空气影响中国的次数也较多,但温度不够低,一般均

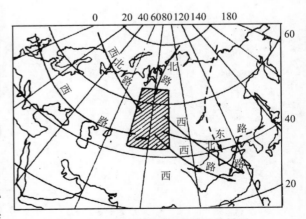

图 4.1.1　冷空气源地、路径及关键区
(虚线为次要路径)

(引自梁必骐,《天气学教程》,1995,图 10.1)

达不到寒潮的标准,不过若与其他源地的冷空气汇合,仍可造成寒潮天气。

第二个源地是来自新地岛以西的北方寒冷洋面上,经巴伦支海、白海进入俄罗斯欧洲境内。这个源地的冷空气影响中国次数最多达到寒潮强度也最多。

第三个源地是来自新地岛以东的北方寒冷洋面,大多经喀拉海、泰梅尔半岛进入俄罗斯亚洲境内。这个源地的冷空气影响中国的次数不多,但气温很低,往往可以达到寒潮强度。

第四个源地是来自北地群岛以东的洋面及东西伯利亚地区,经西伯利亚东部地区向南直插我国东北及华北地区,以超极地(所谓超极地是指冷空气自源地跨越它的偏西经度直接南下以最短的路径侵入我国,所以冷气团变性小,通常给我国东部地区带来明显的低温)的形式南下后,由于地转的原因,在我国江南转为东北气流,最易形成华南及云贵静止锋(图4.1.1中的次要路径)。

(二)寒潮的路径

据统计,4个源地的冷空气有95%都要经过关键区(70~90°E,43~65°N),从关键区再往东分成4条路径侵入中国。冷空气从关键区到影响中国西北地区一般要24~48 h;影响华北地区、东北地区要3~4 d;影响长江以南要5~6 d。

1. 西路 冷空气从关键区经新疆、青海、青藏高原东北侧南下。这种路径的冷空气因跋涉遥远后侵入中国,气团变性较大,所以降温幅度小,但仍可以产生大范围雨雪。若在冷空气影响期间,南支锋区与北支锋区位相一致时,可以造成西南、江南地区的明显降温。例如1971年11月12~14日1次西路冷空气影响过程中,从印度经中国西藏到亚洲中部为同位相的高压脊,特别在南支锋区上经向度很大。这次冷空气侵入,使昆明最低气温达 −3 ℃,超过历史同期记录。在这次冷空气影响下,广州也出现了霜,粤北山区有冰冻。

2. 中路(或称西北路) 从关键区经蒙古到达中国河套附近南下,后到长江中下游及江南地区。这种路径的冷空气在长江以北以大风降温为主,到长江以南造成雨雪天气。中路冷空气影响我国情况最多。

3. 东路 从关键区经蒙古到中国华北北部,东北南部,冷空气主力继续东移,但低层冷空气向西南移动,经渤海侵入华北,再从黄河下游向南可直达两湖盆地。这种路径的冷空气,常使渤海、黄海、黄河下游一带出现东北大风,华北出现"回流"天气,气温较低。

4. 东路加西路 东路冷空气从黄河下游南下,西路冷空气从青海东南下,两股冷空气常在黄河、长江之间汇合,然后侵入江南、华南。这种路径的冷空气,首先造成中国大范围雨雪天气,随着两股冷空气合并南下,出现大风和降温。

5. 超极地路 冷空气从北地群岛以东洋面经东西伯利亚以偏西的形式向南直插我国东北、华北,然后进入江南。由于这种形式爆发的冷空气不经过关键区,因所经路径短,能以较短的时间侵入我国,所以气团变性小,有时温度极低,很容易造成江南低温阴雨天气。

上述路径是对全国而言的,对于局部地区来讲,依据寒潮冷空气经过本地区的来去方向,也可以定出类似的路径,但不一定一一吻合。

二、东亚寒潮天气形势

东亚大陆上强烈的寒潮天气,往往与大范围甚至整个北半球大气环流的非周期变化相关联。寒潮爆发的过程,也常是大气环流长波调整的过程,也就是东亚大槽重新建立的过程,在实际工作中,主要是通过天气形势来预报寒潮的。

侵袭中国的寒潮天气形势可归纳为 3 个类型,即低槽东移型(又称移动性槽脊型或纬向型),横槽型(或称阻塞高压崩溃型)和小槽发展型(或称经向型)。其中以纬向型为最少,经向型最多。以下通过典型个例介绍各型寒潮的基本特点。

(一)低槽东移(西来槽)型

欧亚大陆基本气流为纬向气流,在纬向的基本气流中槽、脊自西向东移动稍有发展,脊槽的振幅比较大,冷空气源地在欧洲,它长途跋涉来我国由于气团变性冷空气强度较弱,有时难以达到寒潮强度,但是在以下 3 种情况下亦可能达到寒潮程度。

1. 低槽东移过程中,有新鲜冷空气或贝加尔北部残留的冷空气合并使冷空气强度加强,可造成 1 次寒潮过程。

2. 低槽东移到乌拉尔山以东时,从黑海到里海有明显的暖平流,在暖平流作用下里海附近高压脊向北发展,脊前西北气流加强,促使新鲜冷空气从新地岛加速南下与低槽中的冷空气合并。冷平流明显加强,可造成 1 次寒潮过程。

3. 当冷空气以偏西的形式南下时,若遇到有黄河气旋及江淮气旋发展时,将导致冷空气南下而爆发寒潮。

例如,1996 年 3 月 5～10 日的 1 次寒潮过程,是 1 个位于咸海附近的切断低压东移北缩,先蜕变为短波槽,而后东移,在蒙古高原再加强发展而引导冷空气东移南下引起 1 次寒潮过程(图 4.1.2 中槽线动态),其演变可分为两个阶段。

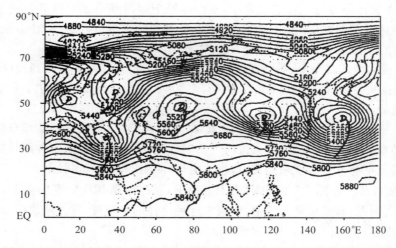

图 4.1.2   1996 年 3 月 7 日 08 时(北京时,下同)500 hPa 环流及槽线动态图

(1)低压蜕变为低槽阶段

月初,500 hPa 欧亚中高纬环流呈两槽一脊型,东亚大槽稳定地位于 140°E 附近,另一长波槽位于欧洲西部,东欧至亚洲北部是一强大的高压脊,咸海附近有一切断低压。2～3 日,欧洲西部的长波槽开始向西南加深,并切断出一低压,由于低压东部的西南气流较强,使得欧洲东南部暖平流加强,致使在黑海一带出现动力加压。此间,原位于咸海附近的低压北侧的近东西向的高压脊开始减弱断裂,东段东移,西段则与黑海附近的加压区合并成一弱高压脊。4 日 08 时,此高压脊明显发展,并东移至乌拉尔山附近,其前部的切断低压由于东部高压脊及高原地形阻挡,沿脊后基本气流向东北方向收缩至西西伯利亚东部地区。5 日 08 时(图 4.1.3,图

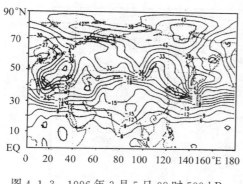
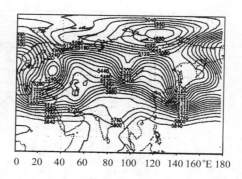

图 4.1.3 1996 年 3 月 5 日 08 时 500 hPa
温度场

图 4.1.4 1996 年 3 月 5 日 08 时 500 hPa
高度场

4.1.4),随着东亚大槽的东移、蒙古高原高压脊的减弱东移和乌拉尔山附近的高压脊继续向东北发展加强,低压随之移至蒙古高原西部蜕变为一低槽,槽后有-40 ℃的冷舌相配合。至此,低压蜕变为低槽已告完成。

(2)冷空气加强南下阶段

在低压蜕变为低槽阶段,地面冷高压随之东移,强度逐渐加强,5 日 08 时(图 4.1.5),冷空气主体已影响到新疆北部,但冷高压中心强度仅为 1 039 hPa。从冷高压主体扩散出的冷空气移到我国河套地区。6 日 08 时,500 hPa 高空图上,西西伯利亚高压脊进一步发展东移,其前部的低槽也迅速越过蒙古高原到达蒙古国东部,槽后脊前的偏北气流引导中西伯利亚的冷空气

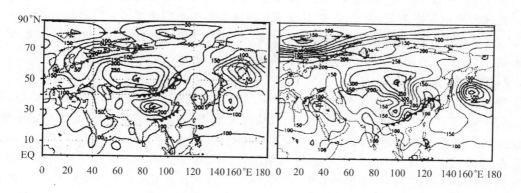

图 4.1.5 1996 年 3 月 5 日 08 时
地面图

图 4.1.6 1996 年 3 月 7 日 08 时
1 000 hPa 地面图

补充南下,使地形高压增至 1 051 hPa,此时,地面冷锋开始侵入华北北部到西北地区东部。7 日(图 4.1.2),亚洲北部的高压脊已重新建立起来,东亚大槽也已减弱东移,低压槽在其后部的高压脊东移推动下,在蒙古高原东部下坡区快速东移南下,并在内蒙古东部切断出一低压,此时,地面冷锋已抵达长江中下游一带(图 4.1.6),并有气旋波在锋面上发展。8 日,冷锋南下至南岭以北,但地形高压进一步加强,中心气压达 1 066 hPa,为此次过程的最高值。10 日(图 4.1.7),冷锋到达南海中部,至此,影响我国的较强冷空气过程方告结束。

受这次寒潮影响,5～10 日,华北大部、东北大部、黄淮、江淮以及江南北部先后出现了 4～6 级偏北风,其中,华北北部和山东半岛的风力达 6～8 级;内蒙古中部和东部的部分地区、

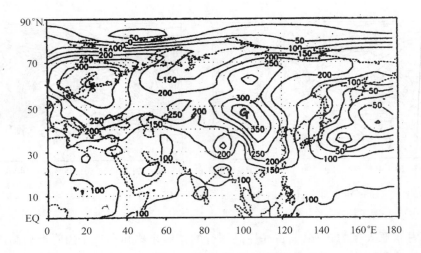

图 4.1.7   1996 年 3 月 10 日 08 时 1 000 hPa 地面图

辽宁东部、吉林大部、黑龙江南部出现了小到中雪,部分地区还下了大到暴雪;渤海、黄海、东海、台湾海峡和南海北部先后出现了 6～8 级偏北风;东北大部、华北大部、黄淮降温 4～10 ℃,西北地区东部、西南地区东部、江淮、江南、华南的气温普遍下降了 8～12 ℃,其中,江南和西南东部的部分地区的降温幅度达 14～17 ℃。10 日,江南大部的最低气温降至 0～3 ℃。

(二) 小槽发展型

在 1971 年 12 月 17～19 日,有一股强冷空气从 110°E 以东自西北向东南侵入中国北部地区。在这股冷空气影响下,内蒙古、东北和华北地区的一些测站出现了剧烈的降温和大风。大连 24 h 降温达 16℃,北京出现了 7 级偏北大风。此过程虽对 110°E 以西及江南地区基本上没有影响,但一般说来,此型寒潮对 110°E 以西地区也是有影响的。

1. 寒潮酝酿过程

1971 年 12 月 13 日 08 时 500 hPa 图(图 4.1.8)上,欧亚大陆中高纬是两槽一脊型,两槽分别位于 40°E 和 150°E,两槽之间为宽脊,脊线在 85°E 附近。在喀拉海有 1 个不稳定小槽(指移动快发展迅速的短波槽),该槽的温度槽落后于高度槽,这个小槽在 700 hPa 和 850 hPa 表现也很清楚。到 15 日(图 4.1.9),小槽东移南压到西西伯利亚,此时槽后冷平流及槽前等高线辐散的现象更为明显。由于小槽的发展,使在 85°E 附近的长波脊北部有所削弱。但是,该脊朝西北方向伸展与从北欧高压脊断裂出来的 1 个闭合高压合并。至 16 日(图 4.1.10)在乌拉尔山地区迅速发展成一个南北向的强高压脊,连日发展东移的不稳定小槽则处于该脊的东部。在上述槽脊之间出现了大范围强劲的偏北气流。在 850 hPa 图上,−36 ℃以下的冷中心正位于高低压之间的偏北气流中,从而使贝加尔湖西部出现一个强大的冷平流区。地面图上冷高压中心强度猛升到 1 049 hPa。在冷锋后有不少测站日降温均在 10℃ 以上。冷锋后 3 h 正变压达 7.6 hPa。在这一段时间内,各层冷中心和锋区也在不断增强(表 4.1.1)。以上情况说明寒潮已经酝酿成熟。

表 4.1.1　冷中心最低气温(℃)和锋区强度(℃/5 纬距)

(引自梁必骐,《天气学教程》,1995,表 10.1)

高　度	地　面	850 hPa		700 hPa		500 hPa	
项　目	最低气温值	最低气温值	锋区强度	最低气温值	锋区强度	最低气温值	锋区强度
14 日 08 时	-32	-29	8	-32	9	-46	8
15 日 08 时	-39	-30	14	-34	12	-48	12
16 日 08 时	-49	-39	8	-39	20	-48	12

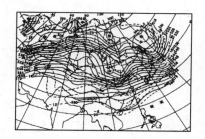

图 4.1.8　1971 年 12 月 13 日 08 时 500 hPa 图　图 4.1.9　1971 年 12 月 15 日 08 时 500 hPa 图

(引自梁必骐,《天气学教程》,1995,图 10.9)　　　(引自梁必骐,《天气学教程》,1995,图 10.10)

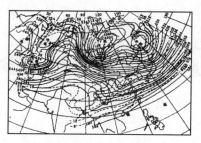 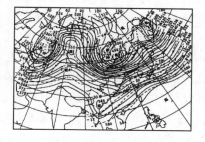

图 4.1.10　1971 年 12 月 16 日 08 时 500 hPa 图　图 4.1.11　1971 年 12 月 17 日 08 时 500 hPa 图

(引自梁必骐,《天气学教程》,1995,图 10.11)　　　(引自梁必骐,《天气学教程》,1995,图 10.12)

2. 寒潮爆发过程

17 日,不稳定小槽已移至贝加尔湖东部,它的温压场大致重合,已没有多大的发展前途。而主要辐散区位于中心的东南东方,这预示着未来低中心及低槽主要向偏东方向移动。而且低压的南方已为强劲的西风气流所控制(图 4.1.11)。在 700 hPa 上(图略),强冷平流区也主要朝偏东方向移动,这表明冷空气主力将东移,冷空气以扩散形式南下。该日寒潮冷锋已进入东北至河套一线,冷高压中心强度达 1 061 hPa。冷空气南下至华北以后,主力东移,19 日冷锋已移至日本以东洋面,其尾部掠过中国东南沿海。华北以南地区、华南大部分地区及广大内陆,因冷锋西段锋消而未受寒潮影响(图 4.1.12)。500 hPa 上,不稳定小槽已成为东亚大槽,并移至该槽的平均位置上(图 4.1.13)。

3. 寒潮过程的基本特征

(1)此型冷空气源地多在欧亚大陆西北部,并取西北路径侵入中国。从图 4.1.14 可看出,这次寒潮冷空气来自新地岛附近的北冰洋上,它在西伯利亚加强,进入关键区内,经过蒙古取

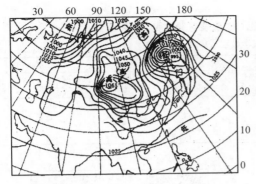

图 4.1.12　1971 年 12 月 19 日 08
时地面天气图　（引自梁必骐，
《天气学教程》，1995，图 10.13）

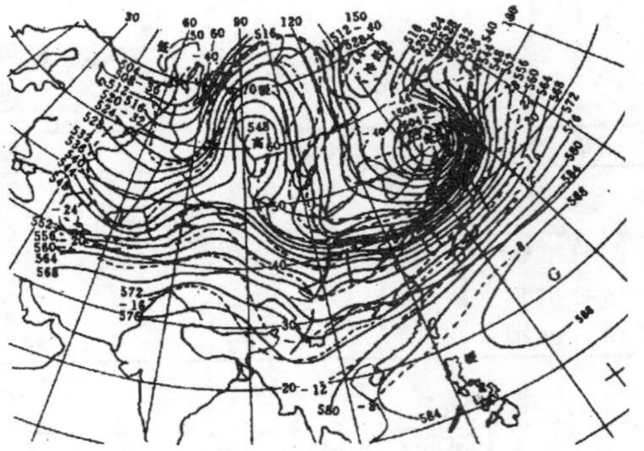

图 4.1.13　1971 年 12 月 19 日 08 时
500 hPa 天气图　（引自梁必骐，
《天气学教程》，1995，图 10.14）

西北路径进入中国。

（2）在 500 hPa 图上乌拉尔山地区有长波脊建立。由于该脊的建立，使脊前至东亚大槽之间的广大区域上空盛行深厚的西北气流，因而位于欧亚大陆西北部的冷空气就在此气流引导南下侵入中国。乌拉尔山地区高压脊建立的位置，约在 50~80°E，有时在 90°E 附近。根据经验，其位置愈偏东，冷空气影响的地区愈偏北。这个高压脊建立后，如果随其前部低槽一起东移，脊线由西北—东南向，顺转为东北、西南向，在低压槽冲击下，脊向东南方向收缩，

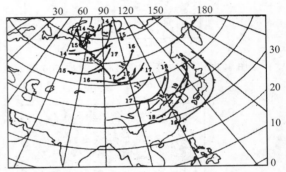

图 4.1.14　综合动态图（实线：500 hPa 槽线）
（引自梁必骐，《天气学教程》，1995，图 10.15）

则可使冷空气直下江南，影响全国。如果高压脊稳定于 80°E 以西地区，或者发展成为阻塞高压，则脊前的小槽往往发展成为稳定的长波槽而不再东移，或者成为东西向的横槽。在这种形势下，中国北部上空均为偏西气流，不利于冷空气南下，只有在横槽转竖槽的形势下，冷空气才可能南下。可见该脊（或阻塞高压）的位置及移动情况，对寒潮的爆发、移动及其强度有很大的影响。

（3）寒潮爆发由不稳定小槽的发展所引发。该小槽最初出现在欧亚大陆西北部时，一般是在温度场上明显而气压场不明显的小扰动。不稳定小槽的产生和发展，是冷空气酝酿和加强的反映，而它的发展又反过来促进了锋区和槽后偏北气流的加强，有利于冷空气侵入中国。

此型发展过程大致可分为 3 个阶段：①乌拉尔山高压脊的形成；②不稳定小槽出现并东移到西西伯利亚地区发展；③低槽继续加深东移达东亚大槽平均位置，寒潮侵入中国。但这 3 个阶段不一定顺次出现，有时是乌拉尔山地区高压脊的建立与不稳定小槽发展东移同时出现；有时不稳定小槽开始发展与寒潮侵入中国同时出现；有时高压脊早出现。

（三）横槽转竖型

这类的特点是东亚为一横槽，乌拉尔山或以东地区为一东北—西南向的脊，经常为 1 个阻塞高压。这种形势有时可以维持数天乃至十几天。在这种形势下，在东亚，横槽中有小波动东移，虽然整个亚洲大陆几乎全部为 1 个大高压所占据，但从中亚到新疆以及河西走廊不断有倒

槽随高空的小波动东移。一旦高压脊后有不稳定小槽出现，阻塞高压崩溃，横槽转向，促使原静止于蒙古人民共和国的高压明显向东南移动，造成1次寒潮过程。但是也有不少时候，随阻塞高压崩溃而南下的原横槽中的冷空气并不甚强，达不到寒潮标准。

　　这类寒潮的天气过程可以用下面3张示意图来表示，图4.1.15表示开始阶段，自乌拉尔山地区有高压脊向北及东北伸展，暖平流一直扩展到中西伯利亚的北部。这时从鄂霍次克海或白令海峡经常亦有脊向西伸与前者会合。

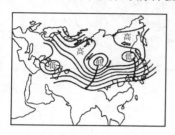

图4.1.15　乌拉尔山地区高压初建阶段
（引自北京大学地球物理系气象教研室，
《天气分析和预报》，1976，图8.15）

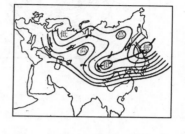

图4.1.16　横槽形成阶段
（引自北京大学地球物理系气象教研室，《天气分析和预报》，1976，图8.16）

　　图4.1.16表示这两股暖平流会合形成东北—西南向的脊，乌拉尔山地区为阻塞高压，而原来在中西伯利亚的冷空气已被压到蒙古人民共和国和我国新疆一带。亚洲出现1个东西向的低压带，即横槽。沿横槽南部的锋区不断有小波动东移，这是第2阶段。图4.1.17为第3阶段，即所谓横槽转竖槽阶段。高空槽由原来的东西向转为南北向，原来槽内的冷空气则大举南下，阻塞高压崩溃。这个阶段开始经常是西欧有另一个阻塞高压生成和发展，使乌拉尔山北部出现强大的冷平流。

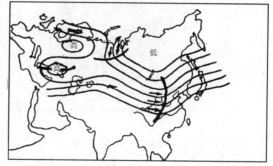

图4.1.17　阻塞高压崩溃横槽转竖阶段
（引自北京大学地球物理系气象教研室，《天气分析和预报》，1976，图8.17）

　　例如，1993年12月初的一次寒潮爆发过程，就是这种阻塞高压崩溃横槽转竖型的典型例子。过程开始前的11月底，欧亚高纬度为一脊一槽的超长波波型。中心位于东西伯利亚上空的强大低压控制了亚洲北部的大部地区，伴随着东北欧高脊的东伸，12月1日前后（图4.1.18），西西伯利亚有横槽建立，上述高脊前的东北气流使来自太梅尔一带的冷空气在贝加尔湖以西地区堆积。地面图上冷高压前沿已逼近40°N（图4.1.19），2～3 d，阻塞高压开始崩溃，横槽转竖（图4.1.20）。在转竖槽后的冷平流的引导下，地面冷空气主体经蒙古和我国东北地区快速东移，3日地面冷高压的中心已南下到40°N，100°E左右，其前沿冷锋已扫过我国的华北、江南到达我国华南沿海（图4.1.21）。

　　到了5日，500 hPa上阻塞高压彻底崩溃，位于120°E以东的东亚大槽得以重建，欧亚大陆变为典型的两槽一脊型，我国绝大部分地区受高压脊前的西偏北气流控制（图4.1.22）。5日地面上冷高压进一步南下，中心分裂，强度减弱，冷空气主体已扫过我国江南大部分地区，冷锋前沿已进入南海（图4.1.23）。

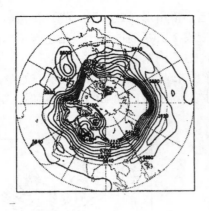 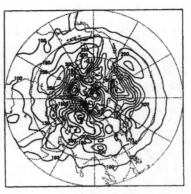

图 4.1.18 1993 年 12 月 1 日 08 时
500 hPa 高度场

图 4.1.19 1993 年 12 月 1 日 08 时
1 000 hPa 地面图

图 4.1.20 1993 年 12 月 3 日 08 时
500 hPa 高度场

图 4.1.21 1993 年 12 月 3 日 08 时
1 000 hPa 地面图

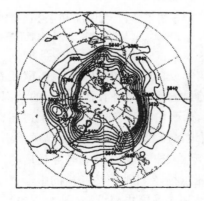 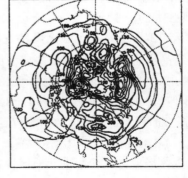

图 4.1.22 1993 年 12 月 5 日 08 时
500 hPa 高度场

图 4.1.23 1993 年 12 月 5 日 08 时
1 000 hPa 地面图

受这股冷空气影响,2~4 d,北方大部以及江南、华南先后出现了 5~6 级偏北风,东部和南部海区出现了 6~8 级大风;除西南地区外,全国大部降温 7~10 ℃,其中东北地区中部和南部以及黄淮地区东部降温10～15 ℃。

关于超极地路径南下的冷空气引起的寒潮过程是较少的。所以这里不再列举个例进行专门讨论。

三、各类寒潮过程的异同点

1. 寒潮过程的相同点

各类寒潮过程实质上都是一次大规模的强冷空气南下侵入中国的过程。爆发一次寒潮过程，必须具备两个基本条件：一是冷源条件，二是环流条件，两者缺一不可。

所谓冷源条件，是指寒潮爆发之前，在中国的上游地区或北方地区要有大量冷空气的堆积，即要有强大的冷高压生成。冷高压在西伯利亚东部雅库茨克附近及西伯利亚西部和蒙古地区都有明显的加强，同时比较深厚。在各层等压面图的温度场上，寒潮冷空气常常表现为一个很强的冷槽或冷中心，在其南侧，为一个东北－西南走向或近乎东西走向的强锋区。在850 hPa图上，锋区强度通常为16 ℃/5纬距，强的可达20 ℃/5纬距以上。与强锋区相对应，在地面图上有一条寒潮冷锋，锋后有强大的寒潮冷高压。寒潮冷高压的中心数值和范围可反映冷空气的强度和规模。地面降温和偏北大风的强度也反映出冷空气的强度。

事实表明，冬半年经常有冷空气在高纬度堆积，但寒潮爆发的机会不多。有时候，北方冷空气在源地停留很长时间而不南下，或者冷空气主体不南下，只分裂小股冷空气南下；有时候冷空气在50°N以北东移，对中国不产生影响。由此可见，要爆发一次寒潮，仅仅具有冷源条件是不够的，还必须同时具备环流条件。

所谓环流条件，是指能够引导大规模强冷空气南下入侵中国的流场条件。从环流的角度看，一次寒潮过程，在500 hPa上主要表现为一次大型环流的调整过程，即由纬向环流向经向环流的转变过程。从气压变化的角度看，一次寒潮过程，在500 hPa图上，常常表现为一次低槽东移发展或横槽南压、转竖的过程，其结果往往导致东亚大槽重新建立，槽后大范围偏北气流给冷空气大举南下提供了流场条件。此外，地面气旋强烈发展时，其后部强劲的偏北风，也可以引导冷空气大举南下。另外，地面强大冷高压前部大范围的强偏北气流也可导致冷空气扩散南下。

2. 寒潮过程的不同点

(1)源地和路径不同

寒潮冷空气虽然都是发源于北方寒冷的洋面上，但对每次寒潮过程来说，其源地的具体地区和路径是各不相同的。现以前面3个个例来说明。

第一个例(1996年3月)属西来低槽发展型。冷空气来自冰岛以南和新地岛以西的洋面上，两股冷空气于西伯利亚汇合加强后，然后从关键区经蒙古取西北路径南下影响中国。

第二个例(1971年12月中旬)属小槽发展型。冷空气来自新地岛以东的冰洋上，进入西伯利亚地区，从关键区经蒙古取偏东路径南下影响中国。

第三个例(1993年12月初)属横槽型。冷空气来自新地岛以东的洋面上，在雅库茨克附近加强，以后以东路南下影响中国。

(2)强度和影响范围不同

寒潮强度一般指冷空气的强度，通常可用冷空气入侵后所造成的降温量多少来表示，也可以用冷锋后最大风速来表示，还可以用寒潮冷锋的强度来表示。然而这三者是密切相关的，冷锋越强,锋后的气压梯度往往也较大,故锋后的偏北风也必定较强,锋后的降温量一般也较大。

不同类型的寒潮,强度是不同的。有的寒潮1日最大降温量可达10 ℃,而有的寒潮日降温量可达20 ℃以上。然而源地不同,强度也不同。一般第一源地的冷空气比较弱,第二源地冷空气整体最强(包括风力、降温和升压),第三源地冷空气强度介于第一和第二两源地冷空气强度之间,但第四个源地的冷空气虽然表现的风力较小,气压升值也不大,但降温还是相当明显的,可达到第二源地冷空气的降温强度。

寒潮影响的范围也不同,有的仅影响中国西北地区,有的仅影响中国北部地区,有的可影响全国。这种影响范围的大小与从关键区南下的冷空气路径有关。例如从西北路径(或中路)南下的冷空气可影响全国广大地区,从偏东路径南下的冷空气主要影响北方和东部沿海地区,对西北地区就没有什么影响,但对西南地区仍有明显的影响,主要是形成云贵和华南静止锋。另外还与高空槽的位置、强度及南伸的程度有关。例如"小槽发展型"寒潮过程,如果高空槽发展较强,槽底延伸到达较低纬度,槽后偏北气流很强,则这种寒潮也可影响全国广大地区;相反,如果高空槽无明显发展,槽底位置偏北,槽后偏北气流不强,则这种寒潮就只能影响中国北方地区,对其他地方就无影响。再如横槽转竖型寒潮,如果横槽位置偏东,横槽转竖所爆发的寒潮主要影响中国北方和东部沿海地区;相反,如果横槽位置偏西,强度又较强,则横槽转竖所爆发的寒潮就能影响全国大部分地区。因此,在考虑寒潮的强度及其影响范围时,必须从多方面去考虑。

(3)天气不同

不同类型的寒潮除了具有剧烈的降温和偏北大风这一共同的天气特点外,还各有其不同的天气特点。

① 西来低槽发展型寒潮:天气区一般都是自西向东、自北向南扩展。多为西北风,当冷锋移至中国东部沿海地区时,常转为北风或东北风。该型寒潮降温量比其他两型小,但带来的风沙、雨雪天气往往较其他两型严重。在北方特别是在西北和内蒙古一带,主要造成大范围的风沙及浮尘天气,尤以春季更为严重,若有北方气旋相伴出现时,在气旋中心和冷锋附近还可出现雨雪天气,但降水量不大;当冷锋移至淮河以南地区时,常常造成大范围的阴雨天气,过程降水量可达50 mm以上。在春季,当冷锋移至江南地区时,在锋面附近有时还可产生雷阵雨天气。

② 小槽发展型寒潮:在中国北方主要是带来降温、大风和风沙天气,但风沙天气没有西来低槽发展型严重。锋后多为北到西北大风。当有北方气旋相伴出现时,在气旋中心和锋面附近也可造成持续时间不长的降水,但当冷锋移至江南地区时,若有南支槽配合,则可产生大范围的雨雪天气。

③ 横槽转竖型寒潮:过程降温量较大,风力较强,天气区往往自东向西、自北向南扩展。锋后多为北到东北大风,过程期间主要给华北地区带来回流性质的低云和雨雪天气。在这类寒潮爆发前,40°N以南地区往往为平直西风环流,中国南方多阴雨天气。当寒潮冷锋南压到淮河以南地区时,又会带来一次降水过程,常常造成低温阴雨天气,有时还会造成冻雨天气。

以上简要地介绍了各型寒潮的天气特点,说明不同类型的寒潮天气大不相同,就是同一类型的寒潮天气,在不同季节、不同地区也可以有很大的差异。

第二节　大型降水过程

本节所讲大型降水主要是指范围广大的降水。降水区至少可达天气尺度的大小,包括连续性或阵性的夏季暴雨等易成洪涝灾害的大型降水过程。低温连阴雨及华西秋雨以及较小范围的局地性雷雨、冰雹等降水,不属本节介绍范围。

大型降水对国防和社会主义经济建设关系密切。农谚说:"清明要明,谷雨要雨。"这说明适时适量的降水对农业生产能提供有利的条件,而反常降水则会带来灾害。我国大部分地区的降水都集中在夏半年,而这时正是农作物的生长季节,大型降水的多少能造成大面积的涝旱。尤其是时间长,面积大的暴雨,还能引起洪水泛滥,不仅对生产建设造成极大的危害,而且对人民的生命财产也带来巨大的威胁。因此,无论工农业生产、航空、航海、交通运输、水利建设、防涝抗旱等都需要及时准确的降水预报。

本节主要分析降水特别是暴雨形成的物理过程及其诊断方法,影响我国大范围降水的环流形势及天气过程,形成暴雨的各种尺度天气系统等。

一、降水的形成过程

降水是大气中的水的相变(水汽凝聚成雨雪等)过程。从其机制来分析,某一地区降水的形成,大致有 3 个过程(图 4.1.24)。

首先是水汽由源地水平输送到降水地区,这就是水汽条件。其次是水汽在降水地区辐合上升,在上升中绝热膨胀冷却凝结成云,这就是垂直运动的条件。

最后是云滴增长变为雨滴而下降,这就是云滴增长的条件。

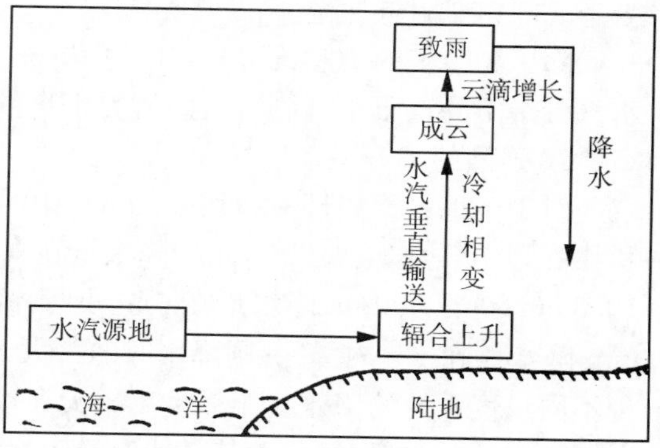

这 3 个降水条件中,前两个是属于降水的宏观过程,主要决定于天气学条件,下面将要详细分析。第三个条件是属于降水的微观过程,主要决定于云物理条件。

图 4.1.24　降水的一般过程
(引自朱乾根等,《天气学原理和方法》,1992,图 7.1)

一般认为云滴增长的过程有两种:一种是云中有冰晶和过冷却水滴同时并存,在同一温度下(以 $-10\ ℃\sim -20\ ℃$ 之间为最有利),由于冰晶的饱和水汽压小于水滴的饱和水汽压,致使水滴蒸发并向冰晶上凝华,这种所谓的"冰晶效应"能促使云滴迅速增长而产生降水。另一种是云滴的碰撞合并作用。当云层较厚,云中含水量较大并有一定的扰动时,则有利于云滴的碰撞合并使云滴增大形成降水。上述两种过程,对不同纬度,不同季节的降水,有着不同的作用。在中高纬度,云内的"冰晶效应"起着重要作用,当云层发展很厚,云顶温度低于 $-10\ ℃$,云的上部具有冰晶结构时,就会产生强烈的降水。而云层较薄,完全由水滴组成时,则只能降毛毛雨或小雨。在低纬度和中纬度夏季,由于 $-10\ ℃$ 等温线较高,有些云往往发展不到这个高度,云中含有水滴,不含冰晶。但云层发展较厚时,云滴的碰撞就起着重要的作用,因而也能有较强的降水。

一般降水可分为 7 级(表 4.2.1)。凡日降水量达到和超过 50 mm 的降水称为暴雨,其中又分为暴雨、大暴雨、特大暴雨 3 个量级。除上述一般降水所必须满足的条件外,形成暴雨还必须满足如下的条件。

表 4.2.1　降水量的等级(单位:mm)

24h 雨量 08～08h	<0.1	0.1～10	10～25	25～50	50～100	100～200	>200
等级	微量	小雨	中雨	大雨	暴雨	大暴雨	特大暴雨

(引自朱乾根等,《天气学原理和方法》,1992,表 7.1)

1. 充分的水汽供应

暴雨是在大气饱和比湿达到相当大的数值以上才形成的。根据统计上海、汉口、昆明、广州等地 7 月份出现大雨和暴雨时,绝大多数比湿出现在≥8 g/kg 的范围。北京大雨和暴雨大致出现在比湿≥(5～6) g/kg 的范围内。值得注意的是汉口 10 年内有 3 次大雨或暴雨出现时,比湿在 5～5.9 g/kg 的范围内,而比湿<5 g/kg 时,一次大雨或暴雨也没有出现过。

必须指出,比湿≥8 g/kg(对北京来说,比湿≥5 g/kg)只是出现大、暴雨的必要条件。但是这时并不一定都会出现大暴雨,还需要有强的上升运动。

如在降水区整层饱和,垂直温度递减率等于湿绝热率时,700 hPa 面上比湿≥8 g/kg,相当于 850 hPa 附近比湿≥14 g/kg。

除了相当高的饱和比湿外,还必须有充分的水汽供应,因为只靠某一地区大气柱中所含的水汽凝结下降量很小,因此,必须研究水汽供应的环流形势。

2. 强烈的上升运动

对于一地暴雨(日降水量≥50 mm)中的垂直速度作一大概的估计。在计算时,先设地面饱和比湿为 14 g/kg。如果 50 mm 降水量在 1 d 之内均匀下降,那么降水时的最大上升运动约为 10.8 cm/s;若 50 mm 降水量在 5 h(小时)降完,则降水时的最大上升速度约为 54 cm/s;若 50 mm 降水量在 1 h 内降完,则降水时的最大上升速度为 260 cm/s,上面 3 种上升速度,反映了 3 种不同尺度系统的降水。第一种属于大尺度系统,第二种属于中尺度系统,第三种属于小尺度系统。实际上一般暴雨,尤其是特大暴雨都不是在 1 d 之内均匀下降的,而是集中在 1 小时到几小时内降落的,所以降水时的垂直运动是很大的。

3. 较长的持续时间

降水持续时间的长短,影响着降水量的大小。降水持续时间长是暴雨(特别是连续暴雨)的重要条件。中小尺度天气系统的生命较短,一次中、小系统的活动,只能造成一地短时的暴雨。必须要有若干次中(小)尺度系统的连续影响,才能形成时间较长、雨量较大的暴雨。然而中、小尺度系统的发生、发展又是以一定的大尺度系统为背景的,也就是说,暴雨总是发生在大范围上升运动区内。因此,要讨论暴雨的持续时间,就必须讨论行星尺度系统和天气尺度系统的稳定性和重复出现的问题。副热带高压脊、长波槽、切变线、静止锋和大型冷涡等大尺度天气系统的长期稳定是造成连续性暴雨的必要前提。短波槽、低涡、气旋等天气尺度系统移速较快,但它们在某些稳定的长波型式控制下可以接连出现,造成一次又一次的暴雨过程。在特定的天气形势下,当天气尺度系统移动缓慢或停滞时,更容易形成时间集中的特大暴雨。

二、中国降水的气候概况

(一)中国各地雨量和雨季

我国幅员辽阔,地形复杂,各地年雨量分布得极不均匀,一般地讲,从东南沿海向西北内陆减少。台湾省、海南岛和东南沿海的广东、广西、福建、浙江南部大致在 2 000 mm 左右,长江流域为 1 200 mm 左右,云贵高原为 1 000 mm 左右,黄河下游、陕甘南部,华北平原和东北平原为 600 mm 左右,而西北内陆则在 200 mm 以下;此外,青藏高原西北部还不足 50 mm,而南疆沙漠地区仅有 10 mm。绝大多数地区雨量都集中在夏季,有明显的雨季,干季之分。这里的所谓雨季是定义为阴天多,雨量也较大的季节。但在气象业务上不同省份对雨季的定义很不相同,如湖南省把雨季开始定义为在 1 旬内(10 d),当地至少要发生 3 次大雨过程(雨量大于等于 25 mm,称大雨过程)时则认为当地夏季雨季开始以区别前期的连阴雨。各地雨季起迄时间不一。西部高原地区雨季和干季的相互转化比东部地区更加清楚。云贵高原雨季平均是从 5 月下旬开始,10 月下旬结束,雨季的降水量比干季要大 9 倍之多。青藏高原北部雨季平均从 5 月中旬开始,10 月下旬结束。就整个高原而言,东北部比西南、西北部开始早,结束晚。新疆降水的特点是全年分布比较均匀,雨季、干季并不明显。我国东部地区雨季一般是南部比北部开始早,结束晚。华南沿海雨季在 4 月开始,10 月中旬结束。长江流域在 6 月上旬开始,9 月初结束。华北、东北雨季在 7 月中旬开始,8 月底结束。

从我国 1969~1994 年的 6、7、8 月 3 个月总的降水分布(图略)可见:我国华南沿海地区 3 个月的降水量平均在 750 mm 左右,长江流域平均在 500 mm 左右,华北地区平均在 250 mm 左右,东北平均在 300 mm 左右,而我国西北地区降水不足 100 mm,特别是新疆地区降水在 50 mm 以下。

雨季中,降水分布也不均匀,不少地区仍有相对的干期出现。如西北高原相对干期在 7 月中旬至 8 月中旬,长江流域东部相对干期在 7 月中旬至 8 月中旬,华南(27°N 以南)大约在 6 月下旬开始 7 月下旬结束,华北和东北相对干期不明显。相对干期严重的地区,容易造成伏旱。由上可见,西北高原、华南、长江流域雨季中的降水量有两个集中期,从而使得各地雨季分成两个阶段。

(二)东亚环流的季节变化与雨带活动

我国各地雨季起迄时间虽然有所不同,但却有其内部规律。如我国东部地区各地的雨期,就是由于主要的大范围雨带南北位移所造成,而大雨带的位移又与西太平洋副热带高压脊线、100 hPa 青藏高压、副热带西风急流以及东亚季风的季节变化有关。

据统计,我国多年候平均大雨带从 3 月下旬至 5 月上旬停滞在江南地区(25~29°N),雨量较小,称为江南春雨期。5 月中旬到 6 月上旬(25 d 左右)停滞在华南,雨量迅速增大,形成华南雨季的第 1 阶段,称华南前汛期盛期。6 月中旬至 7 月上旬(约 20 d)则停滞于长江中下游,称江淮梅雨。从 7 月中旬~8 月下旬(约 40 d)停滞于华北和东北地区,造成华北和东北的雨季。这时华南又出现了另一大雨带,是由热带天气系统所造成的,形成华南雨季的第 2 阶段,称华南后汛期。从 8 月下旬起大雨带迅速南撤,9 月中旬至 10 月上旬停滞在淮河流域,雨量较小,称为淮河秋雨期。此后全国降水全面减弱。

大雨带的南北位移与东亚环流的季节变化关系密切,一般大雨带位于 500 hPa 副热带高压脊线北侧 8~10 纬度,100 hPa 青藏高压的北侧,副热带西风急流的南侧。

三、行星尺度系统和环流对持续降水的作用

从上述各个地区的大范围降水的环流特征可以看出,大范围持续性降水的环流特征大致可以分为两种类型。一是稳定纬向型,如华南前汛期降水、江淮梅雨和长江中下游春季连阴雨等;另一是稳定经向型,如华北与东北雨季降水。其共同特征是行星尺度系统稳定。行星尺度系统和环流本身并不直接产生降水,而是制约影响天气尺度系统在一固定地带活动,从而产生持续性降水。此外,它还能将南海、孟加拉湾和太平洋的水汽不断向暴雨区输送。因此,行星尺度系统和环流的变动,大致决定了雨带发生的地点、强度和持续时间。下面介绍几种行星尺度系统和环流对我国降水影响的具体作用。

季风: 是"季风环流"的简称。是指由于海陆差异形成的冬、夏风向的季节性变化,或近乎相反的环流系统。季风环流是全球大尺度环流系统的一个重要组成部分。亚洲季风的异常对中国的天气气候有重要影响,是预测夏季中国气候异常的主要因素之一。

分别统计南海季风爆发日期、南亚季风强度和东亚季风强度与中国夏季雨型的关系,基本结论是:南海季风爆发晚、南亚和东亚季风强度偏弱,夏季中国主要雨带位置偏南;反之,南海季风爆发早、南亚和东亚季风强度偏强,夏季中国主要雨带位置偏北。

综上所述,强(弱)季风年,西太平洋副热带高压位置偏北(南),中国夏季降水的主要雨带亦偏北(南)。这表明尽管表征季风指数的标准不尽相同,但不论是从热力方面或动力方面考虑,其本质都是反映了海陆的热力差异,因此表现在对东亚大气环流和中国降水的影响方面具有许多共同的特征。

图 4.2.1 是 1998 年 1 月到 8 月南海季风和南亚季风强度月距平逐月演变图。由图可见,南海季风 1~8 月均为负距平,其中 4、5、7 和 8 月南海季风是 1980 年以来最弱的;南亚季风除了 6 和 7 月正常(较小正距平)外,其他月份均为负距平。表明 1998 年南海季风和南亚季风都比较弱,这是 1998 年的又一突出的特点。根据前面的分析,当南海和南亚季风弱时,夏季西太平洋副热带高压位置偏南,我国主要雨带将位于长江及其以南地区。1998 年南海季风爆发日期是 5 月第 5 候,比常年晚 1 周,南海季风爆发日期晚的年份,副热带高压偏南,夏季主要多雨带也偏南。根据南海季风爆发日期与中国夏季降水的相关分析,最大的正相关在长江流域,说明南海季风爆发日期晚,有利于长江流域多雨。

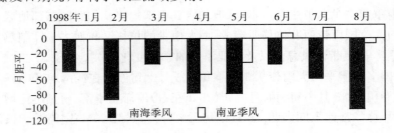

图 4.2.1　1998 年 1~8 月南海季风和南亚季风强度月距平逐月演变图
(引自《98 中国大洪水与气候异常》,中国气象局国家气候中心,1998,图 3.10)

阻塞高压: 500 hPa 中纬度阻塞形势特别是东亚阻塞高压是影响我国夏季降水、旱涝的主要环流系统之一。经验表明,鄂霍次克海、贝加尔湖、乌拉尔山这 3 个地方是阻塞高压发生频次较高的地区,这些地区夏季有无阻塞高压建立和维持,对我国夏季降水、旱涝影响较大。

当夏季东亚地区有阻塞形势建立时,常常导致中纬度西风分支,南支锋区南压,西太平洋副热带高压位置偏南,这种形势往往有利于我国夏季主要雨带位置偏南。众多的研究已经发现,夏季东亚阻塞高压的持续发展是造成长江流域多雨的主要原因之一。计算夏季各月鄂霍次克海地区、贝加尔湖地区阻塞高压指数与中国降水的相关后发现,长江流域总是存在着一块明

显的正相关区。图4.2.2给出的一个例子，是7月贝
加尔湖阻塞高压指教与中国降水的相关，显而易见，
长江流域有大片的信度超过95％的显著正相关区，
说明当盛夏7,8月份鄂霍次克海地区或贝加尔湖地
区有阻塞形势发展时，长江流域多雨。

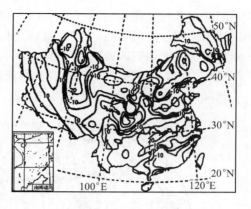

图4.2.2　7月贝加尔湖阻塞高压与中国降水的相关
（图中数值已乘100）（引自《98中国大洪水与气候
异常》，中国气象局国家气候中心，1998，图3.15）

　　图4.2.3给出了1998年夏季500 hPa 55°N阻
塞高压随时间的演变过程。可以看出6月和7月为双
阻型，即鄂霍次克海和乌拉尔山地区为阻塞高压，贝
加尔湖地区为低槽区，东亚上空为两脊一槽的环流
型；8月为中阻型，即阻塞高压位于贝加尔湖地区，东
亚上空为两槽一脊的环流型。1998年夏季这种环流
型的持续稳定，是形成长江流域和嫩江、松花江流域
持续异常降水的主要原因之一。从图4.2.3可见，6
月中旬到下旬、7月中旬到8月初以及8月上中旬的每一次的阻塞高压的持续异常，都伴随着
一次降水过程的出现。尤其是鄂霍次克海阻塞高压的出现与持续异常，使得东北地区长时间遭
受低槽和冷涡的影响，是形成东北嫩江、松花江流域夏季降水异常偏多的主要原因。

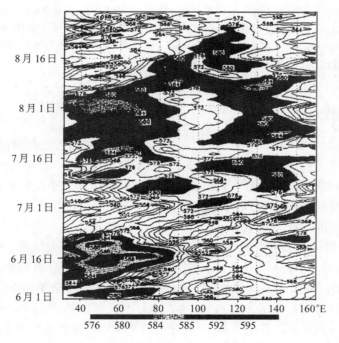

图4.2.3　1998年6月1日到8月31日55°N 500 hPa
高度经度-时间剖面图（引自《98中国大洪水与气候
异常》，中国气象局国家气候中心，1998，图3.16）

西太平洋副热带高压：　图4.2.4和图4.2.5给出了夏季西太平洋副热带高压脊线位置
与北半球500 hPa高度场和中国降水的相关。由图不难看出：在500 hPa高度场上，东亚地区

从高纬到低纬呈现为"－＋－"的遥相关型(图 4.2.4)。在与中国降水相关场上(图 4.2.5),长江流域为明显的负相关,黄河流域以北和华南地区为正相关。这表明,当副热带高压偏北时,东亚地区从高纬到低纬表现为明显的"－＋－"距平波列,中国降水为南北多中间少的分布型,长江流域少雨;当副热带高压偏南时,东亚地区从高纬到低纬表现为明显的"＋－＋"距平波列,中国降水为南北少中间多的分布型,长江流域多雨。

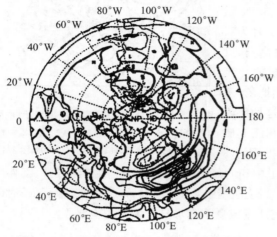

图 4.2.4　夏季西太平洋副热带高压脊线位置
与北半球 500 hPa 高度场的相关
(引自《98 中国大洪水与气候异常》,中国
气象局国家气候中心,1998,图 3.17)

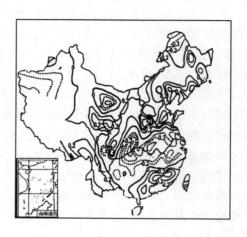

图 4.2.5　夏季西太平洋副热带高压脊线位置
与中国降水的相关(引自《98 中国大洪水与气候
异常》,中国气象局国家气候中心,1998,图 3.18)

四、华南前汛期降水

4～6 月为华南前汛期,这一时期的降水主要发生在副热带高压北侧的西风带中,4 月初降水量开始缓慢增大,5 月中旬雨量迅速增大进入华南的汛期盛期。5 月中旬的大雨带位于华南北部,主要是北方冷空气侵入形成的锋面降水,5 月中旬后受东亚季风影响,大雨带移至华南沿海,降水量增大,雨量主要降落于冷锋前部的暖区之中。

(一)华南前汛期降水的气候特征

4～6 月华南平均总降水量在 500～1 000 mm 之间,降水有两大值带,一条从武夷山到南岭山脉的南麓,一条位于沿海,沿海有 4 个多雨中心,分别在粤东沿海、粤中内陆、粤西沿海和北部湾沿海。福建沿海和雷州半岛雨量较小。4～6 月总降水量占全年总水量百分数除广西西部、南部和雷州半岛、海南岛不足 40％外,其他大部分地区都占 40％以上,武夷山脉到南岭山脉一带占全年一半以上。华南多年平均 4～6 月暴雨量除广西最西部少于 100 mm 外,全区在 100～640 mm 之间。共有 6 个暴雨中心,一在武夷山,最大可达 880 mm,一在粤中丘陵地区,中心强度达到 558 mm;一在桂林东北山地,中心强度达到 470 mm;另外 3 个大于 500 mm 的中心分别位于粤东沿海和北部湾沿岸。4～6 月暴雨量占同期降水量的百分比最大可达 60％,最小的占 15％左右。

华南前汛期每年平均有 19 场暴雨,6 月最多占 52.2％,4 月最少占 12.4％。暴雨一般持续 1～3 d,持续时间越长降水强度越大。广东省暴雨持续天数和强度均比广西、福建大,特别是在广东沿海地区,平均 2~4 d 的暴雨量可达到 800~1 000 mm。华南前汛期的夜雨现象也非常明显,一般从 23 时到清晨 5 时降水量最大。

（二）环流特征

华南前汛期降水是在一定的中高纬和低纬环流背景下生成的,每次降水过程,在 500 hPa 上中高纬和低纬几乎都有低槽活动,两者结合可产生较强的降水,但具体环流特征又是不一样的,根据 500 hPa 流场可以分为 3 种类型。

1. 两脊一槽型

此型的特征是乌拉尔山以东的高压脊前不断有冷空气自北冰洋南下,使贝加尔湖切断低压发生一次又一次的替换,在长波槽替换过程中,原来的长波槽蜕变为短波槽,引导冷空气南下。这时西太平洋副热带高压的平均脊位于 15°N 以南。南支槽与副热带高压的稳定维持把大量暖湿空气输送到华南地区上空,与北方频繁南下的冷空气相交绥,为华南暴雨提供了有利的环流条件。

1977 年 5 月 27 日~6 月 1 日华南出现了一次暴雨过程,广东省海丰和陆丰地区出现了历史上罕见的特大暴雨,最大过程降水量达 1 461 mm,24 h 最大雨量达 884 mm。其环流特征是在中高纬出现了少见的波长很短振幅很大的两脊一槽形势,持续引导冷空气南下。同时,印度季风低压发展,引起一次强烈的西南季风爆发,大大加强了低空西南气流的作用。正是在这样极其有利的环流背景下,导致了这场特大暴雨。

2. 两槽一脊型

本型特征是中亚地区为脊,乌拉山以东的西伯利亚西部和亚洲东岸为低槽。亚洲东岸的低槽底可南伸到 25°N 以南地区,槽后冷空气可直驱南下,从东路侵入华南地区。副热带高压脊稳定在 15~20°N 之间,我国华南沿海一带西南季风活跃,西南低空急流活动频繁。例如,1978 年 6 月 5~8 日华南沿海出现的一场大暴雨,暴雨中心的陆丰县白石门水库附近,过程总雨量达 677 mm,24 h 最大雨量达 401.2 mm。其 500 hPa 环流型即属两槽一脊型。

3. 多波型

本型特征是中高纬环流呈多波状,振幅较小,在欧亚大陆范围内,高纬地区至少有 2 个以上的低压中心,与低压中心相对应的移动性低槽活动相当频繁;与此同时,南支波动也较频繁。北方冷槽带来的冷空气和南支波动带来的暖湿空气在 115°E 附近的华南地区相遇,造成暴雨。在连续暴雨发生过程中,这种类型要占 40% 左右。

尽管各型的具体环流特征不同,但进入华南前汛期盛期环流的共同特征是:副热带高空西风急流北跳稳定在 30°N 左右,副热带高压脊稳定在 18°N 附近或其以南地区,华南上空为平直西风带,低层常存在南北两条低空急流,在这种形势下,北方不断有冷空气南下与活跃的东亚季风气流交绥于华南地区。与此同时,南亚高压进入中南半岛,使得华南高空维持辐散的西北气流,为前汛期暴雨提供了有利的高空辐散条件。

五、江淮梅雨

每年夏初,在湖北宜昌以东 28~34°N 之间的江淮流域常会出现连阴雨天气,雨量很大。由于这一时期正是江南梅子成熟季节,故称"梅雨"。又因这时空气湿度很大,百物极易获潮霉烂,因而又有"霉雨"之称。国际上常将中国东部整个地区的夏季降水称为梅雨(Plum rains),在本书中,如不加说明,仍指梅雨为江淮梅雨。

（一）梅雨的气候特征

梅雨天气的主要特征是：长江中下游多阴雨天气，雨量充沛，相对湿度很大，日照时间短，降水一般为连续性，但常间有阵雨或雷雨，有时可达暴雨程度。梅雨结束以后，主要雨带北跃到黄河流域，长江流域的雨量显著减小，相对湿度降低，晴天增多，温度升高，天气酷热，进入盛夏季节。根据 1885～1998 年的资料统计分析得知，长江中下游可出现两类梅雨。一是典型梅雨；一是早梅雨。

所谓典型梅雨，一般出现于 6 月中旬到 7 月上旬，出梅以后，天气即进入盛夏。典型梅雨长约 20～24 d。在 1885～1998 年中，有 9 年没有出现梅雨，即空梅，又有 4 年梅雨期长达两个月之久。入梅日期大多在 6 月 6～15 日，最早和最晚可相差 40 d。出梅日期大多在 7 月 6～10 日，但最早和最晚可差 4 d。一般来说，梅雨期愈长，降水量愈多。

每年梅雨的起迄时间、长度、降水量等相差很大。例如，1954 年梅雨期长达 40 d，因此造成 1954 年长江中下游的洪水。1991 年梅雨期长达 55 d（5 月 19 日～7 月 13 日），造成皖、苏、鄂、豫、湘、浙、沪等省市受灾人口达 1 亿人以上，绝收 2400×10⁴ hm²，直接经济损失 700 多亿元。1998 年 6 月 12 日入梅，到 7 月 31 日出梅，共持续了 50d（6 月底到 7 月中旬为 1 个弱降水段），江南北部、鄂西南、重庆、四川东部和西南部 6～8 月降水量一般有 700～900 mm，部分地区超过 1 000 mm，长江发生了 1954 年以来最大的一次大洪水。而 1958、1963 和 1978 年，主要雨带从华南北跃至华北，未在长江流域停滞，因而这些年为空梅，1959～1961 年梅雨期也极短，因而造成 1958～1961 年长江中下游地区连续几年的严重干旱。

所谓早梅雨是出现于 5 月份的梅雨，平均开始日期为 5 月 15 日，梅雨天数平均为 14 d，它的主要天气特征与典型梅雨相同，不同的是梅雨期较早，出梅后主要雨带不是北跃而是南退，以后雨带如再次北跃，就会出现典型梅雨。因而在一年中可能出现两段梅雨。在 1885～1998 年中长江中下游的早梅雨出现 20 次，如 1949 年，1954 年，1963 年、1991 年等。

梅雨的年际变化很大，每年梅雨雨量的多少和地区分布均有显著差异。根据资料分析大致有如下的几种类型。一是丰梅类（占 30%），全区丰梅或是淮河丰梅。二是枯梅类（占 20%），全区均为降水负距平（距平≤−40%）。三是雨带类（占 50%），根据雨带位置不同又可分为江枯淮多型，南枯江淮局地多雨型，南多北少型。

1991 年长江中下游和淮河流域出现了大范围、持久性暴雨，导致了这一带洪水泛滥，该年江淮梅雨从 5 月 19 日就开始，结束于 7 月 13 日。这段时间江淮一带总降雨量一般在 500 mm（图 4.2.7）以上，江苏省的里下河和沿江地区、安徽省的江淮地区、湖北省的东北部和河南省的东南部达 700 至 1 200 mm，比常年同期偏多 1 至 3 倍（比较图 4.2.6）。从梅雨区所选 5 个站的雨量与常年平均雨量进行比较（图 4.2.7 左上角）可见，该年江淮梅雨的雨量远远超过常年的平均雨量。江苏省兴化市梅雨期间总降雨量达 1 294 mm，比常年全年降水总量还多 278 mm。梅雨期间的主要降雨大致可分为 3 个阶段，而且雨量是一段比一段强。

第一阶段从 5 月 19 至 26 日，为早梅雨，大部地区降雨 50～150 mm，河南、安徽等省的部分地区达 150～300 mm。第二阶段是 6 月 2 至 20 日，总雨量普遍有 130～410 mm。第三阶段是 6 月 29 日至 7 月 13 日，总降雨量普遍有 300～500 mm，部分地区达 500～800 mm。

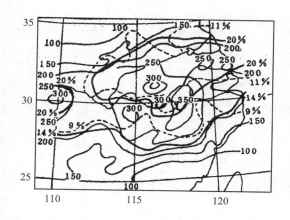

图 4.2.6 1954～1983 年梅雨期的平均降水量
（实线,单位:mm)和占年雨量的百分率(虚线)
（引自朱乾根等,《天气学原理和方法》,1992,图 7.21)

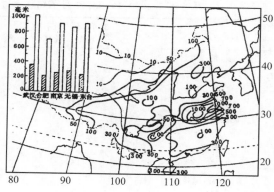

图 4.2.7 1991 年 5 月 19 日～7 月 13 日降水量图
（单位:mm)左上图所示为同期长江中下游 5 个代表站
各站降水量与该站同期常年平均降水量(斜线区)的比
较(引自朱乾根等,《天气学原理和方法》,1992,图 7.22)

1998 年主要汛期(6～8 月)内,我国主要多雨中心位于长江流域和东北西部、内蒙古东部一带,大部地区降水量较常年同期明显偏多,部分地区出现持续性的强降雨。江南北部、鄂西南、重庆、四川东部和西南部 6～8 月降水量一般有 700～900 mm,部分地区超过 1 000 mm。长江发生了 1954 年以来又一次全流域性的大洪水。嫩江、松花江发生了超历史记录的特大洪水。珠江流域的西江和闽江流域也发生了特大洪水(表 4.2.2;表 4.2.3)。总之,1998 年我国发生洪水的河湖之多,洪峰水位之高,持续时间之长,是历史上罕见的。因此,造成的洪涝灾害非常严重。截至 8 月 22 日初步统计,全国共有 22 个省(区、市)遭受了不同程度的洪涝灾害。

表 4.2.2 1998 年 6 月中下旬降水量与历史同期最大值比较(单位:mm)

站 名	1998 年 6 月中下旬降水量	历史最大值及年份	常年平均降水量
江西省:南昌	531	726(1973)	208
景德镇	621	633(1955)	213
贵溪	946	624(1995)	241
上饶	914	530(1995)	210
九江	379	394(1954)	162
南城	612	499(1967)	206
宜春	500	394(1995)	157
修水	531	655(1954)	204
湖南省:长沙	553	411(1969)	153
常德	403	423(1954)	146
福建省:浦城	783	528(1954)	275
广西省:桂林	705	584(1994)	224
蒙山	550	431(1957)	202

(引自《98 中国大洪水与气候异常》,1998,表 1.2)

表 4.2.3　1998 年 7 月下旬降水量与历史同期最大值比较（单位：mm）

站　　名	1998 年 7 月下旬降水量	历史最大值及年份	常年平均降水量
湖北省：武汉	567	314(1954)	35
黄石	792	501(1969)	41
英山	221	260(1954)	53
孝感	141	206(1954)	30
湖南省：岳阳	282	183(1987)	30
桑植	462	391(1993)	46
常德	270	162(1954)	41
芷江	158	156(1956)	43
江西省：南昌	396	140(1954)	26
婺源	911	230(1993)	57
铜鼓	624	176(1981)	49
修水	448	198(1964)	41
景德镇	298	198(1954)	37
九江	272	142(1972)	32
安徽省：安庆	227	194(1954)	46
屯溪	272	219(1954)	38
贵州省：凯里	282	147(1964)	57

（引自《98 中国大洪水与气候异常》，1998，表 1.4）

（二）环流特征

就北半球的总体长波型式而论，大体上在梅雨期以前的 5 月份里，北半球长波系统的数目常常是 3 个（间或出现 4 个，但并不是最常见的）。在这个时期，高脊和低槽的最多出现位置各年虽有不同，但大体上低槽的位置最常出现在亚洲东海岸、北美洲东海岸以及欧洲大西洋的沿岸或西欧；高脊的位置最常出现在西伯利亚西部或东欧、太平洋东部或北美洲西海岸以及大西洋东部。在梅雨开始的时期，长波系统的数目和位置便发生激烈变化。在这个转变的时期，高度廓线非常乱，很不容易确定长波的个数及位置。但到了梅雨期建立以后，在高度廓线上又明白表示出长波系统来。此时北半球长波的数目由原来的 3 个增加到 4 个，北半球长波型式的特点是在 100°E 和 180°E 附近为常定槽的位置，而在 150°E（亦即在鄂霍次克海上空）为高脊。这高脊具有 Ω 型的阻塞的性质（参考文献[1]）。

以下介绍典型梅雨的环流特征：

1. 高层　图 4.2.8 是 1973 年梅雨期间的 1 张 200 hPa 候平均图。图中在江淮上空维持 1 个暖性反气旋。在此反气旋形成的同时，其北侧的西风急流和南侧的东风急流也有明显加强的现象。这是因为反气旋环流加强了南北两侧的气压梯度，例如 1973 年当高压在长江流域稳定后，其北侧西风急流从 40 m/s 增至 60 m/s 左右，并向南移到 35°N 附近。

2. 中层　梅雨期中层（500 hPa）环流形势也是较稳定的。虽然每年梅雨期或同一梅雨的不同阶段，高空环流形势有所不同，但基本情况是一致的。就副热带地区来说，西太平洋副热带高压呈带状分布，其脊线从日本南部至我国华南，略呈东北—西南走向，在 120°E 处的脊线位置稳定在 22°N 左右。在印度东部或孟加拉湾一带有一稳定低压槽存在。这样就使长江中下游地区盛行西南风，与北方来的偏西气流之间构成一范围宽广的气流汇合区，有利于锋生并带来充沛的水汽。中纬度巴尔喀什湖及东亚东岸（河套到朝鲜之间）建立了两个稳定的浅槽，而高纬则为阻塞高压活动的地区，此处阻塞高压可分为以下 3 类：

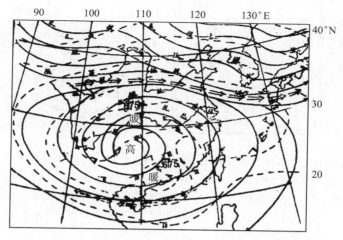

图 4.2.8　1973 年 6 月 21～25 日 08 时 200 hPa 候平均图
虚线为 200 hPa 和 500 hPa 的高度差（引自朱乾根等，《天气
学原理和方法》，1992，图 7.23）

第一类是三阻型（图 4.2.9）。在 50～70°N 的高纬地区，常有 3 个稳定的阻塞高压或高压脊。东阻塞高压位于亚洲东部勒拿河、雅库次克一带，西阻塞高压位于欧洲东部，中阻塞高压位于贝加尔湖西北方。在这些阻塞高压南部亚洲范围 35～45°N 间是一个平直强西风带，且有锋区配合，其上不断有短波槽生成东移，但不发展。冷空气路径有两支：一支从巴尔喀什湖冷槽内分裂出来，随短波槽东移，经我国新疆和河西走廊南下；另一支从贝加尔湖南下。

第二类是双阻型（图 4.2.10）。在 50～70°N 范围内有两个稳定的阻塞高压（高脊）维持。西阻塞高压位置已较第一类偏东，位于乌拉尔山附近，东阻塞高压在雅库次克附近，在这两个阻塞高压之间是一宽广的低压槽，35～40°N 是一支较平直的西风。在贝加尔湖西面的大低槽内，不断有冷空气南下。冷空气的路径有二：一支从巴尔喀什湖附近的低槽中分裂出小股冷空气经河西走廊南下；另一支从贝加尔湖南下。

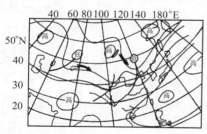

图 4.2.9　三阻型梅雨 500 hPa
形势示意图（引自朱乾根等，《天气
学原理和方法》，1992，图 7.24(a)）

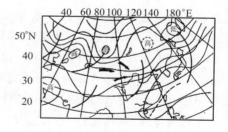

图 4.2.10　双阻型梅雨 500 hPa
形势示意图　（引自朱乾根等，《天气
学原理和方法》，1992，图 7.24(b)）

第三类是单阻型（图 4.2.11）。在 50～70°N 的亚洲地区有 1 个阻塞高压，其位置在贝加尔湖北方，此时我国东北低槽的底部可伸到江淮地区。冷空气主要是从贝加尔湖以东沿东北低压后部南下，到达长江流域。有时也有小股弱的冷空气从巴尔喀什湖移来。

在梅雨期间，上述 3 类 500 hPa 西风带环流型是互相转换的，不过在多数年份，梅雨的中期和后期容易出现第二类，即一般所称的"标准型"。

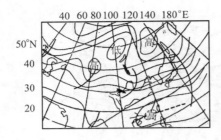 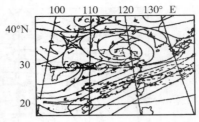

图 4.2.11 单阻型梅雨 500 hPa 形势　图 4.2.12 1973 年 6 月 22 日 08 时
示意图(引自朱乾根等,《天气学原理　　850 hPa 流线分析粗实线为切变线
和方法》,1992,图 7.24(c))　　双线箭头为低空急流轴;虚线为等风速线
　　　　　　　　　　　　　　(引自朱乾根等,《天气学原理和方法》,
　　　　　　　　　　　　　　　　　1992,图 7.25)

3. 低层　整个梅雨期间的降水天气过程,是在中层大范围纬向气流中,配合一次次短波活动所造成的,其过程大致有以下两种:

(1)地面图上,在江淮流域有静止锋停滞,在 850 hPa 或 700 hPa 上,则为江淮切变线,切变线之南并有一与之近乎平行的低空西南风急流,雨带主要位于低空急流和 700 hPa 切变线之间。如在 500 hPa 平直西风带上有较弱的低槽东移,则在低空常有西南低涡与之配合沿切变线东移,而在地面上,则会引起静止锋波动,产生江淮气旋。这种气旋是不发展的,一次次气旋活动,即产生一次次暴雨过程。图 4.2.12 即为 1973 年梅雨期间的 1 张 850 hPa 图。图中切变线上有两个低涡活动,而切变线南侧则有明显的大于 20 m/s 的低空急流。

(2)当中纬西风带上有较强的低槽东移时,静止锋波动带能发展为完好的锋面气旋,并向东北方向移动。气旋后部有较强的冷空气推动静止锋南下,使它转变为冷锋。气旋和冷锋降水之后,江淮地区天气暂时转晴。如果整个大形势没有变化,则下一个低槽冷锋活动又重新构成梅雨形势。

综合上述 3 层环流形势,概括为图 4.2.13。在低层是东北风或西北风与西南风形成的辐合上升区。中层是无辐散层。高层是辐散层,该处南北两支气流对辐散气流起着加速作用。

图 4.2.14 为 1991 年江淮流域梅雨的 6 月份环流特征。由图可见,在 500 hPa 上,45°N 以北的高纬地区高度场为明显的经向型。极涡比常年强,北美大槽、欧洲西岸槽、北美大陆北部高压脊和乌拉尔高压脊异常发展,其高度距平均达正负 80 gpm(位势米)以上。对于欧亚地区来说,西伯利亚东部雅库茨克一带的高压脊虽然相对较弱,但其高度距平也达 40 gpm 以上。贝加尔湖西侧的大槽也很明显。槽北部的高度距平达负 80 gpm 以下。上述持续稳定存在的高纬环流形势,为保证该年江淮梅雨持续稳定维持并提供了所需的冷空气供应。冷空气从乌拉尔高压脊前部不断向南输送,最后进入江淮地区。30～45°N 地带为平直西风气流,其上有短波槽不断东移,每移过 1 次短波槽,江淮地区就发生 1 次暴雨过程。在副热带地区,北半球副热带高压比常年偏强,其中,西北

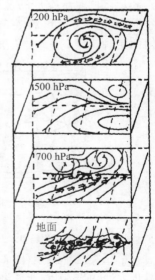

图 4.2.13 梅雨期各层环流概略图(引自朱乾根等,《天气学原理和方法》,1992,图 7.26)

太平洋副热带高压偏强已持续了 5 个月,且位置明显偏西。东亚副热带高压脊线位于 22°N 附近。在这种环流形势下,副热带高压西侧的暖湿气流与北方冷空气交绥于江淮地区,形成持续时间长,范围广大的特大暴雨。从以上中层环流形势看,1991 年 6 月的江淮梅雨是 1 次典型的双阻型梅雨形势。

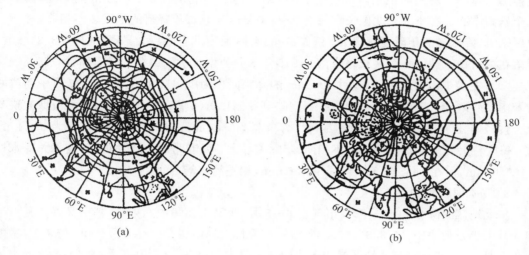

图 4.2.14　1991 年 6 月北半球 500 hPa 位势高度及距平
(a) 月平均高度场;　　　(b)距平场

(引自朱乾根等,1992,《天气学原理和方法》,图 7.27)

六、华北与东北雨季降水

7 月中旬至 8 月下旬雨带移至华北和东北地区形成本地区的雨季。华北与东北雨季降水特点与华南和江淮地区有显著不同,具有自己的特点。

(一)气候特征

华北与东北的雨季降水的气候特征有如下几方面的特点:

1. 降水强度大,持续时间短

华北、东北地处中纬地区,夏季暖湿空气北上,同时冷空气活动也很频繁,冷暖空气激烈交绥的结果造成了很强的暴雨。暴雨日雨量常在 100 mm 以上,200 mm 以上的也很多见,个别地区的日降雨量甚至达 400~500 mm。如 1963 年 8 月华北大暴雨期间,8 月 4 日位于太行山东麓的獐狁日降水量为 865 mm,8 月 7 日的完县司苍日降水量为 704 mm,8 月 8 日北京城区日降水量达到 407 mm(参考文献〔2〕)。以过程降水量计,一场暴雨达 500 mm 以上的也不少见。例如根据河北省对 1959 年以来 23 次大暴雨的调查,有 10 次都出现 500 mm 的暴雨点。中国暴雨的许多极值纪录都出现在这个地区。山西省曾出现 53.1 mm/5 min 的降水量,这种极强的雨强是国内罕见的。1975 年 8 月 7 日河南林庄出现 1 060 mm/24 h 的降水量,5~7 日 3 d 共降 1 605 mm,均创国内大陆上的最高纪录。1963 年 8 月 2~8 日河北省獐狁 7 天共降 2 051 mm,亦为我国 7 d 降水的最高纪录。1977 年 8 月 1~2 日内蒙与陕西接壤的毛乌素沙漠中的木多才当降水量达 1 400 mm,为我国沙漠暴雨中的极值。

另一方面,华北东北降水持续时间比华南、江淮要短得多,一般都在 1~3 d,最多也只 10 d

左右。降水的过程性较清楚,过程结束天气转晴朗,不像华南和江淮阴雨连续湿度大日照少。

2. 降水的局地性强,年际变化大

每年华北东北雨季的强降水区覆盖面积比华南、江淮地区要小得多。在华南和江淮地区一次强降水过程的暴雨面积东西可长达 1 000 km 以上,南北也有 2~300 km 的宽度,其中可有几个暴雨中心。在华北东北则长宽只有 2~300 km,而且每年降落的地区多不相同,对于一个地区来讲,降水量的年际变化很大。例如,1963 年 8 月河北省的特大暴雨(简称"63.8"暴雨)仅降落在太行山东麓的一个狭长地带内。1975 年 8 月河南省伏牛山特大暴雨(简称"75.8"暴雨)主要降落在伏牛山的迎风面,超过 400 mm 的降水面积为 19 410 km²。1958 年 7 月中旬黄河中游暴雨(简称"58.7"暴雨)集中出现在三门峡到花园口黄河干流区及伊、洛、沁河流域的狭窄地区。1977 年 8 月毛乌素沙漠暴雨(简称"77.8"暴雨)500 mm 以上的雨区范围仅为 900 km² 左右。每次特大暴雨降落的地区都不相同,年际差异大。再以北京为例,1959 年夏季总降水量达 1 169.9 mm,但在 1965 年夏天仅降 184.6 mm,相差约 6 倍。

3. 降水时段集中

华北地区的降水 80%~90% 出现在 6~8 月,而又主要集中在雨季,其中又以 7 月下半月和 8 月上半月最集中。"63.8","75.8","77.8"等特大暴雨皆发生在 8 月上旬。"58.7"暴雨出现在 7 月 14~19 日。东北地区暴雨多集中在 7 月中旬至 8 月中旬,几乎集中了全年降水量的 60%。

(二)环流特征

根据 1958~1976 年华北地区 33 次暴雨过程的分析,华北暴雨主要发生在东高西低或两高对峙的环流形势下。如图 4.2.15a 所示,巴尔喀什湖一带为一长波槽,当东部长波槽位于 100~110°E 之间时,对华北暴雨最有利,这时华北暴雨位于长波槽前。长波槽偏东时,华北位于高空西北气流下方,只能出现局地降水,很少出现区域性暴雨。长波槽下游高压脊或副热带高压位置的稳定性是决定降水持续时间的重要条件。当高压脊稳定于 120~140°E 时,可形成明显的下游阻挡形势,使上游低槽移速减慢或趋于停滞。如果在下游中高纬长波脊与南面副热带高压脊同相叠加时,可进一步加强下游高压的稳定性,有利于降区域性的暴雨。

当下游有高压(脊)稳定维持,同时在贝加水湖一带有长波脊发展时,可形成三高并存的环流形势,如图 4.2.15b 所示,这时日本海高压、青海高压、贝加尔湖高压同时存在,从东北至河套为深厚的低槽或切变线;南方的西南气流或低空急流不断把南方暖湿空气向华北输送;西南涡向东北方移动,进入长波槽中,在华北停滞;日本海副热带高压南侧的东南气流将太平洋上的水汽向雨区输送。这是造成华北持续性大暴雨的一种环流形势。"63.8","58.7"等特大暴雨就是出现在这种形势下。

另一种对华北暴雨有利的形势如图 4.2.15c 所示。这是在北面形成高压脊的条件下北上台风深入内陆受阻停滞或切断冷涡稳定少动造成暴雨的形势。不少大暴雨和持续性大暴雨都是由这种形势造成,如"75.8"暴雨和 1966 年 8 月暴雨等。

东北地区暴雨的环流特征是 500 hPa 上位于 110~120°E 之间的长波槽与位于 30°N 以北的副热带高压脊相结合,且中低层存在西南风急流,在急流北端产生暖锋式切变。在这种形势下,地面气旋(黄河气旋或江难气旋)活动频繁,当它移入东北时,常产生暴雨。这类暴雨占总数

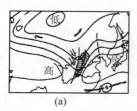 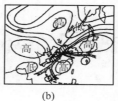 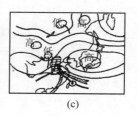

(a)   (b)   (c)

图 4.2.15 华北雨季降水或暴雨的 3 种基本环流型

空箭头表示冷空气,黑箭头表示暖湿空气,双线表示热带辐合带,阴影

区表示暴雨区 (引自朱乾根等,《天气学原理和方法》,1992,图 7.30)

的 76%。当有台风北上进入长波槽前时,常产生特大暴雨。由于产生东北暴雨的长波槽与产生华北暴雨的长波槽是同一低槽。因而这两个地区的降水同时发生,属于同一雨季。此外,高空冷涡也是华北和东北地区夏季降水和暴雨的重要环流形势。

第五章　热带大气环流与天气

第一节　热带大气环流的基本特征

一、热带环流基本状况

（一）概况

在地理学中,常把南北回归线所包围的地区称为热带。但是在天气学中,则习惯于把赤道两侧东风所控制的区域称之为热带,也即南北半球副热带高压脊线之间的地区。由于副热带高压随着季节变化而南北移动,因此热带的范围也随季节而有变化。一般而言,对北半球的冬季,副热带高压脊线在 15°N 左右,而到夏季,则北抬至 30°N 以北,这时我国长江、淮河流域可以受到热带系统的影响。

热带地区占据全球面积近 1/3 。而其中海洋面积占 3/4 以上。从全球大气能量平衡的角度看,热带是全球大气运动的能源和水汽源。众所周知,地球大气运动能量的最终来源是太阳辐射。大气一方面吸收来自太阳的直接短波辐射和地球下垫面的加热,另一方面在其上界向宇宙空间放出长波辐射。这种辐射收支在不同的纬度有很大的差别。根据气象卫星的测定,辐射收支在低纬为正值,而在中高纬则为负值。为了维持大气的能量平衡,就需要有低纬向高纬的能量输送。因此,从长期过程看,热带是大气运动的热源,而中高纬则为热汇。同样热带地区也是大气运动水汽的源地。热带地区能量状况及其分布的异常,不仅影响热带大气环流,也必将导致中高纬度大气环流和天气气候的相应变化。所以对热带环流的研究具有全球性的意义。

由于地球的自转,大气受地转偏向力的影响。f 随纬度的降低而减小,在赤道为零。因此在热带,科氏力与气压梯度力不能平衡。因此中高纬度普遍应用的地转风原理及由此建立的一整套天气学分析研究的方法在低纬就不再适用了。在常规天气图上,低纬地区气压和温度的变化都很小,梯度很弱。人们也难于从中识别和追踪热带系统。热带地区风场和气压场的变化也不相适应。这些特点给热带天气学的研究带来很大的难度。另一方面,由于热带大部分地区为海洋,给观测带来极大的不便。资料的缺乏成为热带气象学研究的又一个难点。20 世纪 70 年代以前,热带气象学大大落后于中高纬气象学。但是随着卫星探测技术的应用,广阔的洋面上可以获得必要的资料,这给热带气象的研究带来极大的有利条件。与此同时,近 20 多年来,世界气象组织及其下属机构推出了一系列国际性的热带研究及探测计划。比较重要的如 1975 年开始的大西洋热带试验（GATE）,1979 年的冬季和夏季季风试验（MONEX）,1985～1995 年的热带海洋全球大气试验（TOGA）以及正在执行的气候试验计划（CLIVER）等。这些计划的执行大大推动了热带气象学的发展,也使热带气象成为当今气象学中最活跃的研究课题之一。

（二）平均水平环流的特征

上节已经指出,低纬地区气压场与风场的关系是非地转平衡的。气压场的梯度很小,因此近年来气象学家们常用风场来描述低纬系统。我们首先给出接近海平面的 1 000 hPa 上的风

场特征。以 1 月和 7 月分别代表冬季和夏季(图 5.1.1)。在冬季的平均图上有如下几个主要
系统:亚洲大陆上强大的反气旋环流。它与该地区的冷高压相对应,是对应地区寒潮系统的主
要标志。该系统南侧的东北气流一直影响到我国南方沿海地区,并延伸至赤道地区。整个东亚、
东南亚以致印度半岛都受其控制,这就是著名的冬季风系统。太平洋和大西洋上副热带高压环
流的南侧也为稳定的东北气流,称为东北信风。在南半球地区,这时正是夏季,大洋上也为副热
带高压,其北侧为东南信风,它与北半球的信风汇合成为赤道辐合带。它一般围绕全球,冬季的
平均纬度在 5°S,但是随不同的地理位置而变化。南北半球副热带高压之间宽广的地带即为赤
道槽。

　　在夏季(图 5.1.1b),流场和气压场都有很大的变化。从印度洋、南亚、东南亚至南海及我
国沿海地区,自西向东为稳定的西南气流所控制,即为夏季西南季风。太平洋和大西洋的副热
带高压比冬季强得多。东北信风伴随着副热带高压北推至 20°N 甚至以北。南半球这时为冬
季,澳大利亚的冷高压经常以寒潮爆发的形式影响北半球。西太平洋地区的热带辐合带这时可
以北推至 10～15°N。对流层高层热带大气环流状况与低层有很大的不同,但是高低层之间有
着十分密切的关系。从 200 hPa 等压面的气压场分布看,冬季,热带地区为高压带,非洲和印度

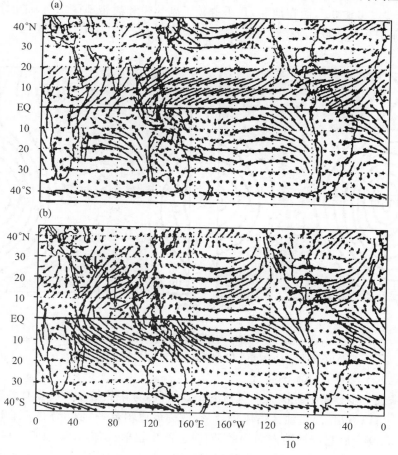

图 5.1.1　热带地区 1 000 hPa 平均风场图
(a)1 月平均;　　(b)7 月平均

洋地区较强,而太平洋地区则较弱。从流场看,副热带西风急流强而位置偏南,最大风速中心即在 200 hPa 高度上。最强的大风区位于亚洲东部日本海上空。急流自青藏高原南侧向东,在东部与极锋急流汇合,使强度剧增,中心最大风速可达 100 m/s 以上。而在北美洲南部的急流中心风速大致为 50 m/s 左右。热带东风急流这时的位置偏南。而在夏季,北半球高层副热带西风急流北移,热带地区盛行东风气流,它从热带西太平洋向西经过亚洲南部而到达非洲,它的最大风速也可在 50 m/s 以上。这支强大的东风急流在亚洲地区表现最为明显,它与亚洲极锋的活动有十分密切的联系。由此可见,热带地区大尺度环流的最主要标志即为冬季的副热带西风急流和夏季的热带东风急流。

为了更清楚地给出这两支气流的特点,用季节平均的纬向风剖面图来说明。图 5.1.2 是南北向的垂直剖面。纵坐标为气压高度,横坐标是纬度。图中的数值是纬圈平均的东西风分量的季节平均值。空白区为西风,阴影区代表东风。12~2 月的平均为北半球冬季,6~8 月则为北半球夏季。在副热带地区,不论冬、夏皆为西风,中心大体在 200 hPa 高度。冬季,北半球副热带急流强度强,向南推进至 10°N。这时东风带较为狭窄;而在夏季,西风急流北撤,东风带向北挺进,北抬至 30°N 以北。低纬地区深厚的东风带在冬夏季也有很大的不同,夏季,东风的南北纬距在 200 hPa 高度上可达 30°,而在地面,几乎占领了副热带和热带地区。东风带的风速是向上递增的,它与平流层东风相联。

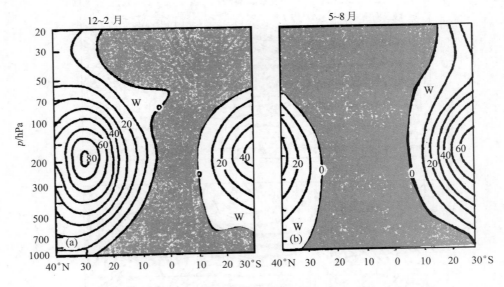

图 5.1.2　平均纬向风速剖面图(海里＊/时)

(a)冬季平均;(b)夏季平均 阴影区为东风区(阿特金森,1974)

(三)低纬地区平均垂直环流的特征

下面我们来进一步分析沿经圈方向气流的平均情况,考察热带环流的垂直结构。

从图 5.1.3 可以看出,热带地区信风辐合带(或称赤道辐合带)是气流的汇合区,在此处热带暖空气上升,到高空后它向极地方向辐散,同时也产生辐射冷却,在副热带地区形成下沉的气流。该下沉气流到达地面后,一个分支又流向赤道。因此在平均情况下,在赤道与副热带之

＊　1 海里＝1.852 km

间形成了一个热带地区上升,副热带下沉的垂直环流圈。由于该类环流圈是由哈得来
(Hadley)首先提出,因此又称哈得来环流。又因为环流是由热力所驱动,即暖空气上升,冷空气
下沉,故又称为直接环流,或正环流。图5.1.3给出冬季(图a)、夏季(图b)纬圈平均的垂直剖
面图。可以看出,不论冬、夏,从热带至副热带地区,有明显的哈得来环流圈。它在冬季较为强
大,范围也较广;夏季则较弱,所占范围略为缩小。冬季,最强的下沉区位于20~30°N左右,这
大体上正是副热带高压中心的位置。而在夏季,该中心向北推进了大约10°。从图中可以看出,
哈得来环流的上升支基本上位于夏半球,即在北半球冬季时,它向南半球延伸;而在北半球夏
季时,则向北半球推进。

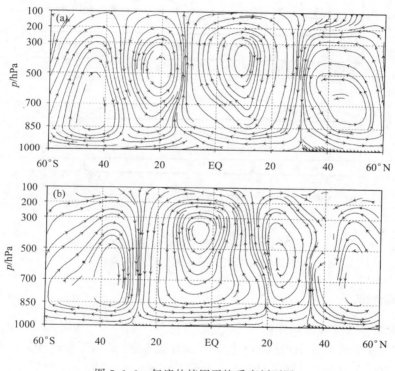

图5.1.3　气流的纬圈平均垂直剖面图
(a)冬季平均;　　(b)夏季平均

哈得来环流的存在对于热带地区向极地输送热量、角动量,维持地气系统物理量的平衡起
到了十分重要的作用。

哈得来环流的强度和位置随着地理位置和季节有很大的差异。差异最大的地区当数亚洲
季风区。在冬季,该地区的哈得来环流大体与平均情况相似;而夏季,情况则有很大的不同:这
时亚洲低纬地区都为宽广的上升气流所控制,这显然是季风活动的结果。它与南半球的下沉支
构成了一个与哈得来环流相反的垂直环流,这就是季风环流圈。它与纬圈平均场上的哈得来环
流是完全不同的。北美和北非等地区的局地哈得来环流也都有各自的特点,有的地区甚至不存
在闭合的哈得来环流圈。

上面介绍的是一种经向对称的平均垂直环流。在热带地区还存在着另一种纬向不对称的
垂直环流圈。早在20世纪60年代,皮耶克尼斯(Bjerknes)就指出:由于海温纬向分布的不均

匀,因此在热带地区,存在一个纬向的垂直环流圈。它的上升支在赤道西太平洋,这儿正是海水的暖池区,海面温度较高;气流在太平洋的中、东部下沉,这里是常年的冷水区。这种环流圈后来又称之为瓦克(Walker)环流。克里希纳莫蒂(Krishnamurti)为此做了进一步计算和分析,给出了理想的瓦克环流的图像,如图 5.1.4 所示。可以看出,不论冬季或夏季,在热带西太平洋的大致为印度尼西亚的经度带上,都是上升气流。以后向东西两侧流去,形成几个闭合的方向相反的垂直环流圈。这些环流圈的方向在冬、夏季有很大的差别。以后又有不少学者对不同地区不同年份的纬向环流进行过计算,得到了许多新的事实,修正和补充了理想的图像。

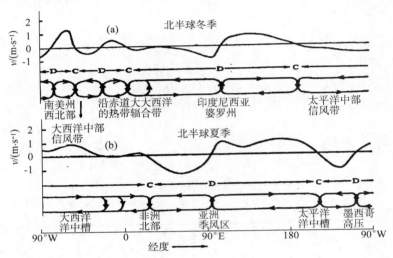

图 5.1.4　北半球东西向垂直环流圈
(a)冬季平均;(b)夏季平均 (克里希纳莫蒂,1971b)

二、赤道辐合带

(一) 赤道辐合带及其活动规律

赤道辐合带是热带对流层低层的一种大尺度环流系统,又称热带辐合带。为了简明,气象学中经常使用它的英文缩写 ITCZ (Intertropical Convergence Zone)。气压场上它是南北两半球副热带高压之间宽阔的低压带(又称赤道槽),而在流场上它是两支偏东信风的辐合带。赤道辐合带常常围绕地球,它的活动、强弱及位置变化极大地影响热带地区的天气。人们常用气流的辐合来描述它。自从卫星资料日益增多后,天气学工作者用卫星探测到的云顶温度(TBB)资料或是大气射出长波辐射,简称 OLR(Outgoing Longwave Radiation)来描述赤道辐合带的强度和位置。这两个物理量是反映云顶或下垫面的温度的。由于赤道辐合带内气流辐合上升,形成强烈的对流,产生云系。云系发展的旺盛程度代表了辐合带的强度。云系向上伸展越高,OLR 或 TBB 的值就越低。现在常用它和卫星云图来确定赤道辐合带的位置。图 5.1.5 为用OLR 所描述的赤道辐合带的气候平均图。OLR 极小值(代表对流强)的连线即为赤道辐合带。它与风场所确定的位置(见图 5.1.1)是吻合的。从图可见,在西太平洋的 2.5°S 处还有一条辐合带,这说明热带地区经常会出现双赤道辐合带。

从地面风场的特征出发,赤道辐合带又可以分成无风带和信风带。前者基本上是静风区,

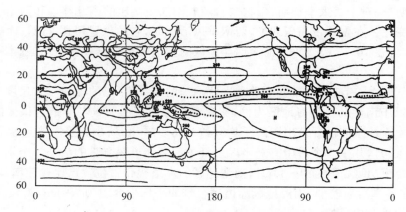

图 5.1.5　由 OLR 所描述的平均赤道辐合带位置

点线为赤道辐合带位置(蒋尚城等,1990)

它由北半球的东北信风和赤道西风所组成,它是东西风的过渡带;后者则为东北信风和东南信风的汇合带。图 5.1.6 给出了它们的模式和各组成辐合带的风系。

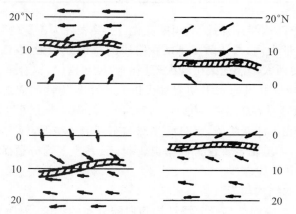

图 5.1.6　南北半球赤道辐合带模式

(梁必骐等,1990)

赤道辐合带的平均位置在全球各个地区是很不同的。一般三大洋的差别较小,而大陆上的差别则较大。表 5.1.1 是各地区赤道辐合带的平均位置及其强度。表中取 OLR $\leqslant$ 240 W/m^2 作为赤道辐合带轴线的位置。可见在海洋上,大致围绕纬圈,在赤道附近的 5～6°N 之间;而在大陆,则较靠近赤道。强度以西太平洋最强,而北大西洋则较弱。

表 5.1.1　不同地区赤道辐合带的位置和强度(梁必骐等,1990)

地区	大西洋 10～40°W	东太平洋 172～580°W	西太平洋 120°E～170°W		印度洋 65～90°E	非洲 5～33°E	南美洲 52.5～80°W
位置	5.6°N	6°N	6°N	5°S	5°S	2°N	2°S
强度(W/m^2)	237	234	226	220	230	221	221

赤道辐合带的季节变化也很明显,它随着副热带高压冬、夏季位置的移动而变化。从全球平均看,在 1 月,平均位置在 5°S;而在 7 月则在 12～15°N 之间。当副热带高压位置较为偏北时,中南半岛及南海地区的赤道辐合带可在 15～25°N 之间摆动。不同地区赤道辐合带位置的

季节差别也很明显.对于西太平洋而言,它常常随着副热带高压的南北移动和西南季风的活动而发生位置的变化.在副热带高压北推,西南季风活跃时,它的位置可达 25°N;而到冬季则比平均位置偏南,可在 10～15°S 之间.而大西洋地区的赤道辐合带则较稳定,它基本上在北半球摆动.

在每日天气图上,赤道辐合带并不总是围绕地球的连续带.它的出现与大尺度环流和天气的变化有关.以中南半岛及南海地区为例,赤道辐合带出现的频数与季节有很大的关系.表 5.1.2 是该地区各月赤道辐合带出现的平均频数.可以看出,秋季和夏季赤道辐合带最为活跃,尤其是 7～11 月,几乎 1 个月中有一半以上日子都有赤道辐合带的活动.个别年中有时天天会有赤道辐合带出现.但在 10～11 月,南海地区的赤道辐合带位置已比较偏南,大体到了南海的南部.而在冬季活动较少.南海地区赤道辐合带的平均生命史为 7～8 d,最长可有 15 d 以上.仍以夏季的生命史最长.

表 5.1.2　南海地区赤道辐合带各月的平均频数(梁必骐等,1990)

月	1	2	3	4	5	6	7	8	9	10	11	12
平均日数	0	0	1.2	6.5	7.8	7.8	13.9	18.9	17.7	19.1	17.6	9.1

赤道辐合带常常有活跃与不活跃的短期变化.主要表现为位置的移动,强度的变化等.以西太平洋的赤道辐合带为例,其活跃与不活跃阶段的特征分别为:在活跃阶段,南半球寒潮爆发强烈并越过赤道,使西太平洋地区出现大范围的西风和南风,辐合带北抬.由于南北半球气流的相互作用,使辐合带上风的水平切变加大以致产生气旋性的涡旋,发展大范围的对流云系.在这个阶段,台风容易在辐合带中形成.有时在一条辐合带上可以发现有几个发展程度不同的台风同时存在.在不活跃阶段,来自南半球的东南信风减弱,西太平洋地区低层为副热带高压南侧的东北信风,赤道辐合带位置偏南也较弱.云系主要为分散而小块的信风云系.这时西太平洋台风的活动相对也较少.

(二)赤道辐合带的结构与天气

赤道辐合带的三维空间结构受流场结构和海陆分布的影响,因而不同地区存在很大的差异.对中南半岛和南海地区大量的个例进行综合分析发现,这一地区的赤道辐合带随高度向南倾斜,也有几乎是垂直的,很少向北倾斜.辐合带两侧的温差很小,一般不超过 3 ℃.因此它不具备锋面的结构特征.从温度场的垂直结构看,低层偏冷,中高层偏暖,而在对流层顶附近有冷中心相对应.大西洋和东太平洋的赤道辐合带在低层和高层皆为暖性的,而在对流层中层则为冷性结构,这时与南海地区的赤道辐合带不同.南海地区的赤道辐合带上有强烈的水汽辐合,最大辐合层在 700～500 hPa 之间,这也是最大凝结加热的层次.

图 5.1.7 为综合得到的南海地区赤道辐合带的结构模式.在低层,为一偏东风和偏西风的切变流场,风速在两侧最大,在辐合带中心为静风区;而高层则为偏东风的反气旋环流.在垂直方向,气流由南部两侧向辐合带汇合而产生很强的上升运动,造成很强的对流活动.上升气流在高层向南北两侧辐散,分别与低层构成两个方向相反的垂直环流圈.

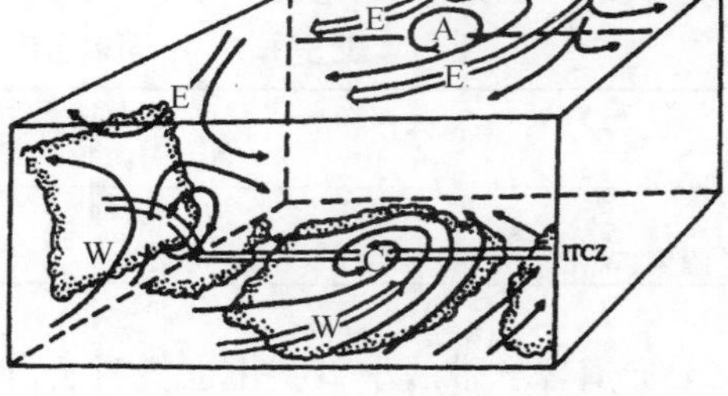

图 5.1.7　南海地区赤道辐合带的结构模式

(梁必骐等,1990)

赤道辐合带是一个低层辐合高层辐散的系统，又由于发生在热带地区，有充沛的水汽，因而具备对流天气发生的良好条件。在卫星云图上赤道辐合带即表现为一条长长的对流云带，东西可绵延几千公里。在赤道辐合带上常常有热带涡旋及台风生成和发展。围绕辐合带的对流云其宽度可达数百公里，降雨区的范围也可达 200～800 km。

三、热带波动与涡旋

上面介绍的是热带地区大尺度环流的特征，而在热带的大型环流中常出现天气尺度或次天气尺度的波动和涡旋。如季风低压、热带气旋、台风以及东风波、赤道反气旋等。前三者由于伴随强烈天气，并对中高纬度的天气和环流影响极大，将在下面作专门的介绍，本节着重讨论东风波与赤道反气旋。

（一）东风波

在副热带地区，对流层低层为东风气流。其上经常出现气旋性扰动，这种扰动自东向西传播。这是一种扰动波动，由于发生在东风气流中，因此称之为东风波。锐尔(Riehl)依据加勒比海地区的扰动最早提出了东风波的概念。东风波可以伸展至对流层中层，而最大振幅一般在低层。北半球扰动地区几乎都有东风波的活动，只是不同地区有不同的名称。如与赤道辐合带相联系的称为赤道波，发生在非洲扰动地区的则称为非洲波等。

经典的东风波模式即如图 5.1.8 所示。它是由锐尔综合后提出的。其主要特点是：东风波的轴线(槽线)随高度向东倾斜，它在对流层中低层最强，在地面上不很明显，只有很强的东风波在地面有负变压区或降水出现。在槽线西部为辐散下沉区，东部则为辐合上升区，所以槽前为好天气，而槽后则是降水区。东风波的温度梯度并不明显，冷中心位于槽后。但是，许多研究表明，这种经典的东风波模式并不常常出现。锐尔在他后来的工作中也证明，东风波的结构是多种多样，十分复杂的，甚至在槽的西边还会出现辐合和降水。弗兰克(Flank)等在研究北大西洋的东风波时根据大量的卫星云图资料给出了另一种东风波的模型，即倒"V"字云型模式。其云系排列呈倒 V 字状，它与低层风的切变方向大体一致，倒 V 字状云系的走向与东风气流一致，在向西移动过程中云系逐渐变平和模糊。这种东风波模式与锐尔的经典模式是有很大不同的。

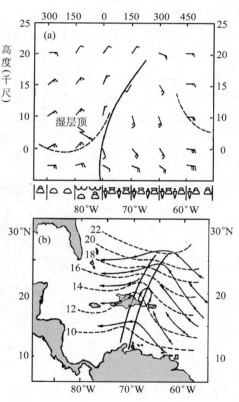

图 5.1.8　经典的东风波模式
(a) 东西向剖面；(b) 高空流线(实线)与地面等压线(虚线)(梁必骐等，1990)

影响我国的东风波系统主要来自西太平洋，少部分则是在近海地区生成的。它发生在副热带高压南侧深厚的东风气流中。东风波西传可以影响我国的华南、华东及沿海地区。当副热带高压位置偏北且较稳定时，它甚至还会深入至高原的东侧。

由西太平洋西传的东风波在进入季风区以后，受西南气流的影响，会受到减弱甚至消失，但这时高层的东风波仍很明显。在季风季节中,南海地区高空的东风气流中常常有东风波的活动,它影响我国沿海地区的天气,有时也会西传影响东南亚甚至印度地区。

影响我国的东风波大致可以分为 3 类:(1)深厚的东风波。这类东风波的垂直伸展可达 12 km 以上。它的结构与锐尔的经典模式相反。它的波轴随高度向西倾斜,暖湿和对流不稳定区位于槽前,这里也是对流天气的发生区;而槽后则为干冷区。(2)中低层东风波。东风波主要出现在 500 hPa 以下。这类东风波的结构与经典模式比较一致。辐合上升及相应的对流天气主要位于槽后。(3)高层东风波。在夏季的西南季风区,高层盛行东风气流,这时在高层仍可发现活跃的东风波。有时西太平洋上深厚的东风波西传至季风区时,高空也可有东风波继续活动。这类东风波的结构与第(1)类相似。

东风波的天气主要是由波动引起的对流性降水。一般情况下降水量并不大,但当它与西南季风相遇或与其他天气系统相互作用时,就会产生较强的降水。

(二)赤道反气旋

很早人们就发现在低纬热带地区,对流层低层存在着反气旋环流。它出现在赤道槽向北推进的时候。随着卫星观测资料的增加,对赤道反气旋有了更多的了解。人们发现,在赤道辐合带上常常出现少云或云带的断裂区,它位于赤道辐合带靠赤道的一侧。这就是低层高压脊或反气旋所在的位置。我们知道,当气流由南半球向北越过赤道时,受地转偏向力的作用,就会向东而出现反气旋式旋转。这种气流改变方向的转换带称之为赤道缓冲带。赤道缓冲带实际上是一个高气压的反气旋带。在运动的条件下它可以发展加强,出现反气旋的环流结构,形成赤道反气旋。图 5.1.9 是北太平洋东部 1 次赤道反气旋实例,这是用地面流线来描述的。图中标有

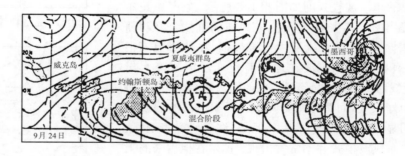

图 5.1.9　1967 年 9 月 24 日北太平洋东部的赤道反气旋过程

(阿特金森,1974)

A 的即为赤道反气旋。可以看出,它是赤道辐合带断裂带中的一个系统。这次过程历时 15 d,它在缓冲带的不同部位经历了发生、发展、移动和消亡的过程。它的移动速度大致为20 km/h。由于赤道反气旋的生命史大体为 2 周,因此,在太平洋的赤道地区常常可以两个赤道反气旋同时存在,它们处于不同的发展阶段。藤田(Fujita)等利用卫星及常规资料总结出了夏季北太平洋地区移动性的赤道反气旋发生、发展的模式。图 5.1.10 即为赤道反气旋生命史 6 个阶段的发展过程,他描述如下:

(1)推进阶段:南半球大范围的越赤道气流向北越过赤道向北推进,使赤道辐合带相应的云带在该地区北凸。南北半球气流相互作用的结果是使水平风速切变和气旋性涡度增大,从而有扰动气旋的发生、发展。

（2）转向阶段：越赤道气流在地转偏向力的作用下，产生反气旋涡度，气流转向东、向南。这时上阶段形成的热带气旋从赤道辐合带中移出。

（3）切断阶段：反气旋环流形成，赤道辐合带的云系出现断裂，在赤道反气旋中心附近出现相对的晴空区。

（4）混合阶段：由于赤道辐合带的断裂，使北半球信风进入反气旋的南部，南北半球空气围绕着反气旋发生相互混合。

（5）爆发阶段：在赤道反气旋向西北方向推进时，在其前沿产生很强的辐合，促使热带云团突然爆发增强，形成所谓爆发性云带，并可伴有暴雨天气。1～2 d 后即会瓦解成小的云团。

（6）相互作用阶段：爆发性云团瓦解后，它东南侧的偏南气流仍然维持较强的势力。它阻挡了来自中纬度冷空气的南下，并可使冷锋产生波动。

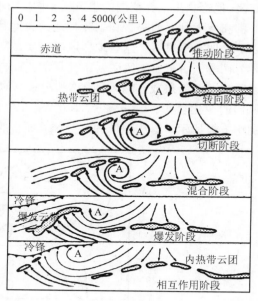

图 5.1.10　北太平洋东部赤道反气旋
发展的 6 个阶段　　（阿特金森，1974）

赤道反气旋对北半球夏季热带地区的环流和天气有很大影响，它一般联系着少云和晴好天气。它的云系特征与副热带高压的云系比较接近。因此在赤道反气旋控制时期，常常会使季风中断，对流受到很大抑制，甚至使个别地区出现干旱等现象。而在它的西边缘，西南季风会得到加强，从而使对流云发展，甚至发展成台风。从上面的模式可见，赤道反气旋的形成与南半球寒潮爆发的气流向北推进有关。但也有人指出，它还可能与局地海域的冷的海表涡度有关。

与我国华南天气有密切关系的南海及西太平洋地区的赤道反气旋较为浅薄，大约在 700 hPa 以下，水平尺度为 1 500～2 000 km 左右，轴线向西北倾斜。当它控制南海地区时，会使季风减弱。而其北侧的西南风则加强，有利于赤道辐合带的加强。

由于热带地区尤其是热带洋面上资料的缺乏，目前对热带系统的研究仍不够深入。近 20 年来，世界气象组织及各国气象学家们陆续开展了规模不等的热带加密观测，以获取更多的非常规资料。这些现场观测的开展，无疑对深入了解热带扰动的特征有极大的推动作用。

第二节　亚洲季风环流

一、季风及季风环流系统

（一）季风的定义及地理分布

季风是一个古老的概念。一般来说是指冬、夏季有明显的盛行气流，且在冬季和夏季呈相反的风向。在冬季盛行偏北风，而在夏季则盛行偏南风。随着风向的改变，天气、气候也发生相应的变化。早在 20 世纪 50 年代，赫洛莫夫（Хоромов）就根据地面风向的变化给出季风区的定义。他提出在冬季（1 月）和夏季（7 月）的地面盛行风向之间的夹角至少大于 120°，且季风指数 I 达到 40%以上的地区为季风区。其中指数 I 为冬季和夏季盛行风出现频率的平均值。根据此定义,他绘制出世界范围的季风区。图 5.2.1 为季风区的范围和地面风转换示意图。在亚洲、非洲和澳大利亚的热带和副热带地区为世界上最大的季风区。其中东亚及沿海、南亚、东非和西非为明显季风区。这些地区风场主要表现为:冬季盛行东北风,这时为干季;夏季为西南风,则为雨季。而东亚季风区则比较复杂:冬季在 30°N 以北以西北风为主,以南则以东北风为主。夏季盛行西南风或东南风。干季和雨季的对比没有南亚地区明显。拉梅奇(Ramage)根据盛行风向的变化,定义 25°S～35°N,30°W～170°E 范围为季风区,并划分出 6 个主要的季风区,如图中方框所示。这些地区约占全球总面积的 1/4。

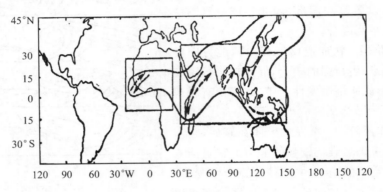

图 5.2.1　世界季风区域分布图
虚箭头为北半球夏季风,实箭头为北半球冬季风(梁必骐等,1990)

　　季风活动造成的干旱或洪涝直接影响人民的生活,所以研究季风活动规律对国民经济和社会发展有密切的关系,一直受到气象学家的高度重视。近 20 年来,季风气象学有了很大的发展。20 世纪 70 年代末以来,进行了一系列世界性的季风科学试验,如 1978～1979 年冬、夏季风试验——MONEX,1985～1995 年的热带海洋全球地区试验——TOGA 就是两次十分重要的研究计划。通过这些工作,取得了丰富的研究成果,建立了许多关于季风成因,演变规律和天气气候变化的理论。其中最重要的是认识到季风活动不仅仅是一种局地现象,它联系着全球环流的变化。由此提出季风环流是全球地区环流系统的一个重要组成部分,季风的发生,短、中期振荡及季节内、年际变化等均与全球地区环流的变化有关。从全球观点看,热带是大气环流的水汽、热量和角动量源,而季风,特别是北半球夏季风活动的区域主要是在热带和副热带地区。因此季风活动对于地球大气环流的维持,以及在高、低纬度相互作用中起着不可缺少的重要作用。

　　亚洲地区是世界上最重要的季风区。不仅它的季风特征明显,且与全球环流系统、天气气候都有十分密切的关系,因此成为近代热带气象学的一个热点。本章也主要介绍亚洲季风的基本特征。

　　(二) 季风形成的基本因子

　　季风是一种行星尺度的大型风系的季节性交替,这种风向的季节转换必定与大气季节性的热力状态的改变有十分密切的关系。就季风形成的基本因子而言大体上可以归纳为太阳辐射与海陆分布及大地形热力和动力作用等 3 个方面。

　　1. 太阳辐射分布随季节的变化

　　大气环流最终的能量来源来自太阳辐射。地球下垫面南北方向如赤道与极地接受太阳辐射的差异以及季节的变化支配着大气环流的季节变化,以及行星风系的季节性位移,这是季风形成最基本的因素。太阳辐射加热地球的下垫面,然后通过感热交换与地表的长波辐射加热大气,而太阳对地球的直射角是随季节而变动的。因而造成了加热的经度梯度的季节性变化,从而造成行星风系季节性的方向更替。

2. 海陆热力差异

由于海洋和陆地热容量的差异。在夏季太阳辐射强时,陆地吸收太阳辐射增温快于海洋,以使它温度高于海洋;而在冬季则相反。因此在夏季陆地成为大气的热源,海洋则为冷源,而冬季则相反。由于与热源分布相应的气压梯度力的作用,在夏季,一般情况下,风由海洋吹向大陆,而在冬季,则由大陆吹向海洋。形成了季风气流,对于广阔的亚洲大陆而言,它与海洋之间的温差越大,季节变化也越大,夏季亚洲大陆气温比海洋高,成为热低压控制的地区,南侧即为海洋上吹过来的偏南气流是为亚洲夏季风;而冬季,亚洲大陆由冷高压控制,它的偏北风气流则吹向海洋,即为亚洲东北季风。

3. 大地形的动力和热力作用

大尺度地形特别是高原地形对季风环流有很大的影响,与海陆的热力差异类似,高原地形造成它与周围大气之间热力上的不同,青藏高原对亚洲季风的影响就是十分典型的例子。青藏高原对于其周围的自由大气而言,在夏季为一个热源,而在冬季则为冷源,在冬季,高原成了南亚地区东北季风的屏障;而在夏季由于高原成为一个巨大的空中热源,使亚洲季风的高度和强度都有增强。而且由于高原地形的共同作用使原有的季风环流的结构更为复杂。

除了上述 3 个基本的季风形成因子外,尚有南北半球相互作用,降水潜热分布的影响等,在下面的介绍中将会涉及到这些有关的问题。

(三) 季风环流的配置

季风气流是行星环流系统的一部分。因此这支特殊的气流必定与其周围其他的环流系统发生紧密的联系。图 5.2.2 给出了冬、夏季风环流所关联的系统,实际上这也是组成季风的主要成员。因而有时也称之为季风系统。图 5.2.2a 和 5.2.2b 是经典的亚洲冬季风和夏季风的概略图,图中虚线表示高空相应的气流和系统。由图可见,对亚洲冬季风而言与它有关联的季风成员有:西伯利亚高压;低纬印度尼西亚附近的季风槽;西太平洋副热带高压;相应的副热带急流以及东北季风气流和季风冷涌。中高纬地区的大尺度冷高压是冬季风的主要源地,它的反气旋环流造成东北向的气流向低纬挺进。赤道地区季风槽融汇了冬季风冷涌与南半球澳大利亚北部和印度尼西亚地区的夏季风,在那里产生极强的对流,它的强弱又会影响到北半球的冬季风。对流层中高层的副热带高压和副热带急流也直接影响冬季风的强弱以及冬季风环流的结构。

图 5.2.2b 和 5.2.2c 则是亚洲夏季风的主要成员,根据我国气象学家的研究,亚洲夏季风有两个相互独立又相互联系的子系统,即印度季风与东亚季风,两者之间在特征及成员构成上有很多不同之处。图 5.2.2b 为印度夏季风的情况。可以看出它的主要成员为印度洋上的马斯克林高压,索马里低空急流(又称东非急流),印度季风槽,热带东风急流以及西南季风气流。从示意图可看到,南半球马斯克林高压外围的偏东气流在向西越过赤道时南风加速并在东非沿岸形成低空急流。由于地转偏向力的作用而向东偏转。越过阿拉伯海而影响印度,它在印度地区与偏东信风辐合形成季风槽。印度季风槽的活动可以影响西南气流的强度。

图 5.2.2c 则为东亚夏季风的情况,可以看出,它的情况比印度季风要略为复杂。它的主要

成员不仅包括了热带及南半球地区的系统如澳大利亚高压,南海地区的越赤道气流,以及南海季风槽和赤道辐合带,也有副热带地区的西太平洋副热带高压,在高空则有东风急流相配合,而印度季风向东伸展可以到达南海与我国华南地区,它也是东亚季风的一个主要来源。由此配置可见,印度夏季风与东亚夏季风之间有着十分紧密的联系,但又有很多的不同之处。

从以上季风系统的配置可以看出,海陆热力差异对季风的影响是十分明显的,在冬季,亚洲大陆的冷源与西太平洋及南海地区的热源分别使亚洲大陆维持了冷空气的下沉辐散气流以及相应的晴好干燥天气;而在海洋地区的则为暖湿辐合上升气流构成的云雨区。而在夏季风期间,则为南亚大陆包括青藏高原(对东亚季风则为东亚大陆)的热源及南半球海洋(如马斯克林高压区,对东亚季风来说为热带西太平洋)的冷源。他们分别驱动了季风环流圈的上升支与下沉支。

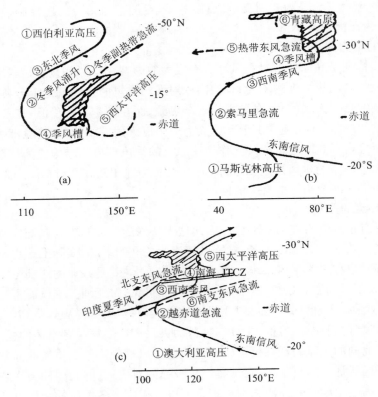

图 5.2.2　季风环流系统结构概略图
(a)冬季风；　(b)印度夏季风；　(c)东亚夏季风　(梁必骐等,1990)

二、冬季风环流

冬季风是季风系统中一个重要的组成部分,它的控制面积大,影响时间长。它的异常不仅带来冷害、大风等灾害天气,从环流角度看也是北半球冬季最活跃的系统。东亚地区的冬季风活动不仅引起东亚大陆天气的变化,还会影响到马来西亚、印度尼西亚以及澳大利亚等地汛期的旱涝。东亚冬季风建立后并不是稳定不变的,而是随着冷空气的爆发、间隙和加强而变化。它的变异必然会产生全球的影响.近年来,人们还发现冬季风异常对后期环流的变化存在着隔季的相关.冬季风的频繁爆发会导致海洋热状态的改变而与 El Niño 现象发生一定的联系.总之,冬季风问题的重要性已经受到越来越多气象学家的关注,从各个不同侧面取得很大的成果.

（一）冬季风的基本特征

北半球冬季,亚洲大陆的低层为强大的冷高压控制,它的中心大体位于中高纬度的西伯利亚地区.但随着环流系统的调整,经常离开源地向南移动,影响蒙古及我国地区,引起局地的大风和降温,造成寒潮天气过程.在冷高压的东侧和南侧为较强的偏北气流,它从我国的东南沿海经中南半岛、孟加拉湾至印度半岛,控制大部分亚洲地区,这就是亚洲的冬季风,有时也称东亚冬季风.

图 5.2.3 为多年平均的 1 000 hPa 风场矢量图.这是冬季的季节平均,用上一年的 12 月和当年 1 月、2 月 3 个月进行平均代表冬季（为了简明,气象学中通用简略符号 DJF）.从图中可以看到,在北半球亚洲地区,盛行风皆为偏北风.风速较大的有三支强东北气流.分别位于亚洲大陆及沿海至菲律宾及印度尼西亚地区,孟加拉湾及印度半岛以及阿拉伯海至东非.其中尤以东亚地区的冬季风影响范围最大,强度最强,是人们重点研究的对象.

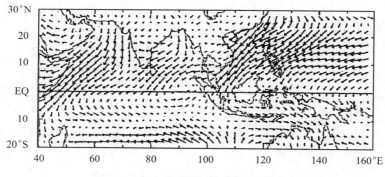

图 5.2.3　冬季平均的 1 000 hPa 风矢量图

从图可见,在冬季中纬度东亚大陆为一个反气旋环流中心,大致在 35°N 左右,与之对应的气压场和温度场上即为冷高压.在它的东侧为极强的东北气流,它从渤海－黄海一直伸向南海至马来西亚地区,在热带地区与东北信风带相汇合.这支东北风在大约 105°E 经度上向南越过赤道进入南半球.由于地转偏向力的作用,将向东折向与该地区的赤道槽相汇合.在该地区形成极强的辐合上升气流,形成降水区.东亚冬季风在越过赤道折向后,它的西北气流影响印度尼西亚及澳大利亚北部,成为该地区夏季风的一个成员.

上面讨论的是冬季风的平均情况,实际上在整个冬季,它不总是处于爆发的状态,当西伯利亚冷高压向南推进,并影响东亚地区,形成降温大风过程时为冬季风爆发,或其活跃期.而有时则处于中断期,这时上述的基本特征就不明显或较弱了.

强冬季风期与弱冬季风期的环流特征有很大的差别,图 5.2.4 是由 7 个强冬季风年和 7 个弱冬季风年 500 hPa 高度场的距平的合成.图 5.2.4a 为强冬季风的中高纬环流距平的形势与图 5.2.4c 的多年平均高度场相比较即可看出,中高纬地区环流经向度增大,在乌拉尔地区和太平洋地区的平均长波脊的位置上出现了正距平区,指示这脊的加强和北伸;而东亚大槽的位置上则为负距平区,说明槽的加深和南扩.这时西太平洋副热带高压也偏弱.这种形势是十

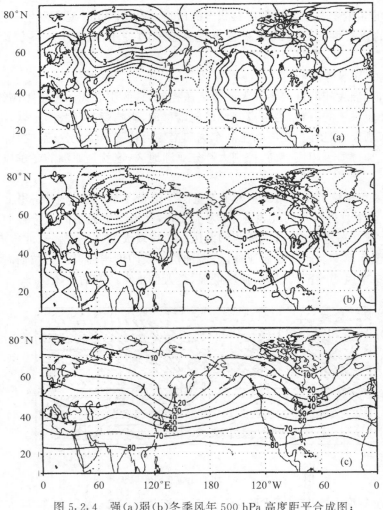

图 5.2.4　强(a)弱(b)冬季风年 500 hPa 高度距平合成图；
(c)多年平均 500 hPa 高度场分布　(陈隽等,1999)

分有利于冬季风的爆发与寒潮南下的。而当冬季风偏弱年,情况则正相反。图 5.2.4b 中高度距平的符号与图 5.2.4a 图正相反,说明这时西风环流经向度较小,槽脊发展不强,而副热带高压则较强。

在强的冬季风与弱的冬季风过程中,热带环流也有显著的差别,这将在下节作详细介绍。

(二) 冬季风与冷涌

东亚冬季风由西伯利亚源地向南爆发侵入东亚大陆而造成大风降温时,习惯上称之为寒潮(cold wave),而当它向低纬推进造成热带地区大风和天气变化时,则称之为冷涌(cold surge)。对于冷涌曾经有不少的定义。大体上从偏北风的强度,降温幅度,南北气压差三个方面来定义一次冷涌过程。但是最重要的因子应是偏北风的强弱。对于大多数冷涌过程由于冷空气南下时受下垫面热交换的影响,气团温度升高较快,因此降温常常不是主要的标志。

有人曾用风速大于 5 m/s 的北风作为主要依据来定义冷涌,发现在西太平洋和南海地区有两个主要的冷涌多发区:从东海到南海的东亚沿岸以及菲律宾群岛以西的西太平洋地区,其中最强的冷涌出现在东海和南海。

张智北(C-P Chang)等根据冬季风试验期的资料指出,许多冷涌在其向赤道地区推进时都可分为两个阶段:第一阶段的特征是有显著的气压上升,第二阶段则为湿度(露点温度)的急剧下降。每个阶段都伴有偏北风的加强。研究结果表明,第二阶段常伴有锋面过境,移速约为 11 m/s,与中高层的引导气流的速度一致。在天气图和云图上很容易被识别。而第一阶段则并不伴随有明显的天气现象,它的传播速度较快,约 40 m/s,发展较为深厚。风具有明显的非地转的特征。因此它具有天气尺度重力波的特征。为此人们确立了冬季风冷涌的重力波性质。这两个阶段的气象要素的变化也是很不一样的。图 5.2.5 为冷涌经过香港站与其南部的南沙站时两个阶段的气压,温度,湿度和风速变化的平均状态。虚线即为冷涌的第一阶段(前缘阶段)的情况。可以看到在第一阶段,南北两站的气压变化是一致的,但到锋面过境的第二阶段,南沙

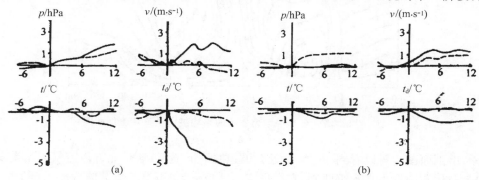

图 5.2.5　冷涌过境时各要素的变化

(a)香港;(b)南沙(C-P Chang,1983)

站已无升压的现象。这说明,冷涌在向南移动时,已逐渐失去了锋面的特征。关于冷涌的第一阶段所表现出的重力波的特征已为许多诊断分析及数值试验的研究所证实。

(三)冬季风与中低纬环流的相互作用

1. 冬季风与低纬对流活动

在冬季风时期,印度半岛地区进入了干旱的天气。但是在南海及赤道西太平洋地区则不同,该地区的对流活跃,阴雨天气增多。这是与上述的冷涌活动有直接关系的。冷涌活动在热带西太平洋的暖海水区激发出很强的对流活动。

从图 5.2.3 已经可以看到:冬季风冷涌到达低纬地区后,使南海及菲律宾地区出现了低层气流的辐合,这必然使该地区出现对流上升的增强。TBB(云顶黑体温度)是一个描述对流活动强度的物理量。当对流发展旺盛时,云顶温度降低。图 5.2.6 给出冬季平均的 TBB 分布。可以看到在赤道及其以南,南海至印度尼西亚地区,有一个小值区,其值在 270K 以下。这正是强对流活动区。当冬季风爆发,冷涌加强时,这个平均对流区会加强,且位置向北移至北半球菲律宾一带。对流的加强往往发生在北方寒

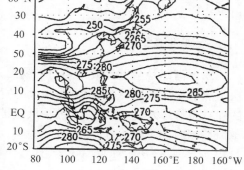

图 5.2.6　热带地区 TBB 多年平均水平分布图(陈隽等,1999)

潮爆发的两三天以后。

2. 冬季风与低纬度大尺度环流的关系

从图5.2.3可见亚洲冬季东北风气流不仅向南爆发,还与热带大尺度环流场紧密相连。在它的东侧为东太平洋地区的偏东信风。冬季风爆发和加强时,这支信风也相应加强。形成明显的低层辐散气流而在冬季风偏弱时,信风也相对减弱。东亚冬季风的存在,使得局地哈德莱环流有了明显的变化。图5.2.7为冬季风频繁发生时的(120～135°E)平均的经向垂直环流的高

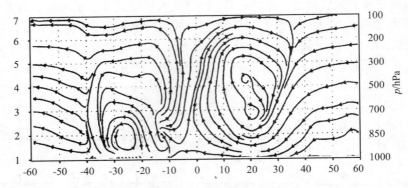

图 5.2.7　冬季风频繁发生时平均经向垂直环流剖面图
沿 120～130°E 平均(陈隽等,1999)

度—纬度剖面图。可以看到,30°N附近有极强的下沉气流,这是北方冷空气向南爆发的标志。而强上升运动则发生在赤道两侧,它在高空向北流去,与下沉气流共同构成了典型的哈德莱环流。在冬季风强而频繁爆发时,30°N附近的下沉气流与赤道地区的上升运动显著地强于弱季风的情况;而其下沉支的位置也比平均的要偏南5个纬距,即北方冷空气向南推进的幅度要大;而在较弱的冬季风或冬季风中断的情况下,下沉气流在低纬大致位于30～40°N之间,其位置则也要偏北5个纬距。环流强度也远不如冬季活跃期的情况。图5.2.7中强烈的上升气流正处于赤道西太平洋的暖池区,也即TBB图所揭示的强烈对流区。

以上的事实说明东亚地区冬季风从中高纬度地区爆发到达低纬地区后,引起低纬地区大尺度环流及对流活动的变化。研究还表明,冷涌气流还可越过赤道,影响南半球的夏季风。而赤道地区强烈的上升对流活动在到达高空后向北流去,影响中纬地区的急流系统,并引起西风带长波系统的变化。也就是冬季风在中低纬度及南北半球环流相互作用中起着十分重要的作用。

三、亚洲夏季风

亚洲南部是全世界最重要的季风区,这时地面上盛行稳定而强大的西南气流。在对流层低层为热低压所控制,在高空则为强大的青藏高压所占据。在其南侧为热带东风气流。西南季风的建立带有爆发性,它给广大的季风区带来降雨天气和强烈对流活动。夏季风的爆发结束了冬季风控制时的干燥天气,而进入了雨季。在夏季风控制期内,有许多明显的变动。从大型天气过程而言,它经历了建立与爆发、活跃与中断、撤退4个阶段;而从具体过程而言,它存在着各种不同类型不同尺度的扰动。因此讨论和研究季风的变动是十分重要的。

图5.1.1b上给出了夏季7月平均对流层低层风矢量图。图中流场的分布与冬季截然不同,北半球热带地区为强劲的偏西风气流所控制,尤其是由东非沿岸经阿拉伯海、印度半岛、孟

加拉湾,直至东亚大陆和日本海,盛行强劲的西南气流。这实际上即是气候意义上的夏季风气流。在阿拉伯海—印度半岛—中南半岛大体为西南风所控制,它的源地为南半球。即为典型的印度季风;而另一支在我国大陆东部—朝鲜半岛至日本及西太平洋,皆为偏南风。它既受印度夏季风的影响,又受来自105°E附近的越赤道气流和副热带高压的影响,而进入南海和我国大陆东南部。这两支气流构成了亚洲地区最强的夏季风,统称为亚洲夏季风。

夏季高空为热带东风,它可以占据很大的范围。最大风速为20 m/s以上。这支强东风带在90°E以东风速比西部要弱,并且有明显的分支。一支是从赤道新几内亚以北向西经印度尼西亚北部、马来半岛至孟加拉湾,它的强度较强;另一支位于22.5～25°N之间,它从中西太平洋经海南岛至中南半岛北部,强度较弱。研究表明,前者与青藏高压的活动有关;而后者则与赤道辐合带的活动相联系。

（一）夏季风的爆发与建立

印度夏季风的爆发是十分突然和迅速的,它主要表现为风向的突然转变以及西南向盛行风的确立,并随之大范围地区降水的发生和增强。这时气温也有明显的变化。因此季风爆发的标志具备以下3个特征:(1)低空盛行风转为稳定的西南风;(2)大范围季风雨的产生;(3)季风爆发过程的突发性。

印度季风爆发的日期每年都有很大的不同,但是平均而言,它在印度地区的建立大致在6月上旬左右,且它是由东南逐渐向西北方向推进的。图5.2.8即为亚洲季风和东亚季风爆发的平均日期。可以看出5月下旬它出现在缅甸,以后逐渐向西北方向移动,至6月底即可控制印度半岛的北部。

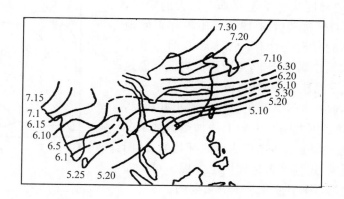

图5.2.8　亚洲季风和东亚季风爆发的平均日期

(陶诗言等,1988)

夏季风的爆发与建立是全球大气环流调整和季节性突变的产物。环流的季节性突变在亚洲表现最为明显。与夏季风爆发相联系的环流突变的特征主要有以下几点:(1)南支西风从青藏高原南侧撤退至高原的北侧,这时原在孟加拉湾的印缅槽西退使印度地区处于西南气流的控制下;(2)青藏高原上空建立了强大的反气旋,其南侧的东风急流位于15°N附近;(3)在低层,季风槽北移至印度半岛,阿拉伯海上有爆发性涡旋产生;(4)南半球寒潮爆发,使东非的越赤道气流加强。

西南季风的爆发导致了雨季的开始,这时降水量出现了突变。有的测站在季风建立前后月降雨量可差 100 mm 以上。在南亚地区,4 月和 5 月大体上仍处于干季,雨量极少。一般在几十毫米之间,而一旦夏季风建立,雨量剧增,一般月降水可达几百毫米,有的地区甚至在千毫米以上,如孟买站,4 月平均降水量只有 2.5 mm,5 月也只有 20 mm,但 6 月和 7 月降水量可猛增至 500 mm 和 600 mm。降水量陡增的日期往往与西南季风的建立同步,因此过去有的气象学家们把降水陡增日期作为夏季风爆发的日期。

近一二十年来,人们对夏季风爆发的过程及机理做了不少的探索和研究,特别是 1979 年夏季风试验(MONEX)所取得的资料,大大促进了该项研究。从现有的成果看,其爆发的原因大体可以归纳为以下 4 个方面:

(1)非绝热加热的作用

在上一节中曾经指出,海陆分布不均匀以及大尺度地形的热力、动力作用是季风形成的根本原因之一。随着季节的推移,大尺度热力结构发生了很大的调整和改变,大气及地面的加热状况是极不均匀的,且与大尺度环流场有一定关系。因此季风区非绝热分布的不均匀及变化必然影响到夏季风的爆发与建立。以亚洲季风区的热源分布变化为例,从欧亚大陆向南经东亚大陆至印度洋,南北方向加热的梯度从冬季至夏季有很大的变化,甚至发生符号的逆转。柳井曾对 1978~1979 年亚欧地区的热源做过详细的分析与计算。图 5.2.9 即为沿着 80°E 南北方向的大气总热量分布,黑影区为青藏高原地形。在冬季大陆上空气柱为冷源(负值),而至夏季变成了正值。即为热源,而在 5°N 以南的洋面上则正好相反,冬季为正,夏季为负。因此南北方向上的加热梯度从冬到夏符号是相反的。大陆上加热是从地面开始的,从图中可见从冬季至春季,正值区自地面向上发展。可见陆面增温过程对于加热的季节变化是十分重要的。

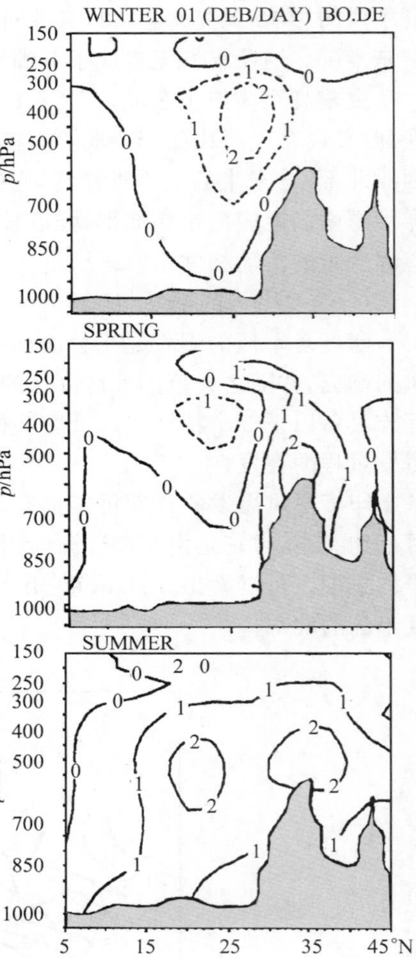

图 5.2.9　沿 80°E 大气总热量的南北方向分布剖面图(Yanai,1992)

在季风爆发期,季风区域中风场中的动能会急剧增加,这种动能是通过有效位能转换而来的。根据能量方程,这就要求有非绝热加热来制造有效位能。研究表明,在季风爆发前,这种能量的转换大值区主要位于南半球,而以后逐渐北移至孟加拉湾北部和青藏高原,印度半岛形成了能量转换的大值区,导致夏季风的爆发。

(2)低纬赤道西风的加强

夏季风的爆发与东非地区的越赤道气流和阿拉伯海上的西风加强有关。而这支气流又与南半球寒潮的爆发及马斯克林高压的分支有联系。图 5.2.10 为这支气流位置的逐月的变化。可见在冬季,气流位于南半球,4 月时才开始向北半球移动,至 6 月已成为一支稳定的夏季风气流。MONEX 的观测事实也表明,在季风爆发之前,就有越赤道气流的加强,有一个一个的大风中心沿气流轴传播。

这支气流的主要作用是由南半球向北半球输送大量
的水汽;而阿拉伯海地区的蒸发也加强了水汽的含量。它
们在印度地区辐合而造成强降水。

（3）阿拉伯海上的爆发性涡旋

在季风爆发前后,阿拉伯海东部会出现气旋性涡旋的
迅速发展和加强。它使其南侧的西风增强,降水增加,导致
了印度季风的爆发。据统计,6 a 中有 4 a 的季风爆发会出
现这种爆发性涡旋。涡旋首先在阿拉伯海东部对流层低层
形成,位于低空急流气旋性切变的一侧,以后向北移至阿
拉伯海北部 。

（4）中纬度环流的影响

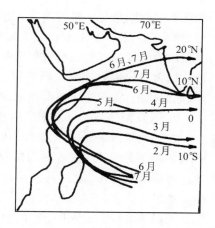

图 5.2.10　东非越赤道气流位置
的逐月变化（陈隆勋等,1991）

中高纬度环流的配置会影响季风的爆发。研究表明,
当欧洲地区维持阻塞高压时,这时西风带分支,其南支可
位于青藏高原的南侧,这时冷空气有可能影响印度北部,不利于季风爆发。所以印度北部高空
西风带的消失与东风带建立时间,与季风爆发的早晚有密切的关系。

（二）夏季风的季节内变化

1. 夏季风的活跃与中断

在整个夏季风期间,季风的强度存在很大的变率,也就是有时季风强,降水也相应强;有时
季风很弱甚至不明显,这时降水也就终止。这种变动称之为季风的活跃期与中断期。季风的活
跃与中断的持续时间有时可在 2 周以上。但在季风强年,活跃期可持续 3 周以上;而在较弱的
季风年即干旱年,中断时间也可持续达 1 个月有余。但在较正常的年份,活跃期与中断期的间
隔大致为 1 周。

夏季风活跃期与中断期,它们的特征分别是这样的:在季风活跃时季风区中低层西南风突然
增强,降雨区面积扩大,强度增强,并常伴有极强的对流活动及相应的对流天气,如雷暴、暴雨等。
从环流形势看,这时东非跨赤道气流偏强,它经阿拉伯海至印度西海岸,以后又进入印度半岛至
孟加拉湾地区。有时在阿拉伯海地区及其东海岸会出现明显的气旋系统,使环流加速,降水增强。
另一个特征是有低压或切变系统在孟加拉湾以南地区形成并向西北方向移动,随着这类季风低
压的过境,风速加大,降水陡增。在中南半岛及南海地区也常出现这种季风加强的现象。从以上特
征可以看出,季风的活跃常常与南半球系统活跃,越赤道气流加强有十分密切的关系。

夏季风中断的基本特点是西南风速减弱,雨带也随之北移或减弱,呈现出一个相对的干旱
期。这时来自南半球的越赤道气流变弱,季风槽北移至喜马拉雅山麓。在 20°N 附近地面高压
脊代替了季风槽,而西太平洋副热带高压的边缘常常可以达到南海地区。由于控制印度中部的
高压脊也是由赤道地区向北移动的,因此也有人认为季风中断的原因也来自赤道甚至南半球。

夏季风的活跃与中断不仅是亚洲地区环流变化的结果,它的变异与全球环流也有极大的关
系,它是一种行星尺度的环流调整。如上所述,在季风活跃期,低层的索马里急流及阿拉伯海
上的涡旋发展,有助于西风的加强。这时在高层,青藏高压加强,其南侧的东风急流也相应增
强,高空向南的跨赤道气流也增强。在更远的热带东太平洋地区,上层出现西风,相应地低层偏
东信风的加强,在赤道新几内亚地区为强烈的对流活动;而在季风中断期,上述特征正好相反。

环流的差异还不仅表现在热带及南半球地区。研究表明,在中高纬的西风带中,在季风的

活跃与中断期也有明显的差异。首先是西风带的位置。在活跃期,西风带从原来的 40°N 北跳至 60°N;而在季风中断时,它又南撤至 40°N 的纬带上。其次,亚欧地区的大尺度环流形势也呈相反的配置。在活跃期,俄罗斯西部的阻塞高压消失而变成低压槽的发展,而在季风中断时,该地区为稳定的阻塞高压所控制,这一点上面有过讨论。拉曼(Raman)等也曾做过类似的工作,他们指出,亚洲的阻塞高压的发展与印度季风的中断有密切的关系。

2. 低频振荡与季风的季节内变化

大气低频振荡通常是指 10～20 d 和 30～50 d 的准周期变化,前者称为准双周振荡,后者也称季节内变化。这两种振荡存在于全球的热带地区。许多研究工作表明,亚洲夏季风区是低频振荡最活跃的地区。它们的活动关联着季风及其降水的中期变化及季风的活跃、中断等。对于低频振荡的研究,使人们对季风的季节内变化的物理过程有了更深入的了解。克里希纳莫蒂(Krishnammti)等研究了季风区中的降水的变化,发现存在着明显的低频变化的现象。图 5.2.11 是季风降水的功率谱分析,可以

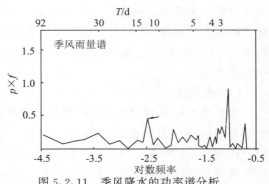

图 5.2.11　季风降水的功率谱分析
(Krishnamurti,1971b)　p:功率;f:频率;T:周期

看出共有 3 个峰值区:一个出现在 3 d 附近,这与季风低压过境有关。另一个峰值为 15 d 左右,第三个峰值则在 30 d 左右,后两者即表现为季风过程的低频振荡的特征。他还分析了 1979 年季风试验期中印度季风的活跃、中断与低频活动的关系。他指出,在印度中部,该年季风爆发在 6 月 19 日左右,这时有 1 个负的气压距平区由赤道北移至 20°N;而在 7 月 20 日前后为季风的中断期,这时为一个正距平区由赤道北移;以后又有负距平区北移而造成季风再次活跃。在整个季风期,气压距平都是向北移动的。图 5.2.12 是 850 hPa 纬向风的低频分量的时间剖面图。图中的纬向风是 60～150°E 的平均,数值为风速的距平,阴影区为东风距平。东西风距平区有规则地自南向北传播。虽然这种 30～50 d 周期振荡在南半球至赤道地区较弱,但他们在向北的传播中逐渐加强,在 10°N 附近达到最大值。研究表明,这种低频系统是热力性质的,即暖空气在槽区上升,冷空气在脊区下沉。其他学者也曾用云量,高度场以及 OLR 等资料研究过季风活动与低频振荡的关系。证明这种双周及 30～50 d 的振荡活动的存在,它由赤道地区向北传播,极大地制约了季风的季节内变化,包括它的中断、活跃甚至撤退。

近年来的研究表明,这种低频振荡同样也存在于冬季季风活跃的地区,它同样也影响着冬季风的中期变化。

(三)夏季风的撤退

印度夏季风的撤退的平均日期是在 9 月中开始的。图 5.2.13 为亚洲季风撤退的平均日期线。季风基本上沿着原建立的路径由西北向东南撤退。可以看出,西段的撤退相对较为

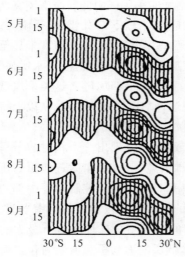

图 5.2.12　1979 年夏季,沿
60～150°E 850 hPa 纬向风
30～50 d 低频分量的时间演变
阴影区为异常东风(丁一汇,1991)

缓慢,持续了近 3 个月。这是与北侧青藏高原和伊朗高原对冷空气的阻挡有关。随着季风的撤退,雨带也逐步南撤,原来的季风区转变为持续晴好的天气。

　　夏季风撤退时高空流场发生相应的调整。从 9 月中,南亚高压和东风急流开始明显减弱和南移。它的变化较为平缓,且落后于低层。当 9 月低层西南季风南退至 20°N,中纬已盛行东北风时,观测的低层风急流强度和位置仍大体维持夏季的状况。东西风的分界线在 25～30°N 之间。以后北支东风急流南退并与南支东风急流合并,形成

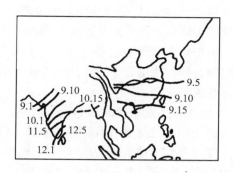

图 5.2.13　亚洲夏季风撤退日期线
(陈隆勋等,1991)

单支的东风急流;而相反,副热带西风急流则在南移过程中加强并分成南北两支西风急流。南支急流位于青藏高原南侧的 30°N 附近,最大风速超过 80 m/s ,急流轴高度为 200 hPa。这时环流形势已逐渐变成冬季环流的特征。

　　季风撤退后,冬季风逐渐建立,这时亚洲季风区的热源分布又重新回到冬季的状态。

　　(四)东亚夏季风环流

　　亚洲夏季风是一支十分复杂的风系,夏季风不仅出现在印度、孟加拉地区,而且向东一直延伸至东亚地区。但是近年来的研究表明:东亚地区的夏季风并不完全是印度季风的简单的向东延伸,许多事实表明,东亚地区的夏季风及相应的降水常常与印度季风没有确定的关系。影响我国降水的水汽来源不仅来自孟加拉湾,也来自南海及西太平洋等。因此,它是一支相对独立的风系,从图 5.2.2 可以看到,组成东亚夏季风的主要成员与印度季风有着很大的差别。它的西侧受印度季风的影响,而在南侧,受到南半球澳大利亚冷高压及其寒潮爆发所引起的跨赤道气流的影响。在东侧,西太平洋副热带高压的位置及强度对它也有明显的作用。而更重要的是它还受到中纬度西风带中短波槽活动的影响。由此可见,它的构成要比印度夏季风更为复杂。以下将介绍东亚季风的各主要成员及它与印度季风的相互关系。

　　1. 东亚季风环流系统特征

　　在第二章中已经指出亚洲地区特别是东亚地区从春季到夏季存在着环流的急剧变化过程,即称之为季节突变。突变的标志是印度季风在印度半岛中部建立,我国长江流域梅雨期开始。但是实际上这两个现象的发生过程并不是一致的。对东亚地区而言,春、夏之间的季节变化是从 5 月中旬开始的,这时在南海地区出现了偏南的盛行风,然后向北及向西北推进,至 6 月中旬才影响并控制印度半岛和长江流域。这一点从图 5.2.9 就可以看得很清楚。下面来说明东亚季风的主要特征以及它与印度季风之间的差别。

　　(1)季风气流的性质

　　印度季风主要是一支热带季风气流。从图 5.2.2b 可看出,它的上游为来自马斯克林高压西南侧的跨赤道气流,因此它纯属热带季风的性质。而东亚季风的情况却比较复杂。从图 5.2.2c 可见它一方面受到赤道辐合带南侧热带季风的影响,同时也受到来自西太平洋副热带高压西侧偏南气流的影响。有的学者称之为副热带季风。在中国大陆地区,这支副热带季风的影响是十分重要的,它与直接来自热带地区的热带季风是有区别的。只有南海及西太平洋赤道辐合带与印度季风槽断裂时,热带季风才会较强烈地影响中国大陆,一般情况下它主要影响南

海及西太平洋地区。副热带季风的强弱与进退则极大地受制于西太平洋副热带高压的变化。因此我国大陆东部的季风降水也与副热带高压有着密不可分的关系。

由于东亚季风主要是由上述两支风系构成，因此实际季风系统中也存在着两个辐合带。即热带辐合带与梅雨锋带。后者的降水明显带有锋面降水的性质。这一点从 5.2.2c 的概略图中可以看得很清楚。

(2)中高纬度系统的影响

由于印度北侧受青藏高原的阻挡，因而西风带系统很难直接影响到该地区。印度季风的风系主要来自南半球及热带地区，而它的影响系统则为季风槽。在季风盛行期，它控制了印度半岛的低层。这种结构显然是比较单纯的。但是东亚季风的情况却不同：由于没有地形的直接阻挡，夏季西风带中的槽脊活动可以直接影响到南方。在东亚地区就有一条由副热带季风(它与副热带高压相连)和北侧冷空气相汇合组成的特殊的辐合带即为夏季的梅雨锋。与它相对应之雨带的强度和位置，不仅受到副热带高压活动的影响，也极大地受到西风带位置、槽脊活动以及冷空气强弱等诸多因素的影响。东亚季风由南海向我国大陆北方地区的推进是与西风带，副热带高压等行星尺度系统的季节性的北移紧密联系在一起的。当该雨带停留在我国华南地区时，即为华南前汛期，到达长江流域及日本地区时为梅雨期。向北至 30°N 以北时为华北雨季。由此可见，中高纬度系统对东亚季风及其降水的影响是不可低估的，这也是与印度季风的一个很大的区别。

(3)东亚季风的建立与撤退

由图 5.2.9 可以看到，东亚季风的爆发比印度季风要早。在 5 月上旬，它已经出现在南海北部，稳定地控制该地区。中国气象学家常把它称之为南海季风。当 6 月中旬印度季风爆发并控制其中部时，东亚季风已向北推进至长江流域和日本。因此东亚季风的建立要比印度季风早 1 个月左右。

东亚季风的向北推进不是连续的，它有 3 次跳跃性的过程：把 850 hPa 上 假相当位温 $\theta_{se}=340$ K 的等值线代表季风气流的前沿，从图 5.2.14 可以看到，有 3 次突然的北跳和 4 次相对稳定的时期。每一个时期相当一条雨带在某地区稳定。它们分别为华南前汛期，长江流域梅雨期，黄淮流域雨季和华北雨季。夏季风和雨带的 3 次北跳与东亚大气环流的调整有关。尤其与高空行星风系和副热带高压的北跳有十分密切的关系。

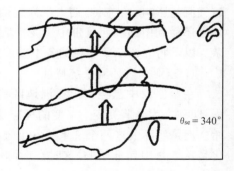

图 5.2.14 850 hPa 上 $\theta_{se}=340$ K 等值线平均位置的时间变化(丁一汇,1991)

东亚夏季风的撤退是十分迅速的。这从图 5.2.13可很清楚地看出。从华北南退至我国华南地区只需 1 个月左右的时间。从 8 月底 9 月初夏季风从华北撤出，9 月末至 10 月初冬季风即在华南地区出现。与季风南撤相伴随的大尺度环流也经历类似的 3 次跳跃。以西太平洋副热带高压为例，8 月底 9 月初它第 1 次南撤，对应华北雨季结束；9 月下旬它撤至 25°N，至 10 月中旬撤至 15～18°N，这意味着夏季风从我国大陆的完全撤出。

(4)南北半球相互作用

季风系统基本上是一种热带风系，它的活动、强弱必然与南半球环流有十分密切的关系。在讨论印度季风时已经看到，在印度季风中起到重要作用的是印度洋西部的马斯克林高压及其西南侧的东非跨赤道低空急流。这支来自南半球气流的状态直接影响到印度季风的强弱与降水强度。而对于东亚季风来说,情况要复杂得多:根据近些年的研究,南北半球系统相互作用对东亚季风的影响主要表现在如下几个方面:首先是夏季南半球冷空气爆发的作用。研究表明,澳大利亚冷高压的气压变化与赤道西太平洋上低空偏南风之间有很好的相关。当澳大利亚冷高压加强时,西太平洋低空越赤道南风也加强。在100°E以东,人们发现具有几支主要的越赤道气流与季风有十分密切的关系,它们是:125°E和150°E处的低空越赤道气流以及105°E处的偏南风越赤道气流,一般认为150°E处气流较为稳定,125°E处气流较强,有的年份平均可达7 m/s。但是105°E的越赤道气流与南海地区的夏季风的爆发有更好的关系。

其次,与低空西太平洋地区越赤道气流加强的同时,北半球赤道辐合带也会明显增强,并引起副热带高压的北推和西伸。这时副热带季风也相应增强。在赤道辐合带的上空为偏东风急流,它大体在南海上空向南越过赤道。随后在印度洋及澳大利亚地区下沉。这支气流与低层的向北越赤道气流相连接,在赤道辐合带中上升,组成了特殊的南北方向的垂直环流圈,即称季风经圈环流。赤道辐合带强时,高层东风急流也强,季风环流圈也强。值得指出的是:这一支高空向南的越赤道气流是全球最强的,这一点成为东亚季风环流圈的一个十分显著的特征。而对于印度季风来说,它的高空系统主要为南亚高压,季风环流圈中的高空气流是热带东风带向西延伸的越赤道气流,它的最大中心位于阿拉伯海上空,然后在南半球上升,它低层的越赤道气流主要是东非低空急流。

南北半球相互作用在东亚季风体系中的表现,可用它的低频振荡的交叉谱特征得到进一步证实。从东亚季风区的u、v风分量的低频振荡位相看,在低空,无论是双周振荡或是准40 d振荡,它都是起源于澳大利亚,而后向北传播至南海地区;而在高空,这种振荡则向南传,它起源于赤道辐合带的上空。以后一系列的研究结果都证实这个事实。

2. 东亚季风与印度季风的关系

前面已经介绍印度季风的强度与降水有十分好的对应关系,因此常常可以用降水的变化来描述季风的强弱。但是统计事实表明,印度季风降水与我国降水的关系并不十分确定。除了华北等个别地区有较好的正相关外,其他地区均无明显的达到信度要求的相关。因而印度季风的变化并不能很好地解释东亚地区的季风活动。这正是因为后者不仅受到印度季风的影响,还受到其他季风成员的影响。但是分析与印度季风同纬度地区的南海季风期对流活动的相互关系则发现:在准40 d周期的低频振荡中,在孟加拉湾和菲律宾地区各有1个大振幅中心,它们之间的符号是相反的。这表明,当印度地区对流活动强时,西太平洋和南海地区对流则弱。因此对于季风活动的低频部分而言,当印度季风活跃时,西太平洋—南海的季风则中断,两者是相反的。

近年来印度气象学家发现夏季印度地区的一些天气系统特别是季风低压常常由东向西传入印度,如有76%的孟加拉湾风暴是由南海和西太平洋生成西移。这说明印度季风也同时受到来自东亚地区系统及流场的影响。

以上这些事实说明,东亚季风与印度季风是两支相互独立而又相互影响的季风系统。它们有着各自的特点,但又同时是相互依存的。亚洲夏季风的这两个子系统之间相互联系的本质,还需要作进一步的探索和研究。

3. 东亚季风与中国降水

由图5.2.14可以看到东亚季风的进退与中国东部大尺度雨带活动有十分密切的关系。但是研究表明,我国大陆的降水并不完全只决定于季风的强弱。特别是长江流域和华南地区。这些地区的降水还受到来自中高纬的冷空气活动,以及副热带系统的影响。而我国华北地区的降水与季风的关系似乎更密切些。在有些夏季风较弱的年,它们的前锋到达不了黄河流域,这时华北地区就出现干旱的夏季,如 1972,1974 及 1979 年,就是这种情况。

为了进一步说明季风对夏季降水的影响,下面来考察我国夏季降水的水汽来源和水汽通道。从图 5.1.1b 可以看到,东亚地区的偏南风低空急流联结着印度季风,甚至可以向西追溯到东非的跨赤道气流。因此人们从直观上就认为,中国降水的水汽源地是来自孟加拉湾,甚至印度洋。但事实表明中国许多地区降水并不与季风强度特别是印度季风的强度有很好的相关。有时在印度季风中断期,长江流域降水增强。学者们绘制的长江流域降水期的水汽轨迹表明长江流域降水的水汽来自于南海和西太平洋的占总数的 63.9%（23/26）。可见,这两个地区的水汽供应对我国降水有十分重要的作用。

为此,我国气象学家们以我国东部地区为中心,以沿岸地区为边界,计算了从不同方向进入我国大陆的水汽量。来比较各主要气流（如印度季风区、南海、西太平洋副热带高压区等）对它们所作的贡献。以 1980 年为例,该年夏季来自各支气流的水汽总输入量及天数为:直接来自印度季风的为 27 d,占总天数的 34%,而来自西太平洋副热带及南海的总数为 52 d,占总数的66%。从水汽输入总量看,前者占 32%,后者则为 68.9%。而各月的比重也不大一样。印度季风的作用在 6 月最小,所占天数只有 2 天。这可能与印度季风的建立较南海地区的季风建立要晚得多有关。各个地区降水的水汽源地也各不相同。表 5.2.1 给出了我国各地区从西边界及南边界输入水汽的比值。可以看出华南和长江流域降雨的水汽输入主要来自南海（即南边界）,5 月份,它是西边界由印度季风输入量的 1.5 倍;而至 6 月则猛增至 6 倍和 4 倍。而我国西南地区则不同,它的水汽来源主要来自于西边界,孟加拉湾是它的主要水汽源地;而南海地区则极少。这说明该地区的降水与印度季风有密切关系,而与东亚季风关系则小。由此可见,影响中国大陆降水的水汽最主要的源地为南海和西太平洋,也即与东亚季风直接有关的气流的输送作用。

表 5.2.1　我国各地从西、南边界输入水汽的比较（梁必骐等,1990）

月　份	华　南	长江流域	西　南
5	1:1.6	1:1.4	24:1
6	1:5.7	1:4.1	2:1

大量细致的统计事实表明:我国夏季降水的水汽来源属于外界输入的,主要为南海及热带西太平洋地区,通过东亚季风而输入的。其次则为由印度季风输送的孟加拉湾地区。而直接来自副热带高压南侧的东南风的输送则较小。而实际上,大陆各个地区降水的水汽来源除了来自海洋外,还由局地的水汽蒸发及临近高水汽量地区对降水区的输送,以长江流域的降水为例,它的水汽自边境海洋区域输入的约占 38%,而由华南、西南及其临近地区提供的占 62%。由此可见,我国夏季降水的过程及水汽的源地是一个十分复杂的问题,不同地域会有很大的差异,季风气流所起的作用是必不可少的,但显然远远不是惟一的。这一点与印度地区的夏季降水是有很大差别的。

第三节　台　风

一、台风概述

台风是发生在热带洋面上的一种强气旋性涡旋,它常常伴有极为强烈的天气,如大风、暴雨等,是一种破坏性极大的灾害性系统。发生在西太平洋、南海地区的热带气旋统称为台风,而发生在大西洋的则称之为飓风。目前各国气象学家对这种热带气旋的分类和定义各不相同。我国在 1989 年之前也曾按照其中心最大风速的强度把它分成热带低压(风力 6～7 级),台风(风力 8～11 级)和强台风(风力大于 12 级)3 类。但从 1989 年开始,我国采用了世界气象组织统一规定的标准,把热带气旋分为如下 4 级,即以热带气旋中心附近最大平均风力的强度作为分类标准:当风力小于 8 级(17.2 m/s)时为热带低压,8～9 级(17.2～24.4 m/s)时为热带风暴,10～11 级(24.5～32.6 m/s)时为强热带风暴,风力大于 12 级时,则称台风或飓风。本书中按照一般的做法,把最大风力在 8 级以上者统称为台风。以便对它们进行统一的研究。

台风虽然发生在热带洋面上,但是它有一定的产生源地和活动地域。据统计,全球平均每年发生台风约 80 个,其中北半球占总数 73%,而且大部分是在大洋的西岸。全球有一半以上(55%)的台风发生在北太平洋,西北大西洋约占 12%,而东太平洋和东大西洋则基本无台风的活动。

北半球台风活动的最大频率出现在 8 和 9 月,平均频数为 26.5 个,约占全年一半以上。而南半球 7～9 月(冬季)几乎无台风的活动;而在 1～3 月发生的次数最多(见表 5.3.1)。

表 5.3.1　台风的逐月平均频数　(阿特金森,1974)

地区	1 月	2 月	3 月	4 月	5 月	6 月	7 月	8 月	9 月	10 月	11 月	12 月	全年
北半球	0.5	0/6	0.4	1.1	2.5	4.2	8.1	13.2	13.3	8.9	3.6	2.0	58.4
南半球	6.0	4.8	5.1	1.6	0.1	0.1	0	0	0	0.1	0.8	2.8	21.4
全球	6.5	5.4	5.5	2.7	2.6	4.3	8.1	13.2	13.3	9.0	3.4	4.8	79.8

这种频数的分布是随地区而变化的。在西北太平洋这个台风的最大发生区,7～10 月的 4 个月中,占全年台风发生率 70%,且有 2/3 的热带气旋可以发展成台风的强度;而在北大西洋,最多发生月是 6～10 月。其中 80% 的飓风发生在 8、9、10 月 3 个月,有 62% 的热带气旋可发展至飓风的强度。在孟加拉湾地区有两个明显的台风季节。一个是 5 月,这时季风槽正在北移但尚未控制印度半岛;另一个则为季风撤退以后的 10～11 月。在这两个时段之间为西南季风所控制,热带扰动不易发展成台风。值得一提的是南海地区,西太平洋发生的扰动风暴常常西移至南海并发展加强,而南海地区也常有热低压发展成台风。它们主要发生在 5 月和 7 月中旬以后,在此期间则为南海季风的活跃期。南海台风发生的最大频率在 8～9 月,但是它们的强度一般较弱。

台风的水平尺度介于大的中尺度与天气尺度之间。一般以其外围风速大于 6 级风圈,或最外围的闭合等压线来量度它的水平尺度。平均而言,其半径为 500～1 000 km,有的台风的半径也可在 10 个纬距以上。台风的生命史约为 1 周,最短也有 2～3 d,最长可达 1 个月。如影响我国的 1972 年 3 号台风,其生命史达到 26 d。水平尺度大的台风一般维持时间也较长,强度相应也强。如 1956 年 8 月 1 日在我国浙江象山登陆的台风,最大风速达 90 m/s,登陆后深入内陆的最大风速也在 12 级以上。8 级大风的范围南起厦门,北至天津,西可达秦岭,湘西一带,可见其尺度之大。

我国是遭受台风灾害最严重的国家之一。平均每年有 7 个台风登陆我国。而最多可有 12 个(如 1971 年),最少为 3 个(如 1950 年)。表 5.3.2 和 5.3.3 分别为 1942~1992 年西北太平洋地区各月台风出现的数和登陆台风的地区分布。

表 5.3.2　1949~1992 年西北太平洋各月台风出现数(徐良炎,1996)

月　份	1	2	3	4	5	6	7	8	9	10	11	12	全年
出现总数	23	11	20	33	46	83	185	255	228	176	122	60	1242
平均	0.52	0.25	0.45	0.75	1.05	1.89	4.20	5.80	5.18	4.00	2.77	1.36	28.23

表 5.3.3　1949~1992 年各地区台风登陆次数　(徐良炎,1996)

地区	5 月	6 月	7 月	8 月	9 月	10 月	11 月	12 月	合计
广西	2	3	3	2	3				13
广东	4	14	38	21	31	11	3	1	123
海南	3	7	10	13	17	12	5		67
台湾	2	8	20	22	26		2		80
福建		2	13	25	21	1			62
浙江			9	9	3	1			22
上海			2	1	1				4
江苏		1	2					3	
山东		5	4					9	
辽宁		1	3					4	
合计	11	34	102	102	102	25	10	1	387

可以看出,7~10 月出现的台风占全年的 68%。而在 4 个月中登陆我国台风总数为 331 个,占全年总登陆数的 86%。可见,这是台风危害我国的主要季节。从台风登陆的地区分布看,它的范围几乎遍及我国沿海各省市。但登陆地区是有明显的季节变化的。7、8 月台风几乎可以在我国沿海各地登陆,而 5、6 月主要在华南沿海,9、10 月则在长江口以南,11 月登陆地区缩小到广东、海南和台湾 3 地,12 月只有广东偶有台风登陆。从表上看,华南沿海是我国台风的主要登陆地区,占全国登陆台风的 89%。

二、台风的结构

(一)基本特征

台风是发生在热带洋面上的一种深厚的气旋性涡旋,近似为一个圆柱状,各种气象物理量如气压、温度、风等大致呈对称分布。台风的水平尺度约为 1 000 km 左右,而垂直尺度则为 15~20 km,个别发展旺盛的台风可以伸展至平流层下层。

台风是一种暖心的低压涡旋,中心的气压极低,特别是在台风内区,气压向中心降低极快。但在高层,低压区的范围缩小,甚至出现高压区。暖心结构是台风的很重要的特征,在对流层上部,中心温度可以比周围高出 10~15 ℃。

台风的水平结构大体可以分为 3 个部分,即台风眼区,台风云墙区和台风外区。眼区的半径为几十公里,它是台风的中心部分,这里的风速很小,干暖而少云。台风眼区是台风结构中最为奇特的,也是与别的涡旋结构最突出的差别之一。云墙区距中心10~100 km,是台风的最大风速区,环状的大风速区是成熟台风的标志。这里的对流活动强,也是台风的最主要的降水区。最大日降水量可在500 mm以上。云墙区与最大风速区是一致的。在云墙的外部为台风外区,宽度可在200~300 km以上,大的台风其外区可在800 km以上,表现为一条一条的螺旋云带和雨带。在台风眼区为垂直下沉气流,而在云墙区则为强烈的对流上升运动。上升气流在150 hPa处辐散向外流出。

在垂直方向上,台风也可以分成3层。从地面至3 km为低层流入层,空气由周围向中心强烈辐合。中层为3~7.5 km,主要以切向风为主,垂直气流极强。再以上为流出层,最大的空气流出在12 km高度上,流出的空气向四周辐散下沉形成台风的垂直环流。

热带气旋虽然与温带气旋一样都为低压系统,但是无论是气压场、温度场或风场,它们的结构有很大的区别,下面将逐条进行介绍。

（二）台风气压场特征

　　如上所说,台风为1个低压系统,它的中心气压远比一般低压涡旋要低得多。从台风外围至中心,气压急剧降低。绘制台风中心通过某地区的气压变化曲线即可发现,它呈现出由高至低再转高的急剧变化。图5.3.1是1956年8月1日登陆我国象山地区的台风气压变化曲线。可见,在台风外围,气压的下降较慢,但在接近中心时,气压发生陡降。从图中的A点至B点仅隔1小时,气压下降了近30 hPa。中心气压低至914.6 hPa,以后又很快上升。在台风中心附近气压的陡升和陡降,使曲线呈漏斗状。

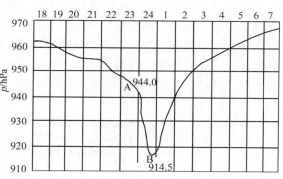

图 5.3.1　台风气压变化曲线
(陈联寿等,1979)

台风低压的结构十分深厚,可以伸展至100~150 hPa高度,以后就转为高压流出区。近些年的研究资料发现,由低压转为高压的转换层有时还更高,它可以扩展到平流层下部,甚至到27 km的高度。

（三）台风流场

从水平结构看,台风的风场大致可以分成3个部分,(1) 外围圈。该区风速不大于8级,风速向中心递增。(2) 中区,又称台风涡旋区。也就是台风的最大风速区,是强烈天气发生和具有最大破坏力的地带。最大风速带围绕着台风眼,与围绕台风眼的云墙重合,宽度约为10~20 km。该地区的风力是不对称的,最强风速常常出现在台风的右前方。(3) 内圈,也即台风眼区。这里风速急剧向中心减小,在台风眼中经常出现静风。眼区的大小在10~16 km左右。

垂直方向台风的风场可分为3层,这在上一节中已经指出,即低层流入层,高层流出层和中层过渡层。由于台风基本上呈圆柱状,因而常用径向风(沿半径方向的风)和切向风(绕圆周方向的风)来描述风场的特征。图5.3.2是1960年发生在大西洋的唐娜(Donna)飓风的高、低层实际风场,它有较好的代表性。(a)图为低层流场,从中可以清晰地看出气流气旋式的旋转,并向中心辐合。在这个层次内,风的径向分量和切向分量都很大,尤其以向台风中心的流入为其主要特征。最大流入在台风的右侧,这也是台风的水汽辐合区。从等风速线看到,风速的分布是很不均匀的,最大风速也在台风的右侧。

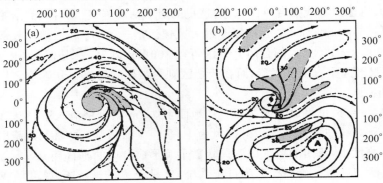

图 5.3.2　台风高低层风场分布　(a)低层流场;(b)高层流场 (Miller,1967)

图 5.3.2b 为台风高层的流场。与低层相反,气流的流出十分明显。最大风速带仍是围绕着台风中心。风的径向分量仍占主要成分,只是它是向外流出的。但是仔细观察还可发现,在台风中心附近仍有一个小范围的气旋环流。只有在中心区以外气流才向外辐散,逐渐转变成反气旋环流。在其南侧还可以看到一个反气旋中心。高层流场中台风中心附近的气旋环流是具有普遍性的,它也是成熟台风的一个共同的标志。这说明强台风的气旋环流一直可以伸展到对

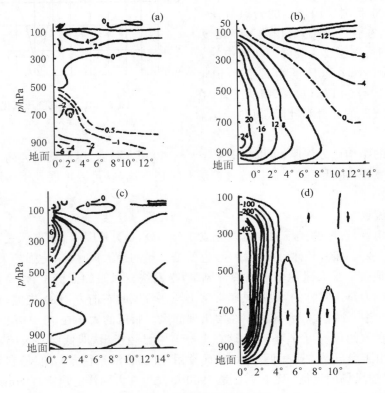

图 5.3.3　台风综合结构模型

(a) 合成的径向风(m/s);(b)合成的切向风(m/s);

(c)温度距平(C;(d)垂直速度(hPa/d)(丁一汇,1991)

流层顶以上。

台风中层的情况与高低层不同,它只有切向风,即围绕中心的旋转风分量,径向运动很小。因此也是台风涡度最大、垂直运动最强的层次。

图5.3.3a,b 为合成的台风径向风与切向风的垂直剖面图。横坐标为距台风中心的纬距,纵坐标为气压高度。流入层最高可达3 km以上(a图),850 hPa以下为最强。向内辐合的气流可扩展到距中心10个纬距以外。而在200 hPa以上则为流出层。切向风的分布表明(图b):在850 hPa高度上,气旋式旋转的切向风最大,对流层上层则为反气旋式的切向风。

台风的发展阶段高层的流出要大于低层的流入量;而在台风的减弱阶段则相反。低层流入,高层流出是台风维持极强的垂直速度,并是带来强烈对流天气的重要机制。从图5.3.3d中可以看到,台风中心向外大约4个纬距内有强烈的上升运动。

(四)台风温度场结构

前面已经指出,台风是一个基本对称的暖心涡旋,这是与一般气旋性涡旋十分重要的区别。早在20世纪40年代,帕尔门(Palmen)就指出了台风温度场暖心结构的特点。近几十年来,由于新资料的补充,人们可以获得更完善的台风温度结构的图像。一般情况下,台风的温度场呈轴对称。从边界层附近至100 hPa都是暖心。等θ_{se}线在中心呈漏斗状向下弯曲。图5.3.4为台风希尔达(Hilda)的温度距平的垂直分布。图中的数值是对热带地区纬圈平均的距平。可以看到,增暖层是十分深厚的,它几乎从地面一直伸展至200 hPa。最强的增暖层在300~250 hPa之间,温度距平达16℃。从台风中心至30 km宽的狭长气柱内,是径向温度梯度的极大区,而在眼区内温度则较均匀。在边界层内,有的台风出现一个浅薄的冷中心。近年来人们注意的是台风高层的温度结构。从图5.3.4可见,台风的暖心区大致伸展至125 hPa的高度,再向上则无法确定。越来越多的观测事实

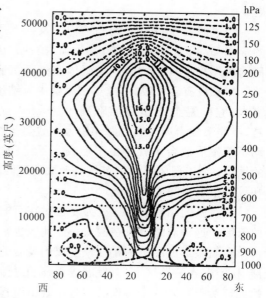

图5.3.4　希尔达台风温度距平(℃)的垂直剖面
(陈联寿等,1979)

特别是飞机报告表明,台风高空的温度为负距平,而近地面的冷区则认为是降水蒸发的结果。

关于台风中暖心结构的形成,很多学者认为是潜热加热和下沉增温的结果。在台风云墙和螺旋云带区,有强烈的暖湿空气辐合上升而产生积云,释放大量的潜热,加热了上层的空气,在台风中心区形成暖中心。最大的温度梯度也是出现在高层的云墙四周。而台风低层的暖心则被认为是云墙下沉增温造成的。台风的暖心结构是使它得以发展和维持的重要机制。关于这一点在下面关于台风发生发展的讨论中还要重点介绍。

(五)台风眼

台风眼是台风独特的结构,也是与温带气旋一个十分显著的区别之处。它是低压涡旋中最低气压的所在。在卫星云图上它只是一个黑的圆点,表明是一个晴空无云区,周围则为密闭的云系所包围。图5.3.5给出台风的云图照片。可以清晰地看到台风中心黑色的眼区。台风眼

的形状和大小,常常决定于台风本身的强度和特征。一般情况下,台风眼是圆形的,但有时也可观测到椭圆形,三角形甚至双环等特殊形态的台风眼。台风眼的尺度与其发展的阶段有关。平均它的直径为 45 km 左右,但在其增强时,眼区往往缩小,而在其减弱或接近变性时,眼区则扩大。

由于台风是一种暖心的涡旋,眼区的温度要比周围高。最近的观测说明,最暖的温度位于眼壁的内边缘。眼区内外的温度差随高度而增加。在对流层中上层,内外温度差可在 10~14℃。眼区的湿度较低,特别是在中层。这种独特的结构是台风眼的重要特性,也是任何关于台风形成理论所必须给以解释的问题。

台风眼对于台风的暖心结构以及强低压的形成都起了十分重要的作用。研究表明,台风的极端最低气压的出现与眼内空气下沉有关。如果没有台风眼,不论热带风暴中凝结量多大,它的最低气压只能降到 1 000 hPa 左右,不能形成台风。热带海洋中大多数热带扰动不能发展成台风就是由于形成不了这种眼

图 5.3.5　台风卫星云图

的结构。至于台风眼内下沉气流形成的原因,至今仍不很清楚。近代有许多关于台风的探测都在致力于这类问题的研究。

台风眼的结构有时还更为复杂。在有的强台风中,会出现双眼结构,呈现一种两个同心园的云墙。这种双眼台风在西太平洋地区也常可见到,不过对它的成因至今还不大清楚。

台风眼形成的机制是气象学家们关心的问题。人们提出了这样的概念模式:当扰动风暴发展时,空气在云墙区上升,发展成很强的对流,气流在高空向四周辐散而产生下沉。对流凝结潜热的释放促进了这个过程。一旦出现下沉运动,眼区内的空气压缩增暖而产生浮力,它使下沉垂直速度减小,风暴内部的运动逐渐达到平衡,而眼区的垂直运动变得很小。

(六)台风云系

处于成熟阶段台风的云系特征是:在台风眼区由于下沉运动,因而为晴空区。而在靠近台风眼的周围,由于强烈的上升对流运动,而造成大片的垂直云墙。云墙宽约数十公里,高达十几公里。云墙下面出现狂风暴雨,是台风最恶劣天气的地区。在云墙内,由于只有上升运动,因此较少出现剧烈的扰动和雷暴现象。这与一般积雨云中的情况不一样。只有在台风外围的气旋或倒槽区才会出现雷暴天气。云墙主要为直展云带,它多呈螺旋状。从图 5.3.5 的云图中可以清晰地看到螺旋云带分布的特点,在台风中心附近,由于云层密集,螺旋状结构不甚清晰,离中心较远的地方则比较清楚。在每条螺旋云带之间为较薄的层状云或云隙。在螺旋状的直展云带和层状云的外缘,为塔状的层积云和积雨云,台风外围则为辐射状的高云及积状的低云。

台风处于发展阶段时,云系偏向台风前进的一侧。在它的减弱或消亡阶段,由于台风眼区有上升运动出现,会出现云层和降水。因此登陆台风很难找到典型的台风眼云系结构。当有冷空气侵入台风而使它变性或转变成温带气旋时,台风云系也就变成温带气旋的云系特征。

　　台风在其发展的不同阶段其云系的特征是不同的。因此根据台风云系中密闭云区的位置和尺度,螺旋云带的发展程度,以及螺旋云带曲率中心与扰动气旋中密闭云区的相对位置等方面将台风云系分成 A、B、C、X 4 类,它们也代表了台风发展的 4 个阶段。总的来说,A、B、C 阶段,弯曲云带的曲率中心基本上是不存在的,或在密闭云区之外;到 X 阶段,螺旋云带的曲率中心已位于密闭云区的内部,这是台风的成熟阶段。定出它的曲率中心。云区或云带至少有一侧是与赤道辐合带相隔开的。向外辐射的卷云纹线也很清楚。弯曲云系的出现说明风场上已经形成了旋转运动。在密闭云系中对流最强烈的地区风速可达到 15～20 m/s。

三、台风天气

　　台风系统中主要的灾害性天气为暴雨、大风和风暴潮以及在台风系统中出现的各种强对流天气,它们都有极大的破坏力。因此要预报和减轻台风带来的灾害损失,必须首先搞清台风系统中各类天气的特征及其形成原因。但是台风天气的强度、分布以及影响程度决定于台风本身结构及它与环境场之间的相互作用,这是一个较为复杂的问题,下面将分别对它们进行探讨。

　　(一)暴雨

　　台风是一种强降水系统,它所引起的降水往往强度强、范围广。1 次台风过程常常会造成几百至几千毫米的大暴雨。我国历史上 3 次日降雨量超过 1 000 mm 的特大暴雨都是台风引起的。如 1975 年 8 月初河南的特大暴雨,是由该年登陆的 3 号台风造成的。它产生了 1 631 mm 的过程雨量,暴雨强度也达到了我国大陆暴雨的历史纪录;发生在台湾省新寮地区的 6718 号台风,其日雨量和 3 d 最大降水量达到全国之最,分别为 1 672 mm 和 2 749 mm。世界上最大日和 3 d 降水量的纪录分别为 1 870 mm 和 3 240 mm,它发生在印度洋上的留尼旺岛,这次过程也是由台风引起的。

　　就台风本身而言,它的降水区主要集中在云墙和螺旋云带区。此外台风暴雨还发生在它与其他系统相互作用过程中,这时可以在台风的外围甚至很远的地方产生大暴雨。

　　台风眼周围的云墙区及螺旋云带中的降水都是台风本身直接造成的。前者又称内雨带。它离台风中心数十至一二百公里,这是台风降水强度最大的部分。螺旋云带中的降水带称为外雨带,它由一条条螺旋形的雨带向台风中心辐合,每条云带可长达数百公里,宽几十公里,雨带之间则由晴空区或少云区隔开,每条雨带中常有对流云发展,产生强烈天气。它们往往位于台风的前部。

　　台风和台风倒槽与西风带系统相互作用会形成很强的降水,它占台风总降水量很高的比重,因此受到很多学者的重视。所谓台风倒槽是指台风外围向北伸出的低压槽,以及在台风外围向东、西方伸展的低压带。这类降水过程常常扮演了造成我国北方地区暴雨的主要角色。

　　有两种情况可以使台风在与西风带相互作用中形成暴雨。一种是它在北上或登陆时强度减弱,但当它与西风带中弱冷空气相互作用后,内部结构发生变化,会变成半热带系统,甚至变成温带气旋。这时已经减弱的台风其涡旋结构会重新加强而产生大暴雨。台风暴雨的雨区分为两部分:一部分在台风内部,另一部分在台风外围气流与西风带系统之间。

　　另一类相互作用是:当台风北上时,它与副热带高压之间形成了强大的东南低空急流,这是一支既饱含水汽又极不稳定的热带气流。它与冷空气相遇就会产生很大的抬升和对流,以致形成暴雨。有时暴雨区离台风中心还较远,往往容易被忽略。例如,1978 年 5 号台风接近上海时,外围的东南风低空急流前沿到达河北地区,引起了天津、唐山等地的区域性的暴雨过程。又如 1985 年 9 号台风外围东南气流引起辽宁地区的大暴雨,这时台风中心还远在东海至黄海一带,雨区与台风中心相距近千公里。表 5.3.4 给出 1975～1989 年 15 年中北方台风暴雨的情况。可以看出,山东半岛以北的大暴雨大都与远距离的海上台风活动有关。暴雨区与台风中心之间的距离近则几百公里,远可在 2 000 km 左右。台风的这种影响过去不被人们所注意,因而常常造成预报的失败。实际上从表中的统计数字可以看出,台风外围东南低空急流的出现往往先于北方暴雨 12～24 h,因此它对暴雨的发生是有先兆性的,它也为台风暴雨的预报提供了很好的依据。

表 5.3.4　北方台风暴雨与东南低空急流关系简况　(华北暴雨编写组,1992)

台风编号	暴雨时段	暴雨地区	过程雨量(mm)	低空急流时间	急流强度(m/s)	台风与雨区距离(km)
7502	7.29～30	河北柏各庄	531	7.28	14	2000
7503	8.7～8	河南林庄	1661	8.4	22	100
7504	8.11～12	河北迁西	371	8.11	18	1400
7613	8.12～13	山东成山头	219	8.11	32	800
7704	7.26～27	河北司各庄	464	7.25	20	1200
7805	7.25～26	天津蓟县	423	7.24	22	450
7909	8.16～18	吉林珲春	163	8.16	26	1300
8013	9.11～13	黑龙江虎林	87	9.11	30	1300
8108	7.27～28	辽宁新金	644	7.25	16	360
209	7.30～8.1	河南林县	593	7.29	22	600
8213	8.27～29	吉林天池	186	8.26	22	1000
8407	8.8～9	北京	207	8.8	22	1000
8409	8.20～21	辽宁凤城	116	8.20	22	1100
8506	8.2～3	辽宁凤城	149	8.1	14	800
8508	8.13～14	山东威海	229	8.13	20	800
8509	8.18～19	辽宁金县	192	8.18	16	900
8615	8.28～31	吉林天池	235	8.27	20	800
8704	7.16～17	黑龙江绥芬河	107	7.15	28	400

　　台风与西风带作用产生的暴雨是中低纬系统相互作用的一种基本形式。在这里东南低空急流起了重要的纽带的作用。

　　台风暴雨的强度常受地形的影响。在山地的迎风坡面,暴雨明显增强;而在背风坡面则减弱。沿海岸地形造成的台风降水的增强或减弱也是十分明显的。

　　(二)大风与强风暴

　　台风是一个中心气压极低的气压系统,因而低层风速很大。中心附近的强气压梯度处即为台风的最大风速区。它围绕台风眼区呈环状分布。在台风眼内风速极小,甚至为静风。台风大风的风速一般可在 25 m/s 以上。西太平洋上特强的台风中心附近,风速可达 110～120 m/s。在海洋上,台风中风速的分布基本上呈圆对称。但随着向高纬及近海地区移动,气压场的分布逐渐不再对称。在台风的不同部位气压梯度不同,因而风速的强度也不同。靠近副热带高压或大陆高压的一侧,由于气压梯度的加大,使风速增强。

　　地形影响使台风风速的分布发生很大的改变。台风登陆后,由于摩擦使能量很快消耗,这时风力明显减弱。进入大陆后又受到各种不同地形分布和山脉走向的作用,使风的分布十分不均匀。像我国浙江、福建一带,山脉多为东北—西南走向,当台风在该地区登陆北上时,在杭州湾以南只有沿海地区有强风;台风过了杭州湾,大风范围迅速扩大。在台湾海峡地区,风力的分布更具特殊性。当它还在台湾的东南方尚未进入海峡时,在其西部可有持续的东北大风;如台风经巴士海峡进入南海时,则会在浙、闽一带出现向北伸展的条状大风区。台风大风的预报一般是根据探测报告的资料和天气图来制作的。但在资料缺乏的情况下,也可用卫星云图来估计台风大风。目前,国内外根据云图所概括的台风发展模式和各阶段的云型特征,总结出一套判断台风大风的范围和最大风速的方法。

台风中的大风具有很大的阵性。据观测,阵风周期平均大致为 6 s 左右,振幅为 15 m/s。这种短周期的风速脉动说明台风内部存在极大的不稳定性。在台风的发展过程中,经常会产生强烈的中小尺度天气系统,如强雷暴、飑线、龙卷等。强雷暴常常发生在台风的发展期和减弱期,当台风成熟时,雷暴减少。雷暴一般位于台风的强风圈内。同时也产生在台风外围的台风倒槽或切变线中。台风中的龙卷风也是较常见的。根据在美国登陆的飓风的统计,约有 25% 产生龙卷,其中每个飓风平均出现龙卷 10 个,而在 1967 年的 1 个登陆飓风中竟产生了 141 个龙卷之多。

目前,对台风中强烈天气的预报尚无很好的办法,较普遍的是用卫星资料和雷达来追踪它们。这是台风天气预报的一个值得重视的问题。

(三)风暴潮

台风引起的风暴潮是台风中的一个重要天气现象。当台风的中心气压比正常气压低几十至 100 hPa 时,可以使海潮位抬高至 1 m。在沿海地区,由于向岸风而引起海水涌积而造成高潮。当这种高潮与月球引力造成的自然潮结合时,潮位就会更高。

台风造成的风暴潮会造成很大的灾害。它危及沿岸的经济设施和人民生命财产的安全。如1969 年 7 月 28 日台风在汕头登陆,中心气压降至 936 hPa,当时正逢天文高潮期,潮位比正常水位高出 2.8 m,浪高 2 m,海潮倒灌,使汕头等地水淹达 1~4 m 之高,造成严重危害。

台风大风可以造成海上的巨浪,在涡旋区内,浪高可达十几米。随着风浪向四周传播,强度减弱,周期增长,演变成长浪。它在台风行进方向的右前方强度最强,浪高而传播远;而在其右后方较弱。强大的长浪可以比台风移速快 2~3 倍的速度传播至 2 000 km 以外。这个特点常常用来作为台风影响或登陆的预测依据。如 1972 年 7 月 26 日下午 7 号台风在山东半岛荣成县登陆,此前在荣成县附近的石岛站已经观测到长浪的出现,至 25 日长浪明显增强,根据这个现象,预报员作出了台风即将在附近登陆的正确判断。

在台风眼附近,风向改变迅速。风浪之间互相撞击可形成很高的水柱。同时由于台风眼壁附近气压梯度极大,低压中心对海水有上吸的作用而使海面上凸,据计算,台风中心气压降低100 hPa,将会使海面抬升 1 cm。当台风移动时,这种很陡的海面落差会在其行进方向上海水突然上升数米而成向前倾斜的巨浪。巨浪冲击沿岸地区,可造成很大的破坏。

四、台风的移动及其路径预报

台风在其形成和发展过程中,受到外界条件及台风本身内力的影响而发生移动。对台风移动路径的预报是台风课题中重要的一环。因此必须研究影响台风移动的因子及其活动的规律,才能制订预报台风路径的方法。但是台风的路径是十分复杂的,影响台风的因子也是很多的,台风的移动路径千变万化,历史上几乎没有两条完全相同的路径,每年还会出现几种怪异的台风路径,成为研究和预报的疑难问题。因此台风的移动及其路径预报是台风研究中一个既有理论意义又有很高实用价值的问题。本节将从台风的一般路径,影响台风移动的主要因素,台风的疑难路径以及台风路径预报的基本方法几个方面来进行介绍。讨论的对象主要为影响我国的西太平洋台风的路径。

(一) 台风移动的路径

西太平洋台风移动的基本路径大致可以分为 3 类,即西移路径,西北移路径以及转向路径。图 5.3.6 为西太平洋台风移动的基本路径。可以看出,台风在热带西太平洋地区生成以后,主要向亚洲大陆移动,它的走向不同,将影响东亚大陆的不同地区。

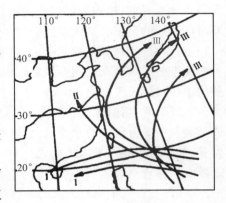

图 5.3.6　台风移动的基本路径
（梁必骐等,1990）

1. 西移路径　台风在菲律宾以东地区生成后即向西行进入南海,在我国华南沿海,海南岛或越南一带登陆。沿这条路径行进的台风对我国华南地区影响最大。

2. 西北移路径　台风在菲律宾以东形成后,即向西北偏西方向移动,在我国台湾或穿过台湾海峡在浙江、江苏一带登陆。沿着这条路径移动的台风将对我国华东地区影响极大。所以也有人称之为登陆型台风路径。

3. 转向台风　台风在菲律宾以东洋面上形成后向西北方向移动,进入我国东部海面或在我国沿海地区登陆后转向东北方向,使路径呈抛物线状。这是最为常见的台风路径。如果台风在远海转向,则它主要影响日本列岛或在海面上消失;如果它在近海转向,则影响我国山东、辽宁以及朝鲜半岛。有一部分台风也会进入渤海湾,甚至在山东半岛或辽东半岛登陆,影响我国北方地区。

西太平洋台风移动速度平均为 20～30 km/h,转向后速度加快,有时在 80 km/h 以上。在其他海区,台风移速有很大的差别。

从台风移动的几条基本路径可见,它的方向很大程度上决定于其环境流场的情况。台风发生在以东风气流为主的赤道辐合带内,位于副热带高压的南侧。因此副热带高压外围的气流对台风的移动有着引导的作用。台风与副热带高压之间的相对位置很大程度上决定了台风的基本走向。当它位于副热带高压南侧,而高压主体强而稳定时,台风就以西行为主;而当它移动至副热带高压的西南侧甚至西侧时,副热带高压的偏南气流就会影响台风北上甚至折向。副热带高压的东西及南北方向的位置也会很大程度上影响台风的位置及路径。由此可见,东亚及西太平洋大气环流的状态对台风的移动路径影响是很大的。

由于上述原因,台风路径有很大的季节性。一般情况下以西北向路径为夏季台风移动的主要路径。而在春、秋季则以西行及转向为主。西移台风的纬度随季节而变,1～4 月多在 10°N 以南,以后向北移动,至 5～6 月大致在 10～15°N 之间,至夏季可北至 25°N。9～10 月以后又开始南退。很明显这种变化是与热带环流及赤道辐合带的季节性变化有密切的关系。台风转向点也有明显的季节变化:转向点的纬度也是由冬至夏向北向西移动,而由夏至秋向南向东移动。表 5.3.5 为各月台风转向路径折向点的平均纬度。可以看出它随着季节的推进而十分有规律的移动,至 8 月到达它的最北转向点的纬度。

表 5.3.5　台风各月平均转向点纬度　(陈联寿等,1979)

月　份	1	2	3	4	5	6	7	8	9	10	11	12
转向点纬度(°N)	13.3	12.1	15.7	20.0	17.7	21.2	29.3	30.7	27.8	22.3	20.1	16.9

以上介绍的是台风移动的基本路径。实际上每 1 个台风的移动路径都是很不一样的。有的会出现原地打转、摆动,倒退甚至十分奇怪的路径。据统计,在西太平洋地区这类不规则的台风路径出现频率,约占台风总数的 29%,由于其路径的特殊性,使预报十分困难以致造成巨大损失,成为台风路径研究中的一个难题。经常出现的异常台风路径有:

1. 西折路径

台风在移向黄海地区时,按惯常会向东北方向转向。但这时由于大尺度环流形势的变化,路径会发生西折,这时台风会袭击我国的山东、河北和辽宁各地,形成当地的重大灾害。在东海上的台风突然西折,则会影响我国华东沿海各地。黄海台风西折大都集中在 7 月和 8 月,转折点几乎都集中在济州岛附近。在 5~11 月由于副热带高压脊西伸或强冷空气的南下,也会使北上的台风向西折向南海。西折路径多折向低压一侧,这时移速增强。

2. 北翘路径

西太平洋台风进入南海后,正常的应为继续西行,但有时它会突然向北折向,而正面袭击华南沿海。这种突然的折向多半是受热带地区大尺度环流的影响。如在夏季,这种北折多半由于季风辐合线的存在,赤道反气旋的加强等。折向多转向高压的一侧,折向后移速减弱。

3. 倒抛物线路径

少数台风在形成后不是呈抛物线沿着副热带高压西侧气流向东北方向转向,而是向西南转向。这是由于副热带高压突然加强西伸,而使台风转而向西折,形成反的抛物线路径。有时双台风的存在和它们之间的相互作用也可使台风向西南转向。

此外还有蛇行运动,打转路径及双台风形成的回旋运动等比较怪异的路径。

台风路径的研究和预报是一个十分重要而又困难的问题,寻找台风移动的规律,为台风路径预报提供必要的物理基础,是天气学工作者几十年来孜孜以求的奋斗目标。

(二) 影响台风移动路径的因子

台风作为一个涡旋,它活动在大尺度的大气环流之中,它的移动必然要受到环境流场的制约,也要受到其本身结构的影响。它在地球大气中活动,还要受地球自转的作用。综合起来,影响台风移动的主要因子如下:

1. 环境流场对台风的影响

台风周围大尺度流场对台风的移动有十分重要的制约作用。主要表现为以下几个方面:

(1) 大型流场的引导作用

台风是沿着大尺度流场的平均方向移动的,其移速相当于背景流场的平均风速。在东风气流中,台风向西移动。它的路径偏于引导气流的右侧;而在西风带中移动时,它向东移,这时路径偏于气流前进方向的左侧。在实际工作中,常常用对流层中上层的平均气流走向(如 500 hPa 至 200 hPa 几层的平均)来决定台风的大体移向。影响我国的西太平洋台风通常受副热带高压南侧的偏东气流或高空西风带槽前的西南气流所引导,当引导气流强时,台风路径较为规则;而当引导气流弱或多变时,台风路径也多变化。

(2) 高压系统对台风的阻挡作用

台风周围的天气系统对台风的移动有影响。当其前进方向上存在高压系统时,对台风会起到阻挡的作用。特别是有稳定的暖性高压存在时,台风就会受到阻挡而停滞或减速。当副热带高压断裂成几个环时,台风会在两环之间穿越而过,转而向北。当西北向移动的台风移近我国东南沿海而遇到冷高压南下时,台风就会受阻而改变方向。当北上台风接近中高纬西风带中的阻塞高压时,也常受阻挡而转向,随着其环境的主要气流方向移动。

(3)低压系统的吸附作用

当台风与另一个低压系统靠近时(如西风带长波槽,冷涡等),台风会急剧地向该低压系统移动并迅速并入其中,就像有吸附作用一样。这种突然的合并现象是由于在两个低压系统接近时,气压梯度力的平衡受到破坏,台风向气压梯度急减的方向移动。当低压系统位于台风的西北侧时,台风会向西北转向。

当台风附近有另一个台风存在时,它们之间可以相互吸引,也可能产生排斥,甚至两个台风互相打转的情况。双台风之间的相互影响的情况很大程度上决定于它们之间的距离。当距离小于 6 个纬距时,两者可能会因吸引而合并,而当间隔在 7~15 个纬距时,就会绕着它们中心联线上的质量中心而相互旋转。一般它们是以逆时针方向旋转的。

(4)海表温度的影响

作为发生在洋面上的台风,海水温度对台风的移动也是一个重要的外部条件。研究表明台风有向暖海水区移动的趋势。特别是当引导气流较弱,而其周围海区的海温异常十分明显时,台风会沿着海水温度的暖舌区移动,或者在暖水区内打转。如 1975 年 5 号台风,连续 4 d 一直在冷海水区东侧的暖区中沿暖海水舌移动。台风移动与海表温度的这种关系,为台风路径的中期预报提供了很好的线索。

2. 台风内力的作用

在台风涡旋范围内的空气质量,由于受到地转偏向力的作用而产生的力的总和,即为台风的内力。台风是一个圆形的涡旋,不同部位所受的力是不同的。从东西方向而言,由于纬度相当,因而东西两侧质点所受的偏向力大体相等,方向相反而互相抵消。但是在南北方向上,由于偏向力与纬度有关,纬度越高偏向力越大,所以作用在台风中心北侧空气质点上的力比南侧大,对于台风的旋转运动,会产生向北的力。同样这种偏向力对台风中经向的辐散流场也会产生一个向西的合力。此外由于地球的自传,台风中的上升气流也会有向西的分量。因此对于台风这样一个强烈辐合上升的涡旋系统,其内力的总效应是使其向西北方向移动。但应当指出,这种合力比起台风本身的气压梯度力要小得多,所以只有在其他作用力较弱时,这种内力的作用才会表现出来。

台风本身的作用还表现在由于台风结构的不对称性所产生的力。台风中风速分布的不均匀将导致台风移动路径的变化,这是可以通过计算来大致确定的。

3. 地形对台风路径的影响

地形对台风的路径有明显的影响。其主要作用是使其折向,加速或发生跳跃。

对于登陆的台风,陆地对它的影响是很大的,它会使台风的强度变弱,在其前端气压梯度明显减弱,产生一个偏于引导气流而向南的移动。台风在移过大型岛屿时,还会发生中心跳跃的现象,即在台风中心附近产生一个诱生低压,这时原台风消亡,诱生低压加强成为新的台风。有时两个中心也会同时存在,变成两个台风而继续西行。台风经过我国台湾省发生新的诱生低压的情况时有发生。它常常生成在原台风中心的西部,特别是在有强辐合气流的环境中。这种台风"跳跃"或"分裂"的事实也被转盘试验研究所证实。

（三）台风路径的预报

台风移动路径的预报是台风预报中主要的内容,它对加强预防,减轻台风造成的灾害有十分重要的实际意义。但如上所述,台风的路径是十分复杂,甚至怪异的。所受到的影响也是多方面的。目前台风路径的预报主要还是针对其行进方向和转向路径等较为基本的路径。由于实际应用的需要,台风路径预报的方法很多,如天气学方法,统计学方法和统计—动力相结合的方法等。

天气学方法主要是根据天气图上对环流形势的分析,注意副热带高压的活动动向和与大尺度环流形势有关联的引导气流的变化,来判断台风的移向。卫星云图是台风预报一个有效的工具,特别是海上台风,它可以弥补资料的缺乏来较好地作出台风位置及发展阶段的判断。利用台风云型的变化及其发展状况来诊断台风的移动方向。雷达资料也被广泛地应用于台风的定位及云型演变的判断。这3种手段的结合是目前天气学方法预报台风的主要途径。

由于台风路径的预报很大程度上是对其引导气流的分析和预报,因此判断台风是否西行或折向时,副热带高压位置、强度及未来动向,以及西风带中槽脊活动的情况,是预报工作者的关注的焦点。人们根据不同台风路径环流形势配置的特点来建立各种类型台风路径的预报着眼点。如西移台风的必要条件是在25°～30°N以南有稳定而深厚的东风气流;向北折向台风的有利形势则为经向型的大尺度环流,我国东部沿海为稳定的向南伸展的长波槽,副热带高压东退等。这时台风较易沿着槽前的西南气流向北折向。

目前各个预报单位在日常业务工作中都建立了各种台风路径的预报模式,并在实际应用中不断改进和完善。

统计学方法也是台风路径预报一种常用的方法,它把影响台风移动的各种因素定量化,然后用统计学方法进行归纳、计算。动力学方法则是利用描述台风移动规律的动力学方程组,利用数值模式来计算未来台风的位置。以上两种方法都是使台风路径预报客观化,定量化的重要方法,是台风路径预报发展的方向。但是这两种方法的基础是对台风移动规律物理过程有清晰而准确的了解,目前这方面的知识还远不能达到这个要求。因此加强对台风移动物理本质的研究是提高台风预报准率的最重要的途径。

五、台风的发生、发展及形成理论

（一）台风形成的基本条件

台风形成的基本条件又称必要条件。从上面介绍可以看出,台风是一种强度极高的低压涡旋。一个成熟台风所释放的能量可达 2×10^8 kJ。这样强大的系统是由热带地区弱小的扰动中发展起来的。但是据统计,热带洋面上每年夏季可以发生大小不等的扰动多至100多个,只有其中一小部分可以发展成台风。那么在什么样的条件下热带扰动才有可能发展成台风,成了人们极为关注的重要问题。在大量的研究中逐渐认识到台风是由一个冷中心热带扰动发展,转变成暖心的台风的。

早在20世纪50年代,帕尔门(Palmen)就把台风形成的必要条件概括为以下3点:(1)要有足够广阔的洋面和足够高的海表温度;(2)台风必须形成在3～8°以外的热带地区,即要有一定的地转偏向力的环境;(3)基本气流的垂直风切变要小。以后人们又加上了要有初始扰动及其高空辐散流场等条件。目前气象学家们认为台风形成的基本条件可以归纳为以下4个方面：

1．热力条件

台风形成的热力条件主要指所在的热带洋面的温度，以及其上气柱的热力结构必须是不稳定的两个方面。根据大量的观测事实，台风只能发生在海面温度为 26～27 ℃以上的洋面上。在西太平洋的热带洋面上，全年的海表温度都较其他热带洋面要高，尤其在菲律宾至加罗林群岛附近，海水温度可高达 28 ℃以上。因此该地区成为台风的多发地区。而在东南太平洋，海水为偏冷区，所以没有台风发生。在热带洋面上对流层低层的温湿结构主要决定于海水温度。海水温度越高，通过海气交换可以把海表高温高湿空气向上输送，使低层空气的温度和湿度剧烈升高。这时空气柱处于高温高湿状态。低层高温高湿的结构形成了气柱的位势不稳定。也即当有气块的抬升过程时，就会有足够的浮力使它继续作向上的运动。不稳定程度越高，这种上升运动就会越持久和强烈。加速的上升运动促进了积雨云的发展而随之而来的凝结潜热的大量释放。低层的暖湿空气在沿湿绝热过程上升时，一直至 12 km 高度，它的温度都会比周围高。这就使原本冷心的初始扰动转变成暖心结构。因此暖的海面为水汽的源源不断的供应、对流不稳定层结的形成以及积雨云的发展提供了十分必要的条件，它是台风形成的一个重要的能量供应地。

台风的主要能源来自于潜热的释放。因此台风在其形成过程中必须有持续的水汽供应，否则即使形成了台风，也较难发展和维持。因此人们还指出台风必须发生在宽阔的洋面上以便供应十分充足的水汽。菲律宾以东至加罗林群岛就是一种广阔的暖洋面区，台风形成后可以在暖湿的洋面得到充沛的水汽供应，保证了不稳定潜能的供应。

2．地转偏向力的作用

台风是一种气旋式涡旋，也即它的风场是以反时针的方向作快速旋转的。因此单纯的上升垂直气流和积雨云系，远不能形成台风的结构。它要求在起始时刻不仅有气流的向中心的辐合，而且还必须有一定的水平旋转。从简单的大气的涡度方程可以知道，地转偏向力是一种连接机制，它能使经向的散度运动与水平的旋转运动（涡度）连系起来。在北半球，当有径向的辐合运动时，就会使反时针的水平旋转（正涡度）加速，决定量值的系数即为地转偏向力。由于地转偏向力随纬度而变化，它在赤道为零($\sin\varphi=0$)，因此即使有很大的辐合也不能产生旋转运动的加速；只有在离开赤道一定纬度后，才有可能使辐合与正涡度的增加联系起来。可见热带扰动必须位于距赤道以外一定的纬带上才有可能产生旋转而发展成台风。大量的观测表明，台风一般形成在南北纬 5 个纬距以外的地区。而在赤道南北 5 个纬距以内则很少有台风发生。

3．较小的风速垂直切变

不少研究指出，基本气流中弱的风速垂直切变是台风眼的形成及扰动加强的重要条件。这实际上反映了扰动周围的通风条件。当风的垂直切变大，也即对流层高层风速大时，积云对流所产生的凝结潜热会迅速地被带到周围而扩散开，只能使大范围内略有增暖和降压，而不可能只在几百公里的小范围内集中足够的能量并形成台风。只有在风的垂直切变较小，对流层上下空气相对运动小时，能使凝结潜热主要集中于同一气柱内，以便很快形成暖的中心，使气压不断降低。这时初始扰动中较为分散的积云、积雨云才会逐渐组织起来。因而这个环境条件也已被公认为是一个十分重要的必要条件。

实际的分析观测事实表明，如果用 200 hPa 与 850 hPa 风的差值来代表风的切变值，则盛夏在台风多发区的西北太平洋、南印度洋、北大西洋等地区都是风速垂直切变的小值区，而北印度洋的风垂直切变很大,故很少发生台风。至于垂直风切变对于台风形成的临界值,至今尚无统一的判据。在西太平洋和南海地区台风多发生于 5~10 m/s 的垂直切变小值区(200 hPa 与 850 hPa 的风速差),而在大西洋地区,几乎所有的扰动都在小于 6 m/s 的垂直切变环境中发展加强。

4. 初始的热带扰动

要使处于不稳定中大气的不稳定能量得以释放并转变成台风的动能,必须有一个启动的机制,也即有适当的低层扰动来抬升暖湿空气。扰动可以使低层辐合,使气块上升至自由对流高度以上,以释放不稳定能量。

根据近几年来对西太平洋台风的分析发现,大致有 4 类初始扰动可以发展成台风。第一种是热带辐合区中的扰动,这是一类最主要的初始扰动,它可以占台风总数的 60%~80%。第二种是由东风波发展起来的台风,它占台风的 10%~12%。第三种是由高空冷涡向下伸展而生成台风,它只占 5% 左右。第四种则为从中纬度长波槽中切断出来的冷涡,占的比重更小,每年也只有几个。前两类热带扰动对台风的形成有特殊的意义,许多学者对此有过大量的研究,建立了不同初始扰动情况下台风形成发展的模式,在下一节中要作详细的介绍。

(二)台风形成发展的物理过程

对于台风形成的物理过程,几十年来气象学家们作了大量的工作,提出了各种物理模型和学说,如"对流学说","热机假说"等。但这些学说都存在各种不同的缺陷,最主要的是解释不了台风的暖心的结构。近些年来,学者们根据台风的初生扰动的不同,研究了不同的物理过程,建立了模式。

1. 东风波扰动发展台风的模式

东风波的辐合区集中在波顶附近,这时如果高空有强的辐散气流相配合,东风波动就会加深以致形成闭合流场。在其他条件的配合下,就有可能发展成台风。

很早学者们就注意到热带东风波发展成台风的事实,并提出一些理论解释,如锐尔在其"热机假说"的基础上,建立的东风波模式。但是他不能说明如何由东风波的冷心结构转变成台风的暖心结构。20 世纪 60 年代,柳井对东风波发展或台风作了一系列研究,他提出了台风发展 3 个阶段的新的模式,如图 5.3.7 所示。这 3 个阶段的特点分别是:

(1)波动阶段 这时东风波扰动是冷心的,上升运动区比周围空气要冷。波动由基本气流提供动能,高层有反气旋结构,它有利于中低层东风扰动的进一步发展。

(2)增暖阶段 出现在 24 h(小时)以后。由于凝结

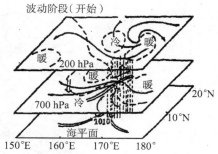
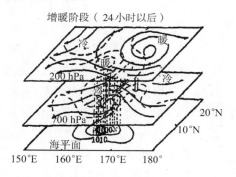
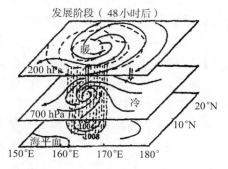

图 5.3.7 台风发展的东风波模式
(Yanai,1961)

潜热的释放,使气柱开始缓慢增暖。最大增暖中心在 400～300 hPa 的中、高层,以后向下扩展。使扰动区逐渐由冷心向暖心转变。高空的反气旋环流也随之增强。

（3）发展阶段　出现在 48 h(小时)以后。整个对流层的暖心结构建立,地面低压突然加强,并出现气旋式流场,台风随之形成。

这个理论模式较好地说明了台风暖心结构的形成,与实际观测也比较一致。

2. 赤道辐合带中台风形成过程

过去关于台风发生发展的模式大都建立在上述东风波理论基础上的。近年来,大量的观测事实特别是卫星资料的涌现,揭示了赤道辐合带对台风形成的重要作用。特别是在西太平洋,大约有 85% 的台风发生在赤道辐合带内。这是因为西太平洋的赤道辐合带十分活跃,其南侧的西南风强大而稳定。

图 5.3.8 为西太平洋赤道辐合带中台风形成的过程模式。第一阶段的特点是:赤道辐合带

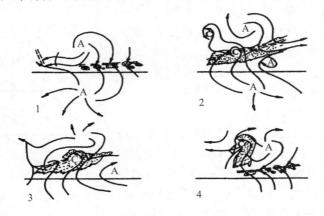

图 5.3.8　赤道辐合带上台风产生的各个阶段(朱乾根等,1992)

在赤道附近,北侧为东北气流,南侧为东南气流,沿赤道辐合带为分散的云系。第二阶段:南半球冷空气爆发越过赤道成西南气流,它使赤道辐合带北抬加强,并发展气旋性环流。云区也相应扩大。第三阶段:涡旋继续发展并向北突出,云区扩大,高空出现反气旋的辐散气流,这时涡旋已达热带低压的强度。第四阶段:热带低压已发展成台风并脱离赤道辐合带而向北移动。台风云系呈螺旋状。

在赤道辐合带中有时常常会出现连续几个台风。有的是先后出现,有的则可以是同时出现的,这决定于赤道辐合带的强度以及台风形成地区的条件。

赤道辐合带中也有一种台风是由两个云团旋转合并而发展成台风的。这种台风形成的过程是:初始阶段,赤道辐合带中两个云团是相互独立的,中间有明显的碧空区。由于扰动发生在碧空区,因低空辐合而形成上升气流和对流云系。这时两个云团被涡旋气流很快组织起来变成两支卷入辐合中心的螺旋云带,即外云带。螺旋云带促使水汽辐合及对流云的强烈发展而成内云带,组成了密蔽云区。对流云发展及凝结潜热的释放使中心逐渐变暖,中心气压急剧下降,切向风力也迅猛加强。在离心力作用下中心地区形成台风眼,内云带也演变为眼壁云墙。

台风还可以由中纬度切断冷涡演变而来。当中、高纬西风带低槽强烈发展而南伸时,在其南端常常会切断出一个小的低涡,当它位于热带洋面并侵入东风气流中时就有可能由冷性变为暖性,发展成台风。

　　同样当低纬度对流层上部 200 hPa 附近有冷涡向下层延伸时,在合适的热带条件下会爆发低空涡旋的发生和发展,演变成台风。

　　3. 冷空气对台风发生、发展的作用

　　台风在向北移动,遇到冷空气时,由于冷空气的强度及作用部位的差异,会对台风产生截然不同的作用。长期以来人们对这种作用持有完全不同的见解,有人认为冷空气会使台风加强,也有人则认为它会使台风减弱和填塞。但是大量的观测事实表明,冷空气是可以使台风发展和加强的。特别是我国华南地区的气象工作者,很早就发现侵入南海地区的冷空气或东北气流可以促使南海台风的发展。适当强度的冷空气对台风有激发作用。

　　虽然目前对冷空气与台风相互作用的机理还不十分清楚,但大体归纳出以下几个方面的作用:(1) 冷空气的侵入使原本潮湿不稳定空气抬升,加速上升运动和潜热的大量释放;(2)冷空气使华南地区东北风加强,在与南海南部西南风的共同作用下,使低压外围的气旋式辐合气流加强,引起动量向中心输送而使台风发展;(3)冷锋向南推进时仍保持一定的斜压性,这种斜压能量的释放,促使扰动的发展;(4)冷锋过程在热带地区所造成的大范围的对流云系给台风云系提供了一个良好的背景条件。

　　但是比较一致的意见认为:过强的冷空气对于台风的维持会起不利的作用,它会破坏台风的暖心结构,促使它的消亡。

　　(三) 第二类条件不稳定与台风形成理论

　　积云对流所释放的凝结潜热是台风形成的重要能源。对流活动是发生在条件不稳定的大气层中的。当潮湿的空气上升时变成饱和,由凝结释放的潜热加热了气柱,使它相对于周围大气有一个浮力,促使气团继续上升。这种对流活动只要在条件不稳定的大气层结中即可以存在。但是它主要是一些尺度很小的积云,不能说明台风尺度的气旋环流的发生。此外大气边界层中的空气也远不是饱和的,在它具有浮力以致上升之前必须有一个外界的较强的抬升作用。这种强烈的抬升作用在均匀的热带海洋上只有在有低层的辐合或天气尺度的扰动产生时才有可能。因此可以设想这样的过程:天气尺度的扰动在边界层中产生了气流及水汽的辐合,它使对流发展并组织起来,维持这种过程的不断发展。积云对流所释放的潜热不仅维持了对流的不断加强,也给天气尺度的扰动提供能量。图 5.3.9 表示了积云对流与天气尺度扰动之间的相互作用。它使对流层中、上部不断增暖,而扰动中心的气压不断降低,从而导致天气尺度的低压涡旋不断发展。这种由积云对流和天气尺度扰动两者相互作用所产生的不稳定性,促使天气尺度低压不断发展的过程称之为第二类条件不稳定,它有别于中小尺度中对流过程的条件不稳定。

　　第二类条件不稳定一般用其英文全称的缩写 CISK (Conditional Instability of Second Kind),最早是由恰尼 (Charney)和厄里亚逊(Eliassen)等在 1964 年提出来的。以后许多学者从不同侧面对它进行了完善。在恰尼的这个理论中,特别强调了边界层中摩擦辐合的重要性。它的作用在于使边界层风向发生偏转,气流向中心辐合,在热带洋面上它使水汽向中心不断辐合,给系统提供能源。

　　从以上的介绍可以看到,CISK 机制对于台风等热带涡

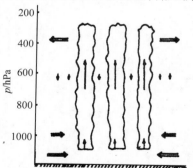

图 5.3.9　积云对流与天气尺度
扰动之间相互作用示意图
(陈联寿等,1979)

旋的发生发展的物理过程做了很好的解释。用这个理论对台风数值模拟试验也是比较成功的。但是根据近年来的研究表明,CISK 理论在解释台风形成时尚存在一些缺陷。如它过高地估计了潜热加热导致的增温;最大的辐合不是在边界层,而是在边界层以上,因此不能完全用埃克曼摩擦来解释等。有的学者指出了积云动量的垂直输送在台风发展中的重要性。这种提法较好地解释台风形成前期初始扰动场中低层快速降压形成的过程。

(四)台风的变性与消亡

当台风北上接近中纬度的斜压区时,如有冷空气的侵入,这时台风会变得活跃起来,就如上一节讨论冷空气对台风影响中所述。有时台风就会发生变性,逐渐变成温带气旋,原来的暖心结构消失。这种再加强的台风或变性的温带气旋往往还能再维持几天时间。

有些登陆的台风 强度已大大减弱,但还未完全消亡,这时如果路径折向东北,重新进入海洋地区,由于洋面温度较高,又有充沛的水汽供应,减弱的台风会重新发展加强,风速可以加大,中心气压也会有所减低。

影响台风消亡的重要原因是能量来源的切断和环流形势的变化。其最主要的标志是台风暖心结构的破坏。台风减弱的原因大概有如下几个方面:(1)台风周围的海温明显减低;(2)台风的水汽源地被切断;(3)由于地面摩擦,使台风低层辐合动能减小;(4)台风环流由于受外界影响而受到抑制;(5)强冷空气侵入台风中心,使其暖心结构破坏。其中暖湿空气供应减少以致台风主要能源被切断是台风衰亡的主要原因。暖洋面热源被切断造成了台风暖中心温度降低,以致低压环流变弱,风力大为减弱。据计算,这种风力的减弱所表现的动能产生率的减少要比摩擦消耗的动能量大得多。

综上所述,可以把台风登陆后的衰弱机制归纳如下:台风登陆后,海洋热源被切断,水汽供应和辐合减小,向上输送的水汽和热量也减小,导致积云对流活动和潜热释放的减弱使原来的暖心结构受到了破坏。同时高层向外的流出也减弱,导致低层辐合大于高层辐散,低层不断填塞以致消亡。登陆台风的填塞往往从低层开始,高层的台风环流消失则较晚。有时台风在海上也会消亡,它的主要原因是低层径向辐合的明显减小,致使水汽流入量减小,对流减弱,影响了暖心结构的维持。

第六章　中尺度天气系统

第一节　中尺度天气系统基本概况

中尺度天气学是天气学的一个重要分支,它与许多严重的灾害性天气有十分密切的联系,如暴雨、冰雹、龙卷、雷暴大风、尘暴等。中尺度天气特别是对流性天气系统,具有很大的能量。若以风速估计它的动能,一个对流风暴的平均能量相当十多个在广岛爆炸的第一颗原子弹。强烈天气给人类带来很大灾难。如1972年5月3日贵阳机场下了一场历时8分钟的冰雹,使机场的飞机遭到严重破坏。1961~1980年仅上海地区,由于对流天气造成船舶损坏1 400余艘,飞机6架。这样的例子是很多的。因此中尺度气象越来越受到人们的重视,在大气科学中占有十分重要的地位,特别是近二三十年来,发展十分迅速,成为当代气象学中重大的研究课题之一。许多国家及国际性气象机构相继组织和进行了各种中尺度试验,取得了不少宝贵的资料和研究成果,不仅大大推动了中尺度气象学的发展,并使大气科学,尤其是天气学的水平推向了新的高度。

一、什么是中尺度系统

大气运动的多尺度性早已为人们所认识到:如夏天活跃的积雨云单体或龙卷风等其生命史往往为几个小时,但是中高纬度的降水过程常常可以维持几天,冬季的寒潮过程,其生命史也可达1周左右。从水平尺度而言,前者只有百公里,甚至小至几十公里,而后两者则可达千公里以上。显然,不同尺度的天气现象与其相应的天气系统具有截然不同的动力学、热力学特征。但是如何来确定中尺度系统呢?从20世纪50年代开始,气象学家们就以各种不同角度来划分不同天气尺度的系统。如李达(Ligda)根据对降水系统进行的雷达观测所积累的经验指出:"大到不能用单点观测,而又小到不能在区域天气图上看出来"的系统应称为"中尺度"。在此概念指导下,人们把"中尺度"系统描述的时间和空间尺度比常规探空网小,而又比积云单体大的一种尺度,也即水平尺度为几十至几百公里,而时间尺度为几小时至日的一类系统。以后又有气象学家从理论上对大气系统进行分类,他们利用大气内部各种物理参数的大小来区分大气系统的时空尺度。例如罗斯贝数(Ro),弗罗德数(Fr)等无量纲参数的大小可以反映作用于其上的基本力的大小,以确定大气运动的性质和尺度。如对于大尺度系统,罗斯贝数大致为10^{-1},弗罗德数则远远小于1;而对中尺度系统,罗斯贝数大体为1,弗罗德数相对较大,在1左右。但是由于中尺度系统的尺度范围很广,情况比较复杂,由上述两种方法划分不同尺度的系统,它的数量界限不易确定,因此给应用造成困难。从实用的角度看众多的特征各异的中尺度系统需要有更为细微的分类。奥兰斯基(Orlanski)(1975)综合了经验和理论的分类的研究结果,提出了一个比较细微的尺度划分方案。这个方案经过有关国际气象组织的讨论以及近年来的中尺度观测,研究实践,得到了较为广泛的认可和普遍采用。按照他的方案,大气运动可以分成大、中、小3种尺度,而又以希腊字母α、β、γ来进行细分,共为8类。相邻两类的空间尺度大体相差1个量级。

对于大尺度(macro-)而言,他分成大-α 尺度和大-β 尺度,分别为(10 000 km 和 2 000～10 000 km 的空间尺度,时间尺度则为几天至 1 个月。这类系统长如驻波、超长波,短则长波系统。对于中尺度的范畴,其空间尺度可以为 2 000～2 km,时间则以天至分。可见中尺度系统的尺度变化幅度是十分宽广的。其中较大的中尺度系统称为中-α(meso-α)系统,其空间尺度为 200～2 000 km,如锋面、台风、对流复合体等;其次为中-β(meso-β)系统,尺度在 20～200 km 之间,这是中尺度气象所要研究的重要内容。这类系统如雷暴群、飑线等;而中-γ(meso-γ)尺度则在 2～20 km 间,如龙卷、尘暴等,奥兰斯基的尺度划分表面上看是按照尺度的大小作为标准,实际上它包含着较为深刻的物理含义。不同尺度段的系统的运动受到不同物理参量的控制,如对大尺度系统,与地转运动有关的参数控制了系统的变化;在中尺度范围内,惯性力以及浮力控制着运动的发展;而对小尺度运动,重力等湍流因子起到很大的作用。由此可见,这种分类方法体现了系统运动及演变的本质,是较为科学的。

大气运动的分类及尺度的定义还有很多,有的国家还有他们自己习惯的定义和名称,如日本人习惯把中-α 尺度称之为中间尺度,把中尺度范围大体局限于中-β 和中-γ 两种尺度之内等。还有一些分类则是为了适合其本项研究所设定,但是目前比较通用且在大规模观测试验中加以应用的仍是上述介绍的奥兰斯基的方案。

二、中尺度系统的特征

虽然中尺度系统种类繁多,千差万别,但是它们都具有以下几点基本特征:

(一)空间尺度小,生命期短

如上所述,中尺度系统的水平尺度 L 大体为几百公里,而垂直方向伸展的高度 h 约为 10 km,因此 h/L 值大体为 1/10,而对于大尺度而言,H/L 值则为 1/100 以上。因此对于后者,水平方向的运动是十分重要的。许多大尺度系统如长波,超长波等,可以认为其水平方向的运动是重要的,经常的,而垂直方向的运动只有在特定的阶段如系统强烈发展或特定的部位,如长波槽前,变得不可忽略,一般情况下大尺度运动可以认为基本上是水平的。但是对于中尺度系统而言,垂直方向的运动就不能忽视,比如积雨云,它向上伸展可达十几公里高空,而其直径可能也只有几公里或几十公里,它在垂直方向的运动更显重要。这一点是与大尺度系统十分重要的区别。

(二)强垂直速度

由于尺度的原因,中尺度系统的动力学参量与大尺度的有很大差别。上面已指出,对大尺度系统运动大体上可视为水平运动,这时风场的涡度要比散度大 1 个量级,大致为 10^{-5}/s。相应的垂直速度则小于 10^{-3} hPa/s。但是中尺度系统中,垂直速度要比大尺度的大 1～2 个量级,尺度越小垂直速度越大。像在强烈发展的对流云体中,垂直上升运动可达 m/s 的量级,而在天气系统中,则一般为 cm/s,甚至更小。中尺度的涡度与散度也比大尺度的要大 1～2 个量级。特别是散度,它几乎与涡度同量级。这种动力学特征,使中尺度运动具有明显的三维运动的特征。

(三)很强的时间和空间变化(梯度)

在大尺度系统中气象要素随时间及空间的变化较小,即使是在锋区附近,温度与气压的水平梯度一般分别为 10 hPa/100 km 和 10 ℃/100 km。而时间变化也是为每日几百帕和度。但是对于中尺度系统而言,上述几项的量值都要大得多。以 1 次飑线过境为例,它的气压梯度和温度梯度分别为 10 hPa/1000 m 和 10 ℃/1000 m,要比锋面周围的梯度大 100 倍。而时间倾向则分别为 10 hPa/min 和 10 ℃/min。强度要大 10^3 倍。这样强烈的气象要素的变化是中尺度系统具有极强破坏性的原因。

（四）风压场关系的非地转性

在大尺度运动中，由于运动的水平特征以及时间变化的缓慢，使系统所受的由地球自转造成的科氏力与气压梯度力大致平衡，得到了风场与气压场之间比较简单的线性关系，也即地转平衡。这给大尺度运动的研究带来了十分有利的条件。但是由于上述的原因，中尺度运动中，气象要素水平的变化、时间的变化都很大，地转平衡不能满足，风场与气压场之间不再是简单的线性关系，地转风原理不再适用。中尺度系统的尺度越小，这种平衡关系就越差。有许多中尺度系统有很强的风的涡旋结构，但是却发生在大体均匀的气压场中。这使我们用常规的分析方法很难来识别它们。

（五）非静力平衡

在大尺度运动中，由于垂直方向的运动及其变化相对于水平方向而言要小几个量级，因此它在垂直方向受到的力，主要为垂直的气压梯度力和重力。这两个力的相互平衡构成了气压随高度变化的一个简单关系，即它只决定于空气密度的变化及作为常数的重力加速度。这种关系称之为静力平衡。这种关系为天气学分析以及天气动力学研究带来了十分有利的条件。它使常规的天气图分析从等高面上的气压分析转换成等压面上的高度场，避开了较难探测的空气密度这个要素，也使动力学研究中第三运动方程变成一个线性的简单的静力方程。但是在中尺度问题中，上述简化不再成立，中尺度垂直速度及其变化的重要性使气压梯度力与重力之间的平衡被打破。因此在研究中尺度运动特别是尺度较小的中尺度系统时，必须考虑到静力平衡关系所造成的误差，甚至完全不能应用这种关系。这是中尺度研究中一个十分棘手的难题。

综上所述，由于中尺度系统本身的这些特点，对其分析和研究应有另一套与天气尺度或大尺度不同的方法，同时也带来很大的困难，这也是自 20 世纪 50 年代以来，中尺度气象学发展较为缓慢的原因之一。

三、近代中尺度气象学发展的特点与概况

近二三十年来，中尺度气象学有了突飞猛进的发展。无论是观测事实，数值试验，理论研究或是实际的预报监测都比以前有了很大的变化。归纳起来大体有如下几个方面：

（一）新的观测事实的获得

由于新的观测手段的使用，对对流风暴的结构有了较深刻的认识。建立了对流风暴模式。通过气象卫星资料，发现了组织成整体的对流风暴，即中尺度对流复合体。20 世纪 80 年代还提出了温带气旋中的中尺度雨带的各种形式，即暖锋雨带、暖区雨带、宽冷锋雨带、窄冷锋雨带、锋前冷涌和锋后雨带。对我国长江流域梅雨中的中尺度系统也进行了研究，给出了其上的中-α 和中-β 尺度系统的结构和它的性质。这些发现无疑使中尺度气象学进入了一个新的阶段，大大有助于掌握中尺度活动，也有利于对中尺度系统的预报。

（二）中尺度系统物理成因的研究

近年来对中尺度系统发生成因的研究得到广泛的重视。人们注重研究各类中尺度天气发生的物理条件及大尺度背景场的作用。如比较清楚地了解了暴雨、冰雹等重要的灾害性天气发生时动力、热力条件以及水汽供应情况，研究了大尺度环境如垂直风切变、高低空急流、大气层结等多个方面所应具有的条件。边界层的作用也做了深入的研究，指出下垫面热力分布的不均

匀以及中尺度地形对中尺度系统的形成和强度有很大作用。前者如海陆风,后者如背风波、地形中低压等。在这些研究的基础上建立了不同类型的中尺度模型,如各类暴雨(或冰雹)的发展模型,雷暴发展的三维模式等。在研究中尺度系统发生背景条件的基础上,开展了大、中、小尺度系统相互制约、相互影响过程的研究。

(三) 中尺度动力学与数值试验的发展

近 20 年来,中尺度动力气象学家们致力于中尺度对称不稳定的研究,并用它来解释飑线、中尺度雨带等现象,研究水平风切变、变形场在锋面环流形成及中尺度锋面雨带形成中的作用,从而建立了强风暴动力学。

强对流系统的数值模拟是一个复杂的问题,主要的困难是对它的动力学和定量研究还太少,对流系统的非线性特征及各种尺度强烈的相互作用都使问题变得十分复杂。因此长期以来这方面工作进展不大。但随着电子计算机的发展及对中尺度系统物理过程的深入了解,中尺度数值模拟的工作有了迅猛的发展。模式已从过去的 0~1 维只能研究一朵简单积云发展的模式到目前的二维甚至三维对流模式,较真实地模拟出积云发展的动力过程和微物理过程。近年来不少中尺度模式还可成功地模拟出飑线、强暴雨过程等,这些成果无疑为深入了解中尺度系统发展的动力、热力过程及发生、发展的物理机制都有十分重要的作用。

(四) 中尺度观测试验的广泛开展

近一二十年来由于观测技术的发展以及经济条件提高,各国相继开展了规模不等的中尺度加强观测试验,设置了有不同目的中尺度观测网,获得了一大批宝贵的中尺度资料。如 1966 年美国针对强风暴系统的研究,建立了由 10 个高空探测站,55 个地面站及一些新型雷达组成的中尺度探测网。高空测站间距平均为 28 km,时间间隔为 1.5 h(小时),地面间隔为 20~30 km。1968~1972 年日本针对梅雨暴雨天气进行了中-α 和中-β 的观测和研究计划。70 年代末期在美国中西部地区进行了规模更大的"强风暴和中尺度试验(SESAME)"。它的地面和高空观测网密度分别为 10 km 和 80 km,高空观测时间间隔为 3 h。并动用了大量的探测工具,除了多普勒雷达外,还有特殊装备的飞机,投掷式探空仪等。对强对流天气爆发的条件及其演变过程的研究起到了明显的推动作用。在我国也先后进行了华南和长江中、下游暴雨过程的中尺度试验,以及华北地区的冰雹观测试验等。这些工作对了解暴雨、冰雹等中尺度系统活动特征有很大的促进作用。总之专项的野外中尺度观测试验对于获取必要的中尺度信息,研究中尺度系统发生、发展的物理过程是一种特别重要的手段。

(五) 开展了强天气的警戒和预报业务

20 世纪 60 年代以来许多国家根据各种方法研制了短期雷雨、暴雨及其他强对流天气的预报方法,收到了很好的效果。预报水平有了显著的提高。80 年代以来中尺度气象学家提出了临近预报(Nowcasting)的概念,并广泛地开展了临近预报业务,它是对强天气进行 0~2 h 左右的警戒和预报。如美国从 1979 年建立了对局地天气监测和预报的系统(简称 PROFS),英国、加拿大、日本等国也都建立了相应的临近预报的业务体系。在这种业务体系中,利用卫星、雷达或某些特殊观测对资料进行不断的更新,并以此作出对中尺度系统(天气)发展、移动的判断和预测。并利用现代化通讯设备和服务网快速将预报传递给有关用户。这项预报业务的开展对中尺度的观测、研究和预报应用起了很大的促进作用,它改变了过去对分析、预报等的常规做法,把预测、资料处理、天气动力和数值预报等的综合分析与预报服务联成一个有机的整体,大大提高了对中尺度灾害天气的预报能力,防止和减轻它的危害。

第二节 对流性天气形成的物理条件

中尺度对流性天气的发生和发展过程受大尺度环境条件的影响很大。环境场的物理条件不但制约了它的发生及对流系统的种类,还会影响到对流系统的结构、强度及组织程度。早在20世纪40年代中期,人们就归纳出雷暴发生的三个要素,即不稳定层结、丰富的水汽以及抬升气块的启动机制。近10年来,对环境场的物理条件有了大量的研究,进一步归纳出强对流天气发生发展所必须具备的几个条件,这些条件是:(1)位势不稳定层结的形成;(2)足够的水汽供应及辐合;(3)强烈的上升运动及抬升机制;(4)环境风场的垂直切变;(5)低空急流的存在等。此外局地的特殊地形对中系统的发展和加强也有十分重要的增幅作用。这些条件中前三项大体属于对流天气形成的基本物理条件,后三项则属环境场对它的作用。我们分别对它们进行细致的介绍。并以影响我国最多的暴雨天气作为讨论的主要对象。

一、强对流天气形成基本物理条件

(一)位势不稳定层结

强烈的对流性天气都是由潮湿的空气上升凝结,形成积雨云并组织起来的。积雨云越强,要求有极强的上升运动。大气中能够维持这种越来越强的垂直运动的机制就是层结不稳定。在大气的层结处于不稳定时,如果发生气块或气柱被抬升时,它就会依靠其自身的浮力而不断上升;如大气层结处于稳定结构时,气块的上升运动就受到抑制,不能继续上升,对流系统就得不到发展。因此大气中不稳定层结的存在是对流发展的重要条件。目前用来描述这种不稳定条件的判据有很多,经常用来讨论暴雨、冰雹等中尺度过程的是对流不稳定的判据,即假相当位温 θse 随高度的变化。θse 是一个描述湿空气垂直运动的准保守的量。当它在大气中的垂直分布是随高度向上减小时,大气即使处于对流不稳定状态,而当它向上增加时则为对流稳定。判据 $\partial \theta se / \partial p$ 大于零时为对流不稳定,等于零为中性,小于零时为稳定。

在强对流天气发生前,大气常常处于明显的不稳定状态。根据对我国大量的个例分析统计,在强对流天气发生前,850 hPa 高度上的平均 θse 值为 336.4 K,而在其高空 500 hPa 处则平均为 329.4 K,θ_{se} 向上是减小的,即处于对流不稳定状态。对于暴雨过程来说,统计数值表明,上下两层差值要略小。

怎样的天气过程才能有利于气柱层结不稳定条件的形成呢? 由于假相当位温 θse 的值决定于水汽和温度两个因素,因此空气中湿度与温度的垂直分布直接决定了层结的稳定与否。当空气处于上层干冷,低层为暖湿的状态时,θse 的垂直分布为上层小,下层大,即有利于不稳定层结的建立和发展。在实际预报业务中,当高层有冷干的空气移入本地(如小股冷空气侵入),而低层则有暖而湿的空气流入时(如有南方暖湿季风影响),大气即处于不稳定状态。

(二)水汽的输送和辐合

对流系统要持续发展,必须要有充沛的水汽供应。特别是暴雨天气。据计算,通常情况下,潮湿的海洋气柱中,最大的可降水量(即把气柱中所有的水汽都凝结成水滴并变成降水的量)只有 50 mm。但是 1 次暴雨过程所产生的降水经常远远大于此量。如 1975 年 8 月发生在河南地区的大暴雨过程雨量达到 1 631 mm,这说明在中尺度对流系统中,特别是暴雨过程发生前后,必须要有充足的水汽的输送,以及水汽在暴雨区内的积聚和辐合,才能使它在上升过程中不断凝结成云并产生降水。

我国是一个多暴雨的国家,夏季我国东部地区暴雨过程的水汽源地主要来自南部和东部的海洋地区。影响我国夏季天气的夏季季风是一支又潮湿又高温的气流,它从热带海洋地区向我国大陆源源不断地输送水汽,成为我国夏季强对流天气发展的最主要的水汽输送带。

在对流天气的发展过程中,低层的水汽辐合和积聚是至关重要的。研究表明,水汽主要集中在地面至 400 hPa 的气柱内,而气柱内水汽的获得主要是由 700 hPa 以下的低空,由水平输送和辐合获得的,在该气柱中,水汽的水平辐合量要比 700~400 hPa 气柱内的水平辐合量大 10 倍以上。所以在对流系统,特别是暴雨过程时,研究低层水汽的辐合状况以及它不断向上层输送的条件是十分重要的。

(三)强烈的上升运动

强对流天气与大尺度天气过程之重要的区别,即在系统中存在强烈的上升运动。强上升运动一方面使潮湿的空气上升时绝热冷却,达到凝结高度后产生凝结以致成云、降水,另一方面将水平输送和辐合的水汽源源不断地向高空输送,使凝结降水的过程得以持续。对于暴雨过程来说。后者的作用尤为重要。此外由于强烈的上升伴随着高空的辐散及云体周围的下沉,造成大风、雷暴等强烈天气。

在中尺度系统中,垂直速度可达到 $10^0 \sim 10^1$ m/s。据研究,降水的强度与垂直速度大小直接有关,表 6.2.1 为不同尺度系统的垂直速度量级及相应的降水强度的比较,可以看出,对于气旋尺度而言,系统所造成的降水强度一般为每日几至几十毫米,相应的垂直速度为每秒几个厘米。而在中-α 尺度系统中,降水强度达到每小时几十毫米,垂直速度为 10^1 cm/s。中尺度系统越小,这两个量值就越大。

表 6.2.1　不同尺度系统的垂直速度与降水强度

尺 度	散 度	垂直速度	降水强度
$10^3 \sim 10^4$ km (气旋尺度)	$10^{-5} \sim 10^{-6}$/s	10^0 cm/s	$10^0 \sim 10^1$ mm/r
$10^2 \sim 10^3$ km (α 中尺度)	$10^{-4} \sim 10^{-5}$/s	10^1 cm/s	10^1 mm/h
$10^1 \sim 10^2$ km (β 中尺度)	$10^{-3} \sim 10^{-4}$/s	$10^1 \sim 10^2$ cm/s	$>10^1$ mm/h

强烈的低空辐合会造成上升运动,如有中尺度切变线,中尺度涡旋以及锋面附近的抬升过程等,都可能造成很强的上升运动。但是最重要的是上升运动一旦出现,不稳定的层结所产生的潜在不稳定能量就会释放,而使垂直速度不断加强和得到维持。

二、强对流天气形成的环境条件

(一)环境风垂直切变的影响

风场的垂直切变指的是在对流发展区域及其周围,风随高度变化的情况,一般高层比低层要大,两者之差即为切变。根据近 30 多年来大量的观测事实证明,环境风垂直切变的存在是有利于强对流天气发展的,它有助于小的雷暴单体组织成持续性的强雷暴群。据统计,大的积雨云群其环境风切变值一般达到 $2.5 \times 10^{-3} \sim 4.0 \times 10^{-3}$/s,也即在垂直方向上每差 1 km 风速即增加 2.5～4.0 m/s。我国对冰雹及暴雨天气的风垂直切变也有过研究,其量值大体是相同的。

垂直风切变对于对流系统发展的作用,总起来说有以下几点:(1)在切变环境中使上升气流倾斜,使大水滴能离开上升气流,不致减弱上升的强度;(2)可以增强中层干冷空气的卷入,加强风暴中的低层冷空气的下沉和外流;(3)有利于在云体周围造成一定的散度分布,使风暴的前方不断新生,不断向前传播。

（二）低空急流的作用

低空急流是指存在于对流层低层或行星边界层附近的一支高速气流。它是相对于高空急流而言的。一般出现在夏季,它的强度随着季节和地区的不同而不同。在夏季,一般可达 16 m/s 以上。而东非的低空急流平均可达 30 m/s。对于低空急流的形成与作用,各国气象学家都有较多的研究。低空急流与暴雨有密切的关系,据统计,有 80% 以上的暴雨过程都伴有低空急流。暴雨区与低空急流有比较固定的相互配置,多数暴雨发生在低空急流的左前方。可见它对暴雨起着不可忽视的作用。

图 6.2.1 为 7 月 1 500 m 高度上平均最大频率的风向和风速图。在东亚大陆盛行的西南风中有一支强风轴,风速在 12 m/s 以上。这个急流轴随季节由南向北推进。5 月在华南地区,6 月到达长江流域,7 月,急流轴北端可到黄河以北,它们分别与上述地区的平均雨带位置相配合。

低空急流对暴雨及强对流天气作用大体有以下几个方面:

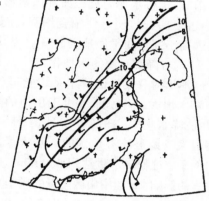

图 6.2.1　7 月低层平均最大风轴线,细实线为等风速线,粗实线为风轴线(陶诗言,1980)

（1）暖湿空气的高速传送带。低空急流轴一般为南、北走向,它的源地分别为副热带、热带。东亚地区的低空急流往往以夏季风作为它的背景流场,因此它能源源不断地向未来的强对流区输送水汽和不稳定能量。低层暖湿空气的积累有利于不稳定层结的形成。

（2）很强的超地转风特性。一般情况下,低空急流的实际风速要比地转风速大 20% 以上。这种特征使低空急流具有很大的不稳定性。它十分有利于中尺度天气的发生。暴雨往往发生在急流的超地转性十分强烈的时候。一旦风速变成地转或小于地转风,暴雨也就减弱或停止。

（3）有利于中尺度发展的动力结构。由于低空急流轴及周围风速分布的不均匀,使其左前方为强的气旋性辐合区,极为有利于强对流的形成。这也是强天气往往发生在低空急流轴特定的位置的原因。

（4）强烈的中尺度不稳定。由于低空急流轴以下的边界层内风速的垂直切变极大。这会使边界层内的里查孙数大大减小,不稳定性增加,有利于对流或中尺度天气的发展。

（5）低空急流的日变化。低空急流的风速及其结构有明显的日变化。风速在日落时开始增大,至凌晨日出前达到最大,这时风的垂直切变也最大,急流的结构最清楚。不仅急流的结构存在日变化,它的超地转特性也有明显的日变化,它随着风速的增大而增强。

（三）地形对强对流天气的作用

地形与强对流天气的发生和加强有十分密切的关系,如对暴雨过程,山地的影响就十分明显。有时候一次降水的过程,山区的降雨量会比平原地区大十几倍,山脉所引起的地形波可造

成有利的垂直运动,使湿层抬高,有利对流发展.以暴雨过程为例,地形的影响大体可以归纳为以下几个方面:

1. 地形的抬升及辐合作用

对流系统在其移近山区时,由于山脉的迎风面对气流的抬升作用,使上升运动加大.对流发展或降水加剧.这种增幅作用随着山地迎风面坡度的增大而增强.图6.2.2为1963年8月河北暴雨时的地形廓线与雨量的分布.可以看出在山地的迎风坡上雨量达到最大,至背风坡雨量则迅速减小.这种山脉的抬升作用与风向有很大关系.在一个山区,由于盛行风向的不同而使暴雨的落区有很大的差别.例如北京地区在低空盛行东南偏东风时,暴雨出现在西部军都山一带,而当盛行西南风时,暴雨中心则出现在西北方的燕山山脚古北口一带.

地形本身如果呈喇叭口分布,则对近面而来的气流有明显的辐合作用.当对流云进入该地形时,就会使垂直速度加强,造成降水增幅.如1975年8月河南暴雨时,板桥水库附近三面环山地形呈喇叭口.当偏东气流进入时,明显使辐合增强,使该地区降水强度远远高于邻近的平原地区.

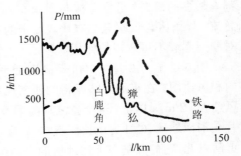

图6.2.2　1963年河北暴雨期雨量分布与地形廓线的关系

虚线为雨量,实线为地形廓线(陶诗言,1980)

2. 对降水系统的阻挡作用

地形对移动性的降水系统能起到阻挡作用,使局地降水增大.降水系统由于山地的阻挡而在该地停留,使降水集中.1976年7月31日~8月2日发生在美国大汤姆逊峡谷地区的一场大暴雨就是1个明显的例子.过程降水量达到300 mm.造成破坏性极大的突发洪水.图6.2.3表现出山地对这次过程的影响.a图中山区附近的风垂直分布是低层为东风,高层为西风.这样的风分布有利于把降水系统"锁定"在山区,并有新的对流单体不断补充.强降水就集中在4个小时内.以后环境风分布变化(如b图所示),这时暴雨区处于地形的背风方,系统迅速移出山区,降水也就停止.

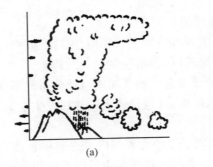

(a)　　　　　　　　　　(b)

图6.2.3　地形对暴雨的阻挡作用

(a)风的垂直切变有利于暴雨;

(b)风的垂直切变使暴雨离开山区(丁一汇,1991)

3. 对中尺度系统的影响

在某种特定气流的配合下,山地附近常常会产生中尺度系统,如中尺度涡旋、中尺度切变线等.当这种系统移出或发展时,可产生对流天气.此外山区地形会造成静止的中尺度辐合区.

当对流系统移近时,导致系统的加强和发展,组织更强烈的风暴或降水。

4. 地形对造雨过程的影响

山地对于降水的增幅作用还表现在改变降水系统中的造雨过程。降水形成中可以分为水云和播撒云。前者水分大但水滴小,不足以克服重力下降成雨;后者在高层,多为冰晶或雪粒。当它下降到水云中时,就会起到凝结核的作用。地形的作用在于:当降水系统移近山地时,由于抬升和辐合作用使云体充分发展,形成播撒云。当它落入低层的对流云中时,就会捕捉云中的小水滴。因此山地使两层云的造雨过程得到充分的发挥。这种作用已为观测事实所证实。

以上介绍的各项物理条件只是对流性天气发生、发展中最重要,或关系最密切的一些条件。中尺度系统的成因是十分复杂的,不同的对流天气其物理成因也有很大的差别,因此必须进行针对性的研究,以掌握它们的特征,从而作出预报。

第三节　暴　雨

暴雨是夏季常见的一种灾害性天气,尤其我国是世界上著名的多暴雨的国家,每年由暴雨所造成的洪涝灾害给国民经济和人民生活带来巨大损失。对暴雨的分析和预报受到气象、水利等部门各方面的高度重视。

暴雨是指短时间内出现的大量降水。我国气象局对此做了定义,即日雨量超过 50 mm 的为暴雨过程。但是由于我国幅员辽阔,同样的降水强度在不同地域造成的危害大不相同,因此各地又做了相应的规定。如在西北干旱地区,50 mm 的日降水量即可造成很大的危害,因此可定为大暴雨;而在华南地区,至少要达到 200 mm/d 的强度,才可称为大暴雨。

一、中国暴雨的气候特点

我国暴雨的发生地区是十分广阔的,每年都有许多暴雨过程不仅发生在沿海地区,而且也出现在内陆。特大暴雨不仅发生在沿海地区,而且可以到达河套以西的较为干旱的地区,范围是十分宽广的。

我国夏季主要有 3 条雨带,即华南前汛期雨带、长江流域梅雨带以及华北雨带。在每一条雨带上都会出现特大暴雨过程。

与世界上同气候区中其他国家相比我国暴雨的强度及其持续性在世界上是名列前矛的。以日降水量的极值言,世界纪录是 1 870 mm/d,它出现在南半球热带印度洋的留尼汪岛上,是由台风过程引起的。我国的极值则为 1 672 mm/d,出现在台湾省新寮(1967 年 10 月 17 日),也是由台风引起的。6 h 和 1 h 的降水极值均发生在中国,其值分别达到 830.1 mm/6h 和 118.3 mm/h,这是发生在河南林庄的特大暴雨过程(1975 年 8 月);5 分钟的暴雨极值为 53.1 mm (1971 年 7 月 1 日发生在山西梅桐沟)。与美国相比,它们的日降水最大值只为 983 mm。

强度极大的暴雨过程还发生在我国各个地区。如 1963 年 8 月初,发生在河北太行山东麓地区的特大暴雨,邢台地区出现日雨量 865 mm 的锋值,是华北地区历史上罕见的过程。暴雨引起的洪水冲垮了京广铁路,毁坏了农田,造成巨大损失。又如 1977 年 8 月 1~2 日,在陕西省榆林地区和内蒙交界的毛乌素沙漠地区,也出现了历史上罕见的特大暴雨,日雨量超过 500 mm 的地区达 900 km²,最大日降水强度竟然超过 1 050 mm。这次过程引起了气象工作者的极大关注,纷纷探讨它的成因。特别是在干旱的沙漠地区,它的水汽来源以及在短时期内水汽快速辐合抬升的物理机制成了研究的重点。又如 1994 年 6~7 月珠江流域发生的特大暴雨。在该地区两个月内持续发生了龙卷风、台风及特大暴雨等异常天气。仅 6 月,从 8~19 日华南地区出现长达 12 d(天)的连续暴雨,累计积雨量普遍在 400~600 mm。最大日雨量达 523.5 mm。7 月中旬,两广再次出现暴雨,其中广西沿海局地降水超过了 1 000 mm。这次暴雨造成该地区大面积洪涝,山洪爆发,直接经济损失达 450 亿元。这次持续性的异常是与该年西南季风强,副热带高压位置异常的大尺度环流背景有关,引起国内气象界高度重视。以上这些暴雨过程不仅成为我国气象工作者的重点研究对象,也为世界各国的中尺度气象学家们所关注。

强暴雨特别是持续性的大暴雨往往造成危害极大的洪涝过程,威胁人民生命财产的安全。如 1958 年 7 月 14~19 日在黄河中游出现历时 5 天的强降水。暴雨集中在三门峡至花园口的黄河干流段以及支流伊、洛、沁河流域。7 月 18 日花园口出现了 23 300 m²/s 的最大流量,一度中断了南北铁路交通,是建国以来黄河最大的洪峰,是否需要人工决堤成了当时的一个重要决策性问题。

1954 年长江流域出现了全流域性的洪涝灾害,该年梅雨期比平均要长 1 个月左右,6 月、7 月全流域都出现强暴雨过程。7 月江淮地区月降水量较平均多出 1~5 倍,安徽的燕子河、吴店分别达 1 019 mm 和 1 265.3 mm。持续的强降水使湖口干堤多处溃决,造成巨大损失。这次过程是近百年来最严重的一次暴雨洪涝过程。1998 年长江流域再次出现了继 1954 年以后的全流域性的洪涝灾害。暴雨集中发生在两个阶段,即:(1) 6 月 12 日至 7 月 3 日的第一阶段梅雨;(2)7 月 23~31 日由于副热带高压提前南撤引发的"二度梅"。以第二阶段为例,其中又有多次全流域性的暴雨过程。如 7 月 23~24 日雨区集中在长江以南,暴雨区覆盖了长江下游广大的地区。其中江西婺源日降水量为 911mm。在前 1 天,武汉地区出现百年未遇的第三大暴雨,汉阳降水达 438 mm,鄂东和赣北部分地区创 1949 年以来同期的最高纪录。持续的暴雨过程是造成该年洪涝灾害的主要原因。

二、影响中国暴雨的大尺度环流

(一) 大尺度背景流场的特点

我国暴雨的发生主要受 3 个方面大尺度系统的制约,即夏季风,副热带高压以及西风带环流。它们的主要影响是:

1. 我国位于世界著名的亚洲季风区。夏季风控制时期也即暴雨的盛行季节。大范围雨季的出现始于季风的爆发和建立。然后随着季风的北进而使暴雨区由华南向长江流域乃至华北地区移动。季风的爆发、中断过程也常与暴雨的中期变化相对应,当夏季风从东亚大陆撤退时,我国东部的雨季大体结束。我国暴雨出现的频率和年际变化很大,这也与夏季风的脉动及年际变化密切相关。以长江流域为例,在夏季风爆发早和强度较强的年,长江流域降水就较多,暴雨发生率高,易于发生洪涝灾害;相反就会相对处于干旱和少暴雨的状态。

夏季风来自热带、副热带。它是一支高温、高湿的气流,也是我国暴雨过程主要的水汽通道,源源不断地把水汽从孟加拉湾及西太平洋向我国大陆输送。并在低层产生暖湿层,有利于不稳定层结的形成。夏季风的影响是我国成为多暴雨国家的主要原因。

2. 在第三章中曾介绍过西太平洋副热带高压的位置决定了我国雨带的季节性移动,而它的强弱及其前沿偏南气流的状态对降水性质和强度起着十分重要的作用。西太平洋副热带高压的西侧盛行东南风,它是东亚副热带季风的一部分,在这支气流上有很多中尺度的扰动,可以诱发对流性天气系统。我国许多中尺度对流云团往往发生在副热带高压的西侧,它可以导致中尺度的对流性强降水。

对流层高层的青藏高压同样对我国东部夏季降水和暴雨发生有很大影响。以长江流域降水为例,当青藏高压东移,在 120°E 附近处于较常年偏南位置时,该地区就多暴雨过程,反之则少暴雨过程或较干旱。青藏高压东部的偏东气流往往与北侧的西风带急流组成了极大的辐散场,有利于低层对流系统的发展而产生暴雨。因此它的位置与强度也与我国降水有密切的关系。

3. 暴雨的发生及其年际变率还与中高纬西风带环流的异常有关。对我国暴雨有很大影响的高纬大尺度系统大体为长波槽脊及阻塞系统。特别是处于欧亚地区的如乌拉尔阻塞高压,贝加尔湖高压及鄂霍次克海阻塞高压等;低值系统有东亚大槽,太平洋中部槽等。这类大尺度系统移动缓慢,变化较小,使环流形势在一定时期内保持相对稳定。这样引起暴雨的天气尺度系统就有可能重复出现或停滞。有时长波系统强烈发展,成为经向度很大的环流形势。冷暖空气在南北方向上交换频繁,热带系统如低涡、台风等也容易北上。在这种大形势下,暴雨常常强而持续。

(二) 长波系统配置与中国暴雨

暴雨系统在很大程度上受行星尺度环流的制约,尤其是持续性暴雨,它与大尺度环流的关系更为密切。西风带系统并不直接产生暴雨,但它可以决定天气尺度或中尺度系统的移动,强度及是否重复出现。它在很大程度上还可以决定暴雨可能发生的落区。我国大暴雨天气相应的西风带环流形式大致可以分为 3 种类型:

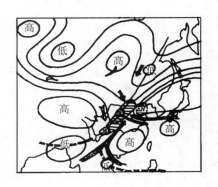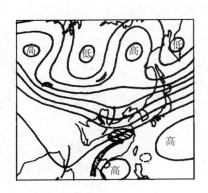

图 6.3.1　经向型持续性大暴雨环流型　　　图 6.3.2　纬向型持续性大暴雨环流型
　　　　（陶诗言,1980）　　　　　　　　　　（陶诗言,1980）

1. 稳定的经向型

在这种流型中西风带以经向环流为主,长波系统移动缓慢或停滞少动。副热带高压比较稳定但位置偏北。图 6.3.1 为该型的典型环流形势。可以看出在中高纬,欧亚地区槽脊发展强烈,贝加尔湖阻塞高压十分稳定。在其前方东亚槽上较狭窄但向南伸展与青藏高压东侧的低涡联成一个低压带。这种形势十分有利于低涡的北上。在海上有台风活动,它与西南风低空急流一起向暴雨区源源不断地输送水汽。由于日本海附近高压的阻挡以及阻塞高压的维持,使这种形势得以持续,形成持续性的暴雨过程。我国历史上一些著名的特大暴雨过程都属于这一类。如

1963 年 8 月河北地区的特大暴雨过程。

2. 稳定的纬向型

这种类型的西风带环流比较平直,没有阻塞系统,较多短波槽脊的活动。副热带高压呈带状而稳定。图 6.3.2 为该类型的典型形势。在西伯利亚地区为广阔的大槽,从大槽中分裂出小股冷空气向南移动影响我国东部地区,成为暴雨过程中主要冷空气来源。短波槽与稳定的副热带高压之间形成的切变线稳定少动,使该地区产生持续的暴雨天气,这种形势下西南风低空急流扮演了主要的水汽输送供应者的角色。

这种类型的环流条件也常常带来严重的暴雨过程,但它的强度不如经向型。

3. 过渡型

它的主要特征是副热带高压位置不稳定,它常常表现为东西向的进退。西风带为移动系统,因此降水的持续性较差。

(三) 高低空急流的配置与暴雨的关系

高空急流与降水有密切的关系,有人根据高空急流的位置定出暴雨的落区。在不少暴雨过程中,高低空急流同时出现,这时高低空急流之间的相互作用就会对暴雨过程产生十分重要的影响。尤切里尼(Uccellini)等指出,高空急流对强对流云附近的上曳气流有通风作用,它能延长风暴的维持时间。他描述了低空急流与高空急流出口区质量和动量调整的耦合过程。在两支急流间产生辐散与辐合的重叠区,从而产生强烈的上升运动,释放不稳定能量,触发对流风暴。图 6.3.3 为梅雨期的高低空急流相对位置,可以看出,暴雨区一般位于两者的重合处,该地高空为辐散区,而低层则为低空急流前端的辐合区。高低空急流相互作用的动力过程是暴雨形成一个重要的物理因素,已引起更多学者的关注。

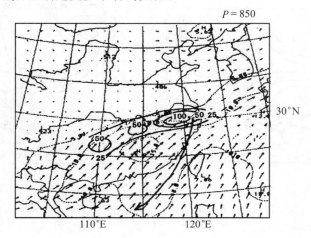

图 6.3.3　暴雨期 850 hPa 风场合成图
实线为等风速线,粗箭头为叠加的 200 hPa 急流轴 (孙淑清等,1996)

我国气象学家针对梅雨期暴雨的特殊性,研究了高低空急流与暴雨的相互作用,指出:当东亚地区对流层上部受南亚高压控制时,常有高空急流中心沿轴东移,它对梅雨锋产生扰动,引起暴雨和低空急流的发展。近年来我国学者还发现:我国初夏和盛夏暴雨不仅与低空急流有关,而且还与热带东风急流有联系。对流层上层的东风急流是盛夏暴雨高层流出的主要机制之一。当南亚高压北推东移时,随之北移的东风急流也北抬,其入口区将位于低空急流的上方,构成了一个特殊的东北—西南向的季风环流圈。

总之,高低空急流的位置及其相互配置对暴雨过程的发生有着十分重要的作用。

(四) 中低纬度系统的相互作用

在夏季暴雨过程中,中低纬系统的相互作用表现为西风槽脊与低纬东风带扰动(如热带涡旋)的相互作用。从气流的角度看,则是由西风带中偏北气流与来自孟加拉湾(或印度洋)及西太平洋的偏南风之间的相互作用。一般在西南季风影响下,高原东部产生的涡旋或暖切变对北方暴雨有很大的影响;而在东南季风中,则以西太平洋台风的影响最大(当然包括台风外围的偏东气流)。这一点在第四章关于台风暴雨一节中已有过介绍。

在中低纬系统的相互作用中,台风作为赤道辐合带中最活跃的成员,在我国东部暴雨过程中扮演了重要的角色。而热带环流的北上及与西风带的相互作用对暴雨形成的作用可归纳为以下几个方面:(1) 热带系统本身,如台风,东风波等,能产生极强的上升气流;(2) 直接或间接从热带地区输送水汽的系统;(3)热带系统带来的低层暖湿空气形成了位势不稳定层结,有利于产生强烈的对流活动。所以在暴雨预报中估计热带系统与中纬度系统可能发生相互作用的地点和时间,对确定暴雨出现时间、落点和强度是很有帮助的。

三、中国主要暴雨区及相应的暴雨天气系统

(一) 华南前汛期暴雨

华南地区是我国暴雨的多发地区,暴雨大多集中在 4~9 月,其中 4~6 月的暴雨多数为锋面或季风系统引起的称为前汛期暴雨,而 7~9 月则多由台风引起。这一点已在第五章的台风暴雨中有过介绍。本节重点介绍前汛期暴雨。

1. 前汛期暴雨的气候特征

华南前汛期暴雨平均每年可有 4~5 d 以上,其中 5 月最多,6 月次之,4 月则最少。特大的暴雨过程大多出现在 5~6 月。图 6.3.4 为多年平均的华南地区广东、广西、福建 3 省 4~6 月平均总雨量图。全区降水量在 500~1 100 mm 之间。沿海有 4 个多雨中心,即粤东沿海,粤中,粤西沿海和北部湾沿海。

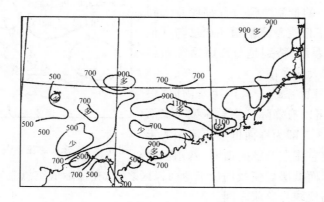

图 6.3.4　华南 4~6 月平均降水量分布(单位:mm)

(华南前汛期暴雨编写组,1986)

在这个时期的降水量中,有 30% 以上的降水是由暴雨过程引起的,其中闽南及粤东地区,暴雨的比例可达 60% 以上。如 1977 年 5 月 27~31 日广东陆丰地区暴雨持续了 5 d 之久,过程雨量

达到 1 169 mm,相当于年降水量的 62%。24 h 最大雨量达 884 mm,为华南地区的最高纪录。

华南地区最大的暴雨值由南向北减少,如阳江、陆丰及北部湾地区,最大日降水量可达 750 mm 以上,而北部武夷山南麓,则为 150～300 mm 左右。

影响华南暴雨的天气过程大多数与锋面过程有关。表 6.3.1 给出 1957～1975 年广西地区的分类统计。

表 6.3.1　广西各类暴雨统计(华南前汛期暴雨编写组,1986)

月	锋面类	低空急流	低涡	台风	合计
4	28	13	2		43
5	49	21	2	1	7
6	42	11	2	5	60
合计	119	45	7	6	77

可以看出,华南前汛期暴雨的影响系统大多数以锋面暴雨为主,低空急流次之,而低涡类则再次之。广东省的统计也大致类似。关于这一点下一节要详细进行讨论。

2. 华南前汛期暴雨主要影响系统

(1) 锋面系统

这是华南暴雨主要的影响系统,它可以是冷锋也可以是静止锋造成的,锋面暴雨主要表现为冷空气南下时,前锋靠近华南,使暖空气沿锋面加速上升造成暴雨。也可以是静止锋上的强辐合作用所致。暴雨中心距锋面位置较近,且随锋面的移动而移动。

当地的气象工作者常常按照暴雨区所在的雨带(或锋面)的移动特征分为南移型和停滞型。但不管是那一种类型,其中的暴雨区的移动一般是向东或向东北移动,与中低层气流的方向大体一致。

(2) 低空急流暴雨

在上一节中已介绍过低空急流对暴雨的作用。在华南地区,低空急流与暴雨的关系是十分密切的,据统计有 88% 的低空急流过程都伴有大到暴雨。但一般情况下低空急流暴雨还通过与其他系统的配合而导致暴雨,特别是与锋面系统相结合时,会产生强度较大的暴雨。

低空急流在与锋面系统一起产生暴雨时,根据两者的相对位置可以有锋际低空急流型与锋面低空急流型。图 6.3.5 即为锋面低空急流型的示意图,可以看出低空急流在锋区的南侧。暴雨区位于系统与锋面之间,而低层切变线仍位于地面锋区之北。在锋际低空急流型中急流与锋区形成交角,暴雨区位于切变线与急流之间。

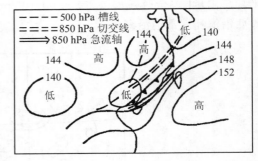

图 6.3.5　锋面急流暴雨示意图(陶诗言,1980)

(3) 低涡类暴雨

高原东侧的西南低涡在夏季活动十分频繁,4～6 月,华南前汛期暴雨期间,当它产生于 30°N 以南,并自源地东移时就会给广西等地区带来暴雨过程。涡旋型暴雨过程虽然比例较小,但当它与切变线或冷锋系统结合时,就会产生较强的暴雨过程。

（4）锋前暖区暴雨

华南暖区暴雨是前汛期暴雨中颇具特殊性的一种类型。它是指暴雨产生于地面锋线的暖区内,或者在没有明显的冷空气及锋面活动时,暴雨发生在暖区内。1977～1979 年华南前汛期暴雨实验期间所观测到的 12 次过程中就有 11 次过程的部分或大部分发生在暖区。暖区的最大降水一般比锋面降水大 3～5 倍。但是暖区暴雨的面积却较小,即它的局地性较强。暖区暴雨发生的机制大体可归纳如下：

①边界层内浅薄冷空气的侵入

北方冷空气在南下时受山脉阻挡而停滞,但在边界层内有小股冷空气沿河谷等地形侵入暖区,使暖空气抬升,释放不稳定能量而产生暴雨。

②地形的抬升作用

当盛行风与山脉呈垂直方向时,就会产生暖空气沿山坡强迫抬升而产生暴雨。当山地呈喇叭口形状时,气流的水平辐合加剧,使山地附近的暴雨更为强烈。

③海陆风的触发作用

华南沿海地区盛行西南或东南风时,会使海洋暖湿空气向大陆输送,并造成不稳定的层结。由于海陆差异造成风向的日变化也会导致暴雨的日变化。据统计,4～6 月由于陆风所形成的辐合可造成夜间暴雨。

3. 华南特大暴雨举例——1994 年珠江流域暴雨

1994 年 6 月中旬,两广地区出现 1915 年以来特大的致洪暴雨。这是一次典型的华南前汛期暴雨,从 8～19 日,持续暴雨达 12 d 之久,累积雨量普遍在 500 mm 以上。这里以 6 月 12～18 日的 1 次暴雨过程为例来加以分析。

本次过程是两广 6～7 月持续大暴雨中的 1 次较大的暴雨过程:在近 1 周时间内,广东大部、广西东部和北部大范围降雨量达 200～350 mm,局部地区 400～600 mm。其中广西来宾地区日雨量达 224 mm。

这次过程的大尺度形势为:夏季风建立较早,6 月上旬,20°N 以南就已盛行西南季风。在季风槽中先后有台风活动。至 6 月中旬,亚洲季风进一步加强。与此同时,西太平洋副热带高压稳定在 15～18°N 之间,强而偏南。它对天气系统起了阻挡和稳定的作用。同时,在 6 月中旬,高空西风带有小槽南移,它所携带的小股冷空气侵入到华南地区。这样的大尺度环流背景使华南地区建立了暖湿而不稳定的条件,同时也具备了冷空气对暴雨的触发条件。

本次暴雨过程是 1 次典型的华南前汛期的锋面暴雨。在地面上为一条明显的静止锋,稳定在两广地区。在 850 hPa 上表现为风场的切变线。从 6 月上旬开始,北方有冷锋南移,锋面一直维持在 25°N 左右,在 850hPa 高度上,对应的为一条切变线。切变线南侧为极强的低空急流,风速普遍在 16 m/s 以上,最大中心达到 28m/s。北侧则为反映北方冷空气活动的偏北风。图 6.3.6 给出了 6 月 17 日 08 时的 850 hPa 实况图,除上述的风场结构

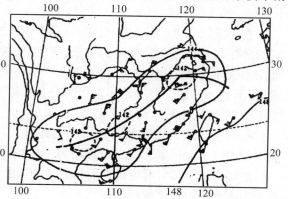

图 6.3.6　1994 年 6 月 17 日 08 时 850 hPa 天气图

（余志豪,1996）

外,还可看到切变线上的中尺度低涡的扰动(虚线),它们分别位于苏南、桂北和黔东南,出现了大量的强对流云团,使这 3 个地区暴雨明显加强。

　　(二)江淮流域梅雨期暴雨

　　每年 6 月中旬~7 月中旬,我国江淮流域维持一条稳定持久的雨带,雨带大致在 28~34°N 之间摆动。由于持续的连阴雨,又发生在南方梅子成熟季节,又称为"梅雨"。梅雨主要发生在梅雨锋上。关于梅雨锋的成因及结构,及与之相连的雨带的活动,已在第四章中讨论过。本节重点要讨论的是梅雨期中的暴雨过程。

　　1. 梅雨期暴雨的一般情况

　　梅雨期的长短,降水量的多少,有很大的年际变化。在梅雨期长,降水量大的年份,暴雨过程也多,而相反,暴雨过程少。例如,1954 年长江中下游的大洪水,梅雨期长达 40 d,超过平均日数 2 周之上。在这期间,全流域中都反复出现暴雨甚至大暴雨过程,如在鄱阳湖流域和长江下游雨量都在 500 mm 以上,安徽省很多地区降水量都在 1 000 mm 以上,浙西地区甚至在 2 000 mm 以上。但是在 1958 年,主要雨带从华南直接北上,到达华北,而未在江淮流域停留,成为该地区的"空梅",自然也很少有暴雨过程。该年江淮流域出现严重的干旱。

　　长江流域大雨和暴雨有 40% 左右集中在梅雨期。下面来介绍该类暴雨的大尺度环流背景和中尺度系统。

　　2. 大尺度环流及梅雨锋结构

　　由于在第四章中已讨论过有关我国江淮梅雨的大尺度流场特点,因此本小节只是围绕其上的暴雨过程来作必要的介绍。图 6.3.7 为梅雨期各层环流的概略图。在高层,200 hPa 的青藏高压东移大体稳定于长江流域上空。其西侧的西风急流和南侧的东风急流都有加强。在其东侧的偏北大风与西风带的长波槽前偏南气流之间形成了很强的气流辐散区。有利于中尺度系统的发展。

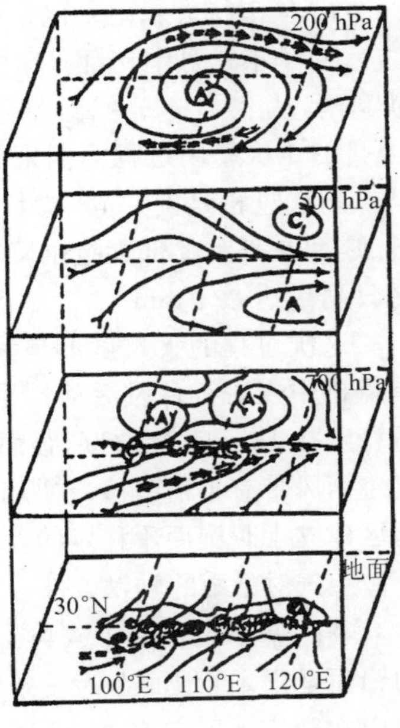

图 6.3.7　梅雨期各层环流概略图
(朱乾根等,1992)

　　对流层中层 500 hPa 的形势也较稳定。这是由于在中高纬地区产生了阻塞高压。而副热带高压的脊线则稳定于 22°N 左右,在其西侧形成较强的西南风,向长江流域输送充沛的水汽。

　　在对流层低层(700 hPa)处,为一条东西向的切变线。切变线北侧为与小高压相联系的偏东、偏北风,西南侧则为与低空急流相联系的西南风。切变线上产生很强的辐合上升运动,形成强降水。在近地面表现为一条准静止锋,即所谓梅雨锋,两侧的水平风切变很大。

　　在切变线或梅雨锋的两侧水平温差较小,在近地面约为 1.5 ℃/100 km,而对流层低层则为 1 ℃/100 km,但露点差则可达 3~4 ℃/100 km。

　　在切变线上常常有中尺度低涡的活动,在地面则表现为静止锋上的气旋波动。梅雨锋暴雨就发生在这类中尺度的扰动中。

　　下面着重来讨论这类中尺度系统的特点:

　　3. 梅雨期暴雨的中尺度系统

如上所述,梅雨锋雨带呈东西走向,常常可以绵延几百甚至千公里长。但是在雨带上降水分布则是不均匀的。其上常有中尺度雨团的活动。强雨团的直径一般为 1～200 km,生命期为十几个小时或一天以内。图 6.3.8 是在 1 次梅雨暴雨过程中,中尺度雨团的分布。图中有 5 个雨团自东向西同时排列。日降水量大都在 50 mm 以上。在卫星云图上这些强雨团都对应有白亮的积雨云团,它活跃于与梅雨锋相对应的大尺度的白色云带上。这些中尺度雨团有的是由于中尺度低涡的活动,有的则与中尺度切变线的产生有关。如果几个中尺度积雨云团自西向东移过某一地区时,就会使该地区产生持续的大暴雨过程。

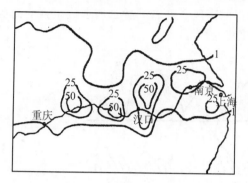

图 6.3.8　梅雨锋雨带中的强降水团
（杨国祥,1983）

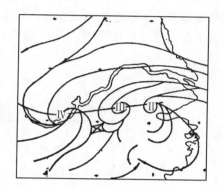

图 6.3.9　梅雨锋雨带中地面中尺度流场
（杨国祥,1983）

引起梅雨锋上强降水的中尺度低涡或切变线统称中尺度扰动。根据日本气象学家对这类中尺度扰动的研究,归纳出其主要特征为:扰动的波长大致为 150～200 km,周期＜1 d。移速为 60 km/h 左右,中尺度扰动的低层辐合值可达 $1×10^{-4}$/s。中尺度雨带常常具有重力波的特征。

从天气分析来说,梅雨锋上的中尺度扰动在低层或地面流场上反映十分清楚。暴雨往往产生在流场的辐合线或辐合涡旋上。图 6.3.9 为安徽暴雨过程中地面的流场。可以看出在长江以南有 1 条东西的辐合线,其上活跃着 3 个小涡旋,每 1 个涡旋都对应 1 次暴雨过程,这些中尺度涡旋自西向东移动,造成了沿线的暴雨。

卫星云图及雷达回波资料是探测中尺度系统的很主要的手段。

4. 梅雨锋大暴雨举例——1991 年长江流域暴雨

1991 年江淮流域于 5 月 28 日入梅,7 月 14 日出梅,在长达 57 d 的梅雨过程中,分别于 5 月 18～26 日,6 月 2～20 日及 6 月 30 日～7 月 13 日 3 个时段中发生了特大暴雨过程。每 1 个时段的降水量都在 150 mm 以上。第三阶段的降水总量都在 300～500 mm 以上,部分地区达到 500～800 mm,江苏兴化地区还超过 900 mm。该年的全流域性暴雨造成了极大的洪涝灾害和经济损失。

在该年的梅雨期中,中高纬大尺度环流形势的特点是阻塞形势的建立。在第一个阶段的暴雨期,欧洲大陆和白令海都有阻塞高压,为双阻型。比较接近一般的梅雨形势。而在第三次暴雨期,西风带为一槽一脊的偶极型,即从勒拿河至东西伯利亚地区为宽广的阻塞高压,其南侧鄂霍次克海和日本地区则为深厚的低压槽。成为一种偶极型,这种偶极型阻塞形势是江淮地区历史上著名的特大暴雨发生时的一种典型形势。而第二个暴雨时段则是双阻型向偶极型的过渡型。

　　从热带系统活动及冷暖空气交绥的角度看,第一个暴雨期是在冬、夏季风转换的背景下以北方冷空气南下影响为其主要特征,降水带有锋面降水的特征。而第三个暴雨期则处于活跃的季风期,南方暖湿空气北上与冷空气相互作用的结果,降水以对流性降水为主。第二个时期的暴雨过程则是两种类型兼而有之。

　　在本阶段的暴雨过程中,低空急流起了十分重要的作用,它与高空南亚高压的东移所造成的辐散气流相配合,形成了特大暴雨。图6.3.10为该时段中低空急流轴所在的代表站芷江的风速,与南亚高压南侧东风所在的代表站汕头站的东风风速的演变曲线。可以看出3个主要的暴雨时段都发生在高空出现强偏东风而低层为强西南风。两者的叠加所造成很强的高层辐散和低层辐合。这时对流发展,有利于暴雨的持续发生。

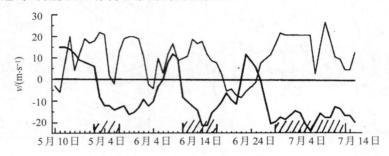

图6.3.10　1991年汕头站100 hPa纬向风(粗实线)和芷江站850 hPa经向风
(细实线)曲线(孙淑清等,1998)

（三）华北暴雨

1. 华北暴雨的气候特征

　　由于华北的地理位置及特定的地形,使该区的暴雨过程有着明显的特征。归纳起来是:年暴雨日少,分布受地形影响明显,有强的年际变化,降水强度大,是我国局地强降水的多发区之一。下面分别加以阐述。

　　(1)暴雨的时空分布

　　气候资料表明,华北地区每年的暴雨日数是由西北向东南递增的。一般平均数每年少于3日,而黄土高原、内蒙古及河北的西北部年暴雨在1日以下。暴雨日的等值线大体与地形等高线走向平行。

　　华北地区特大暴雨(日雨量≥200 mm)较少。据统计,在日雨量超过100 mm的降水过程中,特大暴雨只占13%。暴雨大多出现在7~8月,占全年的85.7%。如京津冀地区,大暴雨日多集中在7月下旬~8月上旬,俗称"七下八上"。占每年雨量的66%。华北每次大暴雨过程都与中尺度雨团的活动有关,它们造成短历时的强降水。

　　(2)降水强度

　　华北暴雨的次数虽然不如南方,但是它的降水强度特别是短历时的降水强度都很大,有的甚至超过了我国大陆地区的极值。以1963年8月河北地区特大暴雨为例,在9 d降水中,总降水量2 052 mm。獐狐站24 h降水量达950 mm。邯郸总雨量为1 033.9 mm。该站日雨量值达518.5 mm,占总雨量50%。而在这一天中00~06时的6 h降雨为284.7 mm。而在同一天中,06~14 h的8个小时中,降雨却只有1.2 mm。足可见其降水的短历时性和强度之集中。

　　表6.3.2给出华北地区各历时的降水极值。可以看出其降水强度是十分高的,其中1 h与12 h的

降水强度都达到世界纪录。

表 6.3.2　华北地区各历时的降水极值（华北暴雨编写组，1992）

历　时	降水极值(mm)	时　间(年·月·日)	地　点
5min	53.1	19710701	山西、梅洞沟
1h	189.5	19750807	河南、老君
3 h	494.6	19750807	河南、林庄
6 h	830.0	19750807	河南、林庄
12 h	954.4	19750807	河南、林庄
24 h	1060.0	19750807	河南、林庄
1 d	1005.4	19750807	河南、林庄
3 d	1605.0	19750805～07	河南、林庄
5 d	1631.1	19750804～08	河南、林庄
7 d	2051.0	19630802～08	河北、獐犹

　　造成北方地区大暴雨的天气过程常常与热带天气有关。从表 6.3.2 中所示的各项极值有关的暴雨过程看，1975 年 8 月的过程创造了几项暴雨极值，它是由登陆台风造成的，即著名的"75.8"大暴雨。而 1963 年 8 月的过程则是由西南低涡北上，持续影响华北地区。但也应该指出华北西部黄土高原上的强降水常常与热带系统无关。如表中第 1 栏所指的山西省太原市西郊的大暴雨过程，5 min（分钟）降水达 53.1 mm，是由变性的极地气团引起的局地的短时降水。

　　2. 华北大暴雨的环流背景

　　华北地区大暴雨是在特定的大尺度环流条件下发生的。特别是欧亚及太平洋地区的环流调整有利于冷暖空气在华北地区交绥时，就会形成持续的降水。根据近 20 年来的研究，与华北暴雨有关的大尺度环流特征大致可以归纳为 3 个方面，即西风带与热带辐合带相互作用，以副热带高压活动为主体的中低纬相互作用以及北上台风的影响等。后者在第五章台风暴雨中已有详细介绍，本节重点介绍前两种类型。

　　(1) 中纬西风带与热带辐合带的相互作用

　　谢义炳等在研究北方暴雨的大尺度环流背景时归纳出西风带与热带相互作用的环流模型。图 6.3.11 为其概略图。它的主要特征是：西风带云系向东移动，其西南端逐步向南减弱。

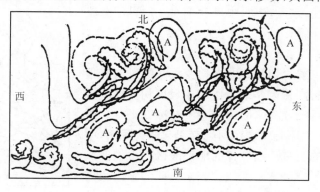

图 6.3.11　西风带与热带辐合带相互作用的环流模型图
实矢线为高空流线，虚线为地面气压场（华北暴雨编写组，1992）

最南端可以缓慢向西伸展,且以极微弱的云系并入热带辐合带云系。热带辐合带上可出现热带涡旋群。在亚洲地区,上述基本特征仍保留,但整个系统偏北。地面高压区变成低压,低纬低层西风带宽且偏东。以青藏高原为中心的高空季风反气旋很强,同时,低纬东风急流强而明显。

西风带环流系统与热带辐合带的相互作用对华北区域性大暴雨过程的影响,主要有两个方面:

① 西北太平洋 ITCZ 上的热带涡旋(台风)对华北暴雨的作用,往往是通过东南急流表现出来。这支急流向暴雨区输送水汽、热量和动量。一般情况下,低空东南风急流有一个强风速轴线,最大暴雨中心则与强风速主轴相联系。强风速中心的脉动和传播,和暴雨中心的发生和移动密切相关。

② 西风带弱冷空气与登陆台风相遇。有时弱冷锋与台风正面相遇,台风的流场和温度场虽不会完全被破坏而变成典型温带气旋,但在结构上有使台风向温带气旋转化的趋势;有时台风与弱冷锋尾部相接,弱冷空气可以从西北方、北方、东北方侵入台风环流内部,与台风带来的暖湿气流相遇,产生强烈的辐合上升和潜热释放。弱冷空气可以使台风环流维持,甚至加强,从而产生暴雨。

(2) 以副热带高压为主体的中低纬风系相互作用

以西北太平洋副热带高压为主导系统,在其边缘的西来槽(涡)与东南来的热带低压(台风)相互作用,实际是东西风带天气系统的结合。按照副热带高压与西风带系统相对位置,500hPa 上的环流特征为:高纬有高压脊叠置在西北太平洋副热带高压的北面,并缓慢东移,其上游的低槽也东移缓慢,造成较大范围暴雨。降水性质为锋面降水。低纬度东风带的作用不明显。有时,东面强大的副热带高压与西面弱(浅)低槽相向而行,暴雨区位于两者相接处。热带辐合带活跃,有台风或热带低压向西北方移动。其东北侧的低空东南急流向华北暴雨区输送水汽和热量,造成强烈位势不稳定的大气层结,常产生罕见的局地暴雨。

另一种是:副热带高压南侧或西南侧有热带辐合系统(登陆台风、东风波等)或西南涡向北移动,并直接与西风带弱冷空气(或弱锋面云系)相互作用。副热带高压有明显的阻挡作用,使降水系统停滞,造成持续性暴雨。

3. 华北暴雨的中尺度系统

华北暴雨过程中,中尺度系统是十分活跃的。归纳起来大致有中尺度切变线,东风扰动,中尺度干线及边界层急流等。下面分别予以介绍。

(1) 中尺度切变线

切变线一般指风场的切变。即在切变线两侧风向有很大的改变,而形成辐合。影响华北暴雨的中尺度切变线大多发生在暖区,即在冷锋的前部,而雨带并不与冷锋平行。图6.3.12 为 1975 年 7 月下旬 1 次黄河气旋引起的大暴雨,中尺度切变线及相应的雨带。在冷锋的前部暖区内由偏西风与偏东风辐合组成了中尺度切变线。与之对应的强雨团如图中 A、B、C、D 所示。中尺度雨团的降水强度大,在河北柏各庄,1 小时雨量达到 118.6 mm。

另一类切变线为冷性切变线,它是由偏北风与偏南风

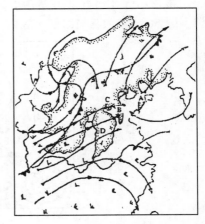

图 6.3.12　气旋暖区内中尺度雨带
(华北暴雨编写组,1992)

组成的风向切变。而偏北风往往与浅薄冷空气的活动有关。由于冷空气的抬升作用,使切变线周围产生中尺度的强降水。

（2）中尺度干线

干线又称露点锋,即在它的两侧湿度发生强烈的跃变。在美国它是引起中尺度天气重要的中尺度系统之一。我国地处季风区,暖湿的季风气流在向北推进时,往往会与北方干冷空气之间形成明显的干湿对比,形成露点锋。但是在华北暴雨过程中,有另一类干湿对比强烈的中尺度系统,它的主导是西部山区下沉而造成的干而热的空气,它与平原地区潮湿而相对较凉的空气之间形成强烈的不连续带,因而成为干线。山地在干线的形成过程中起了不可忽视的作用。大槽后部的下沉气流在山坡上下沉,使增温加剧,并使东侧暖湿气流受阻而使湿度梯度加大。因此在山区附近尤其在下坡一侧,这种干线的出现就不可忽视,它常常会引起强烈的天气。

（3）东风扰动

这是在东风带中出现的风辐合线。台风或副热带高压西南侧的东风气流常常会伸入我国北方地区,引起大范围降水。这支暖而潮湿的气流处于不稳定的状态,其上常有许多中尺度扰动发展。在东风气流的气旋一侧常常会形成东南风与东北风的切变;当上游风速加强时,也会形成风速的辐合。这种中尺度风的不连续向下游传播,并由于辐合上升而形成暴雨过程。这也是华北暴雨过程中,中尺度系统活动的一个特色。

（4）边界层急流

低空急流与暴雨的关系已在第二节中作了介绍。但是另有一种中尺度的低空急流,它发生在行星边界层内,其高度普遍在 $500\sim1\,000$ m 左右,风速可达 16 m/s 以上。空间尺度和时间尺度都很小。由于它位于边界层内,又具有边界层的许多特性因此称为边界层急流。在华北地区这类低层的强风常常会造成局地的降水增幅,造成暴雨过程。

以 1979 年 7 月 28 日发生在河北地区的暴雨过程为例。该次过程在唐山地区以北总雨量达到 430 mm,但范围较小,距暴雨中心仅 70 km 的唐山市就没有降水。但在乐亭地区,近地面出现了强风,在 600 m 上空风速达 22 m/s,低空强风的出现加强了其左侧的气旋涡度和辐合上升,强暴雨区正好位于近地面的中尺度的涡度区内。可见这次范围很小的暴雨过程与边界层内风速的突然加大有密切的关系。

4. 华北特大暴雨举例

1963 年 8 月上旬,河北省太行山东麓地区出现了持续 1 周的大暴雨过程,9 d 的总降水量达到 2 052 mm。暴雨造成洪水泛滥,京广铁路中断,带来巨大经济损失。这是华北地区创纪录的大范围暴雨过程,被气象学家命名为“63.8 暴雨”。

（1）63.8 暴雨天气尺度条件

本次暴雨过程先后持续了 9 d,但较为集中的时段则出现在 8 月 4～7 日。在这个时段内影响暴雨的主要天气系统是高空槽所对应的冷锋(或准静止锋)和不断移入的西南低涡。4 日左右生成于贵阳附近的低层西南涡脱离源地,沿西南—东北向的切变线向北移动。在河南境内减速。这时河西走廊有高空槽移动,在高空有正涡度平流,它与西南涡共同作用而产生了大暴雨。4 日以后又有新的低涡北移,它与高空槽线对应的南北向的准静止切变相交。形成了强烈的辐合,构成了 8 月 7 日的大暴雨。西南低涡的不断向华北地区移入,为大暴雨过程提供充沛的水汽和不稳定能量创造了十分有利的条件。

本次过程中西南低涡的活动路径与大尺度环流条件有关。图 6.3.13 为该时期中平均 500

hPa 形势图。在亚欧地区有明显的阻塞形势,使环流较为稳定。在日本海和青藏高原各维持 1 个高压脊,我国东南沿海也为高压带 。而从华北经华中至云贵高原则为 1 个狭长的低压带,它 四周处于高压带的包围之中。西南低涡正是沿着这个低压带向东北方向移动。而由于东部高 压带的阻挡,使形势稳定,暴雨过程得以持续。

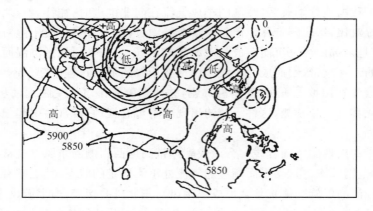

图 6.3.13 1963 年 8 月 4～8 日欧亚 5d 平均 500 hPa 高度(实线)和距平(虚线)(陶诗言,1980)

(2) 中尺度系统的活动

在本次暴雨过程中,有多次中尺度系统的活动,其中有中尺度气旋,冷性切变和东风扰动 等,这些中尺度系统的活动使降水具有明显的突发性和阵性。

以切变线的活动为例:图 6.3.14 为 8 月 6 日和 7 日的地面流场,粗实线即为切变线,a 图 为冷性切变线。在其西部为冷性的西北气流,东侧则为暖湿的偏东气流。强烈的辐合发生在切 变线周围。由于冷空气的推动,使切变线向暖区移动。中尺度雨团发生在切变线的后部。b 图 则为东风切变线,它从保定至北京。虽然该地区盛行偏东气流,但是在天津以东有明显的风向 的气旋式旋转,形成一种中尺度的东风波动,而产生强烈辐合和扰动,该扰动过境时降水急剧 增加。

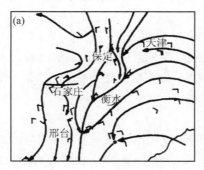

图 6.3.14 中尺度切变线实例 粗实线为切变线

(a)冷性切变线;(b)东风切变线 (陶诗言,1980)

(3) 地形对暴雨的影响

在本次大暴雨过程中,华北地区特定的山脉及地形分布给暴雨增幅带来很大的影响。在太 行山脉的迎风坡地区,降水比背风地区要高出 10 倍。山地的形状为圆弧形,气流进入该地区即产生辐合或气旋性曲率,在地面则表现为中尺度的地形切变线。图 6.3.15 为本次过程在北京地区的流场。北京北面和西面环山,这时盛行偏南气流。虚线所示即为地形切变线,它是东南风和西南风的交汇线。8 月 8 日,北京城区的日降水量达到 407 mm,这种情况下暴雨量不出现在山地上,而是在平原区的地形切变线上。

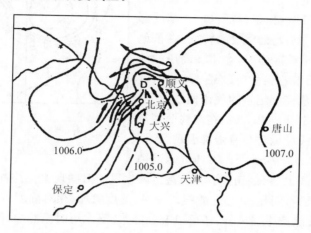

图 6.3.15　1963 年北京附近地面流线图
(陶诗言,1980)

第四节　强烈对流性中尺度天气

强烈对流天气尺度是中尺度系统的重要部分,也是一类破坏性极大的中尺度天气。较长生命期的对流性环流有飑线、龙卷风、尘暴及下击暴流等,这些天气都有许多对流性风暴组织在一起,产生强风、冰雹等破坏性极大的强烈天气。对它的研究及预报一直受到气象工作者的重视。下面对比较常见的几类强对流天气作重点的介绍。

一、飑线

飑线是一条雷暴或积雨云带,其水平尺度在 150~300 km,时间尺度为 4~18 h。飑线是强对流天气中破坏性最大的中尺度系统。飑线上常常出现雷暴、暴雨、大风、冰雹和龙卷等强烈天气。在其过境时会引起风向突变,风速剧增,气压骤升,气温陡降的情形,而且比雷暴更为强烈,因此常常造成极大的破坏。

近年来,人们用飑线系统这个词来表示与飑线有关的各种中尺度系统的集合体,除了飑线本身外,还包括活跃的积雨云、砧状云及飑线后的冷空气等。

(一)飑线的一般特征

什么叫飑线?这个问题经历了几十年的讨论和发展,至 20 世纪 50 年代后期,认为飑线就是非锋面的狭窄的活跃雷暴带。到 80 年代,由于中尺度对流复合体(MCC)的发现(见下一节),有人就把它定义为线状的中尺度对流系统,以区别团状的 MCC 系统。并明确地指出了其对流特征及尺度范围。

飑线出现在中纬度大陆及热带地区。前者常发生于春、夏之交。它与冷锋及气旋有关,一般发生在其暖区里,有的则在冷暖锋上或切变线附近。图 6.4.1 为 1 次飑线过程的相关的地面天气图。它生成于山东半岛北部,以 40～50 km/h 的移速向西南移动至南京附近发展成极强的飑线。从图可以看出飑线的如下特征:(1)在其后部为中尺度雷暴高压,这是它最重要的特征。在该地区风向辐散,在其前沿造成强风,在雷暴高压的前方则为中低压。因此当飑线移动过某一地区时就会产生气压的骤升。从连续纪录的气压曲线看,气压变化率可达到 5～10 hPa/h。(2)在飑线两侧有明显的温度梯度,飑线过境时会有强降温现象,两侧的温度差可达到 0.5 ℃/km 至 1 ℃/km。(3)飑

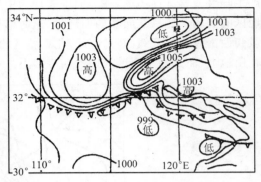

图 6.4.1 1974 年 6 月 17 日地面图 带三角的
虚线为飑线(丁一汇,1991)

线后方有强风,在飑线上会有强的风切变,甚至发生风的对吹现象。这种强风切变主要发生在近地面,至 700 hPa 已不明显。(4)在飑线过境时,湿度急增,相对湿度可由较干的 50% 左右猛升至 90% 以上。飑线除产生强风外,还可以有强降水,降水历时虽然短,但是强度极强。雨量可达 40～60 mm/h。图 6.4.1 中所示的强飑线过程在安徽天长地区 10 分钟内降水量即达到 30.6 mm。但由于它移动快,对某一个地区的影响历时较短,因而总降水量不是很大,但在稳定条件下,如果有几条飑线发生也会造成大暴雨。

飑线中个别的雷暴单体在其移动方向的左侧逐渐消散,在其右侧又产生新的单体。因此飑线右侧的雷暴常是活跃而年青的,左侧则处于衰亡期。

(二)飑线的结构

随着观测技术的不断发展,用加密的中尺度观测网所获得的资料中可以对它的结构进行分析。图 6.4.2 是飑线的三维结构图。图中虚线为高空流线,实线为地面中尺度气压,带箭头的实线则为地面流线,黑三角线即为飑线的前锋(有时称飑锋)。由图可见在飑线上空为强烈发展的对流云。雷暴云沿飑线排列,雷暴云的流出方向与高空的风向一致。它不断更新,在左侧消亡,在右侧新生,使飑线维持和延续。

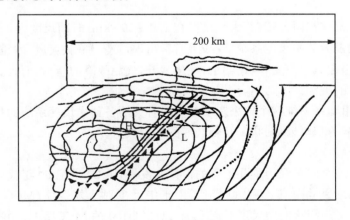

图 6.4.2 飑线的三维显示图(杨国祥,1983)

飑线周围的热力学、动力学特征可以用垂直剖面图来表示。图6.4.3给出切过飑线的垂直剖面图。横坐标中0表示飑线的位置,左侧为其前部,右侧为后部。图a、b、c、d分别是散度、垂直速度、流场以及相当位温。下面分别介绍它的特点。

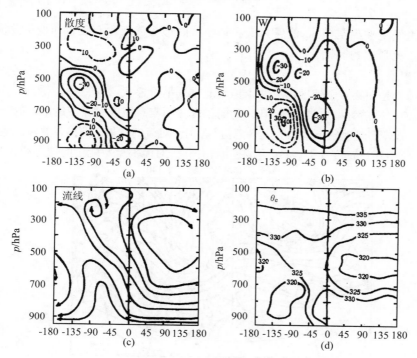

图 6.4.3 飑线的热力、动力学结构

(a)散度:10^{-5}/s;(b)垂直速度:10^{-3}hPa/s;(c)流线;(d)相当位温:K(杨国祥,1983)

1. 涡度、散度场与垂直速度。从图a可见,飑线前部为辐合区,后侧为辐散区,高层也为辐散区(虚线、正值);而在中层550 hPa远离前缘处又出现一个强辐合区(实线、负值)。与之相对应的是两个上升运动区(b图)。一个位于700 hPa高度,另一个在中层400 hPa。上升速度最大值约为30×10^{-3}hPa/s。下沉中心位于700 hPa,距飑线前缘100 km处,其值为40×10^{-3}hPa/s。涡度场的主要特点是高层反气旋式涡度,中低层为气旋涡度。这种分布与散度场是一致的。

2. 流场。从图c可以看出,低层飑线前部为强流入,后部为流出。在中高层有气流从后部流入,前部的流入层十分深厚,可伸展至500 hPa。后部的流出在200 hPa处达到最大值。

3. 温湿场。相当位温的分布表明(图d),上升气流对应的是高θ_e值,而下沉气流处θ_e则偏低。上升气流带动湿空气向上传播,湿舌与上升气流一致。而在飑线前部的下沉区湿度是较低的。

上述热力学、动力学特征是属于飑线的成熟阶段。在它发展的不同阶段,以上特征会有一些差别。如在飑线发展初期,上升运动仅限于低层,最大值在800 hPa左右。

(三)飑线形成的天气形势

根据飑线发生前的高低空天气形势,可以归纳为几种有利的大尺度天气特征。

1. 高空槽后型

飑线形成于高空低压槽后或低涡的西南象限。槽的空间结构为前倾槽,即850 hPa的槽线要落后 500 hPa 槽线 4～5 个纬距。这种前倾结构有利于不稳定层结的形成。高空有很强的冷平流,它叠置于低层的暖湿平流之上,使整层空气处于对流不稳定状态。

在地面,飑线一般发生于冷锋前,并有明显的温度和湿度的不连续。雷暴最初就发生在这个不连续带上。

有的飑线也发生在高空槽前,低层为低涡切变线的形势。南侧有暖舌和低空急流,飑线常常发生在低空急流最盛的时期。

2.“阶梯”槽型

所谓阶梯槽就是在某一个地区内有几个槽南北排列呈阶梯状,如图 6.4.4 所示。这时北方槽前有温带急流,南支槽前为副热带急流,其间为弱风区。两支急流同时存在是本型的一个重要特征。在这种环流形势下温带急流南侧为上升急流,有利于对流的发展。副热带急流北侧南支槽后为下沉气流,它使中层稳定度加大,甚至形成逆温,有利于对流不稳定能量的储存和积累。

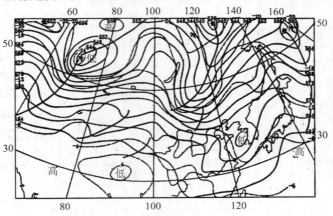

图 6.4.4　500 hPa 阶梯槽环流形势图 (杨国祥,1983)

3. 高压后部型

当副热带高压在我国沿海地区稳定西伸时,在高压西侧的西南气流中常有飑线及强对流生成。高层后部的西南气流湿层很厚,可到达 500 hPa,飑线出现在湿舌的西侧。如果青藏高压较强,则在两高压之间形成一较深的南北向切变线。这时强天气维持的时间会较长。

在低层 850 hPa 上为西南气流所控制,有时可达到低空急流的强度。低空急流中的中尺度扰动对飑线的形成有触发作用。

除了以上几种常见的天气形势外,飑线还常发生在台风倒槽,东风波等系统中。

(四)热带飑线的特征

热带飑线是热带地区常见的一种中尺度强对流系统。它首先在西非发现,从而在热带观测中被证实。在南亚和东南亚也常发生热带飑线,它多半发生在热大陆和热带海洋地区,可以造成强降水。在西非撒哈拉地区,大部分降水都是由热带飑线造成的。在大西洋观测试验期间,一条观测船上就观测到了 4 条热带飑线,其降水量占了该地区的 50% 以上。

热带飑线与中纬度飑线有一定的区别,尤其是在它的结构方面。主要差别是:

(1)在热带飑线的前方,气流都是指向飑线,即都为流入层,其中低层和高层都强,而中层较弱;而温带飑线的流入则主要在 500 hPa 以下。

(2)在热带飑线中,后部的下沉气流区的影响范围可达 600 km 宽度,其中在低层雨区中充满了干冷空气,不利于对流的发展。上层流出层的空气起源于飑线前方的高位温边界层空气,通过飑线后,在高空以云砧的形式在后方流出。

(3) 飑线系统内的下沉气流由两种尺度的气流组成。一种为较强的对流尺度的下沉气流,另一种为较弱的中尺度下沉气流区。在倾斜上升气流下方的强降水区,出现对流尺度的下沉气流,宽度约为 10~20 km。

(4) 在热带飑线的尾部云砧下方是宽度为百公里以上的下沉气流。

由此可见,热带飑线与中纬度飑线区别的最主要标志是它的下沉气流的结构。

霍茨(Houze)曾给出过热带飑线的结构模式。如图 6.4.5 所示,大体上概括了如上的主要特征。

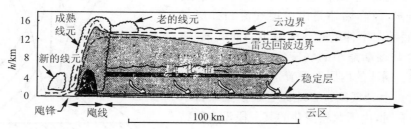

图 6.4.5 热带飑线模式图 (丁一汇,1991)

二、龙卷

龙卷是一种具有垂直轴的强烈对流云的小尺度涡旋。它是一种破坏力极强的中尺度对流系统。龙卷的平均能量约为 10^4 kW/h。由于这些能量集中在约 100 m 的很小范围内,能量密度大大超过一般对流风暴,因此龙卷过境时常常带来摧毁性的破坏。

美国是世界上龙卷最多的国家,平均每年达 403 个。1974 年 4 月 3 至 4 日,在美国的中、东部 24 小时内连续出现了 148 个龙卷。死亡 350 人以上,上万人流离失所,财产损失达 5 亿美元。我国的龙卷也很频繁,如 1956 年 9 月,上海地区的 1 次强烈的龙卷造成了很大的经济损失和人员伤亡。1999 年,强龙卷袭击广东遂溪地区,强风摧毁了渔船和建筑物,1 人死亡,多人受伤,直接经济损失达 200 多万元。

当有龙卷出现时,有一个如象鼻子似的漏斗状云柱自对流云底盘旋而下,有的能触及地面或海面,有的则悬挂在空中,通常把后者称为空中漏斗,而把从积雨云中下伸的猛烈旋转的气柱称为龙卷。在龙卷中又把发生在陆地上的叫做陆龙卷,出现在水面上的叫水龙卷。

(一)龙卷概况

1. 空间尺度和时间尺度

龙卷的水平尺度很小。在地面上,直径一般在几米到几百米之间,最大可达 1 km 左右;在空中,根据雷达探测资料判断,在 2~3 km 处,大多数龙卷的直径为 1 km 左右,再往上,直径更大,可达 3~4 km,最大可达 10 km。龙卷在垂直方向上伸展的范围差别很大,有的能从地面一直伸展到母云(产生龙卷的对流云)的顶部,其高度一般都超过 10 km,最高可达 15 km;有的从地面伸达母云中部为止,其垂直高度为 3~5 km;有的仅在母云中部出现龙卷涡旋,而在云顶和地面都看不出。

龙卷持续的时间很短。一般为几分钟到几十分钟,空中漏斗生命史更短。根据观测记录统计,陆龙卷持续的时间多在 15～30 min 左右,空中漏斗平均持续时间是 12 min。

2. 龙卷中的流场特征

龙卷的直径虽小,但其风速却极大,最大可达 100～200 m/s。其风速分布是:自中心向外增大,在距中心数十米的区域达到最大,再往外,风速便迅速减小。观测到的切向速度可达到 76 m/s,合速度则更大。由于龙卷中空气的急剧旋转,在中心附近,空气团受惯性离心力的作用将产生向外流的径向速度,而在最大切向风速区的外面有向内流的径向速度。据统计,在距中心 150 m 的地方可能出现约 35 m/s 的入流,最大入流高度在 50 m 左右。龙卷内部垂直速度的分布也是不均匀的,龙卷内部是下降气流,外部是上升气流。如图 6.4.6 所示,龙卷漏斗是由内层气流和外层气流,即对流云底部向下伸展并逐渐缩小的涡旋漏斗,地面向上辐合并逐渐缩小的涡旋气柱,由这样的双层结构所组成。漏斗的内层发展着下沉运动,外层发展着上升运动。上升气流常自地面卷起沙尘或自水面卷起水滴。有时,由于龙卷漏斗的某一段没有凝结的水滴,漏斗的下垂云柱与上升沙尘、水滴之间,有一段目视模糊的部分,俨如龙卷云柱中断。

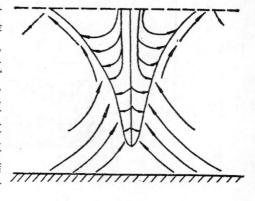

图 6.4.6　龙卷中的气流分布
(杨国祥等,1991)

3. 龙卷中之气压分布

由于龙卷中心附近空气外流,而上空往往又有强烈辐散,因此龙卷中心的气压非常低。据估计,龙卷中心处的气压可低至 400 hPa 以下,甚至达到 200 hPa。图 6.4.7 是从某测站以东 50～100 m 处龙卷经过时测站气压计上的气压变化曲线(图中气压坐标为 mm 汞高)。由图可见,即使离龙卷中心那样远,气压的剧降程度也是非常可观的。正是由于龙卷内部气压的剧降,造成了水汽的迅速凝结,龙卷才由不可见的空气涡旋变为可见的“象鼻”式的漏斗云柱。由于龙卷中心的气压非常低,再加上龙卷的水平尺度又非常小,因此龙卷内部具有十分强大的气压梯度。据推测,其中水平气压梯度最大的地方,是距中心 40～60 m 的区域,这里每相隔 1 m,气压差就可达 2 hPa 以上。在大尺度天气系统中,一般相距 100 km 才有 1～2 hPa 的气压差,可见龙卷中水平气压梯度之大了。

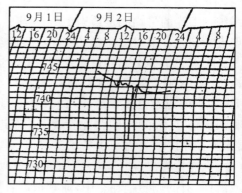

图 6.4.7　龙卷经过时的气压曲线
(杨国祥等,1991)

4. 龙卷之天气

龙卷的破坏能力非常之大。所经之处,常将大树拔起,车辆掀翻,建筑物被摧毁。如 1956 年 9 月 24 日,上海出现 1 次强烈的龙卷时,一座 3 层楼房被吹倒,钢筋水泥的四层楼房被削去一角,重达 11×10^4 kg 的油筒也被从地上拔起,并抛出 120 m 远。1963 年 5 月 6 日至 7 日广东阳山县发生了两个小龙卷,所经之地,直径达 1 m 的大树连根拔起 200 棵。1999 年 6 月 5 日,广东省逐溪县发生 1 次龙卷,历时十几分钟,造成 70 多艘渔船和小艇损坏,死亡 1 人,重伤 5 人,还造成12座棚屋和十几公里围网彻底破坏。龙卷经过之处房屋全部倒塌。龙卷的破坏力虽大，但是它影响的范围却很小，通常在离它几十米远的地方就安然无事了。如1956年9月24日出现在上海的龙卷，在它渡过黄埔江的时候，把淀海桥边的一座木房吹到复兴路公园摔得粉碎，而停泊在淀海桥头的两艘木船却未受到任何惊扰。

（二）龙卷的形成

1. 龙卷形成的环境条件

由于龙卷形成于强烈的对流云中，因此它的天气条件大体与雷暴形成的条件相似，只是它更具有极强的对流不稳定层结。从75次龙卷过程看，低层的不稳定性极强，700 hPa 以下 $\frac{\partial \theta se}{\partial z}$ 达到 $-18\,℃/\mathrm{km}$。

龙卷一般出现在干湿舌交汇，有强烈湿度对比的地区。

龙卷可以发生在不同的天气系统中。从上海10年108个龙卷发生的环境条件统计，发生在气团内部的为22个，静止锋上的22个，台风中为23个，低压冷锋上的为22个，飑线上的为19个。其中气团、静止锋和台风中的龙卷集中在6、7、8月3个月，这与盛夏的对流活动旺盛有关，且上海地区台风也多发生在这3个月。冷锋系统中的龙卷分布较散，大多在4、5、6月3个月，说明春季冷空气活动对对流的触发作用较强。飑线上的龙卷则集中在春季和秋季尤以3月和7月为多。

从龙卷出现时间的日变化看，气团与静止锋上的龙卷多出现在午后12～18 h 之间，这正是局地对流旺盛的时段。而其他系统中的龙卷则主要在下午及夜间，这时动力条件起了主导的作用。

2. 龙卷形成的机制

由于龙卷的尺度小，时间短，造成观测上的困难。目前大多利用雷达观测的报告来研究它的形成过程。因此对它的成因目前了解仍不够深入。

产生龙卷的雷暴云比一般雷暴云更高，更强，而且在主要雷暴的侧面形成龙卷的机会比在其正下方的更多。雷暴云的高度越高，强度越强，则龙卷发生的概率就越高。这一点已经成为龙卷预报的一个依据。在以下几种对流天气中，阵雨、雷暴、冰雹、强飑线及龙卷这几种天气所对应的积雨云的高度和强度依次是一个比一个更高和更大。

根据近年来的研究，大多数龙卷发生在有强烈旋转上升的对流风暴的左后侧，在该处形成了龙卷气旋。龙卷是高度旋转的中尺度系统，因此它的形成就需要有局地强涡度的生成与集中。藤田（Fujita）根据雷达探测资料，提出了一个龙卷形成的过程的模式（图6.4.8）。左侧为龙卷形成的开始。表示在充分的水汽及不稳定条件下产生中尺度的气旋性旋转上升气流及雷暴云体，以后进一步发展为对流风暴及上冲云顶。右侧表示在降水出现后下沉气流把高层大动量带至近地面，在风暴右后侧产生具有扭曲作用的下击暴流，在扭曲作用下产生强水平风切变形成龙卷气旋及龙卷。

当有扭曲的下击暴流出现时，地面的气旋性涡度可增强至 $10^{-2}/\mathrm{s}$，比一般中尺度雷暴云的涡度大1个量级以上。强烈的涡度发展与集中有利于龙卷的形成。

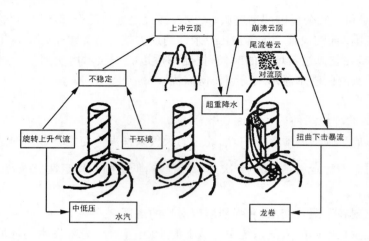

图 6.4.8　旋转雷暴中形成龙卷过程的模式

(杨国祥,1983)

三、下击暴流

(一)概况

当雷暴云中的下降气流达到相当大的强度,在地面,由冷空气外流带来了雷暴大风。这种风的向外暴流的局地强下降气流称之为下击暴流(downburst)。由于下击暴流的风速可达 18 m/s 以上,在地面附近会引起灾害,严重影响建筑物及低空飞行活动的安全。如 1976年 6 月 23 日在美国费城机场由雷暴雨的强降水过程而产生了下击暴流。逆风增至 25%～30%,这时正有准备着陆的飞机,突然受到强烈的风切变的影响,飞机无法着陆,下降速度降到 50%以下。当飞机再度爬高至 79 m时,逆风消失,致使飞机坠毁在雷暴云后侧的跑道上,造成了严重的飞行事故。因此下击暴流也是一种突发性强,而破坏力大的中尺度对流系统。

(二)特征

下击暴流的下降气流速度,在离地 100 m 处,只有几个 m/s。而在地面附近引起大风风速达 18 m/s 以上,这种风是直线风,即从雷暴母体云下基本上呈直线型向外流动,它的水平尺度为 4～40 km。

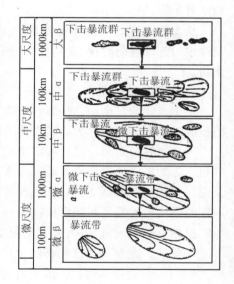

图 6.4.9　5 种尺度的下击暴流型

(杨国祥,1983)

对直线风扫过的地区进行广泛的空中照相和制图,发现在整个直线气流中,嵌有宽度只有3～5 km 的小尺度辐散型气流,这些小尺度外流系统称为微下击暴流。如图 6.4.9 所示,它出现在下击暴流之中,水平尺度为 400 m～4 km,地面风速在 22 m/s 以上,由此算得的水平气流辐散值为 10^{-1}/s,因而在离地 100 m 高度上的下降气流可达 101 m/s。在微下击暴流中,往往还嵌有水平尺度更小(<400 m)宽度为 100 m 的下击暴流带。它是有更强辐散和极值风速出现的地方,在其中心线两侧,分别具有气旋和反气旋环流。这种微下击暴流或下击暴流带,能诱

发出强的垂直风切变和水平风切变,因而对飞行的威胁特别大,它们所带来的强风,对地面农作物和建筑设施会造成严重破坏。有时,在被强风破坏的整个区域内,包含了两个或更多的下击暴流,可称为下击暴流群,其水平尺度为40～400 km。当1个强风暴系统移动数百公里时,它所产生一连串的下击暴流群,水平尺度1 400 km,故又称为下击暴流族。这种下击暴流族将会带来更大范围的危害。

在下击暴流区内,出现小的中尺度高压或大的小尺度高压。与它相联系的直线前缘为飑锋,通常可远离雷暴母体向外伸展20 km以上。在微下击暴流区内出现大的小尺度高压,当它经过一地时,在气压自记曲线上表现为鼻状的气压变化,称为雷暴鼻。与微下击暴流相联系的辐散型气流的前缘,又可出现如图6.4.10所示的下击暴流锋。这些中小尺度锋系,不仅带来了地面强风,而且又都是对流进一步发展的触发机构。

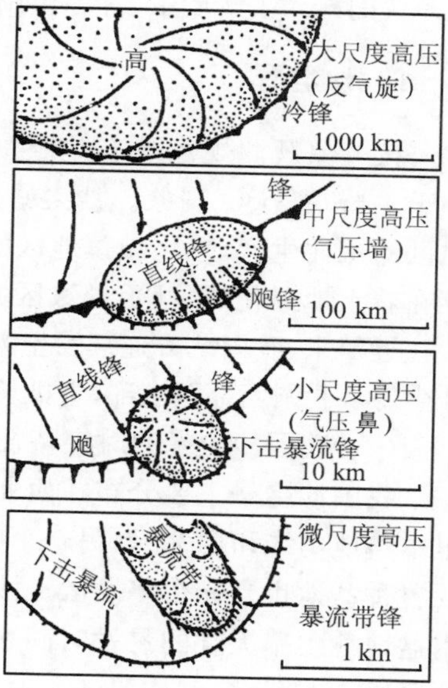

产生下击暴流的雷暴云,在雷达回波显示器上常常反映两种类型的回波:钩状回波和弓状回波。下击暴流常位于回波钩内或钩的周围。

图6.4.10　与下击暴流联系的中小尺度锋系模型(杨国祥,1983)

(三)形成

下击暴流的形成是与雷暴云顶的上冲和崩溃紧密联系着的。从卫星云图分析,当对流风暴发展成熟,有时可以见到从云砧上突起的上冲云顶。这是雷暴中的上升气流携带的空气质点,由于运动的惯性,穿过对流高度(主要云砧高度),上冲进入稳定层结大气的结果(有时越过对流层顶)。上升气流在其上升和上冲的过程中,从高层大气运动中获得了水平动量。随着上冲高度的增加,上升气流的动能变为位能(表现为重、冷的云顶)而被储存起来。以后,一旦云顶迅速崩溃,位能又重新变成下降气流的动能。

重冷云顶的崩溃取决于雷暴云下飑锋的移动。飑锋形成后,它加速向前部的上升气流区移动。随着飑锋远离雷暴云母体,维持上升气流的暖湿气流供应逐渐被飑锋切断,于是,上升空气流迅速消失,重、冷云顶下沉,产生下降气流。下降空气由于从砧状云顶以上卷挟了移动快,湿度小的空气,增强了下沉气流的蒸发。同时这个下降气流由于吸收了水平动量,而迅速向前推进,形成下击暴流。

近年,借助多普勒雷达观测,得到雷暴内部空气的运动状态,证实了上冲云顶崩溃产生的强下沉气流。图6.4.11给出了雷暴中气流的垂直剖面。气流从瓦解的云顶一直下沉到地面,形成下击暴流。

下击暴流是比较常见的,只是由于它的生命期短,尺度小,不容易被观测到。也正因为如此,使对

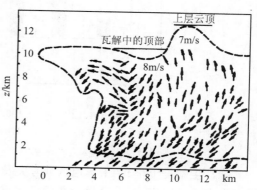

图6.4.11　雷暴中的气流垂直剖面
(杨国祥,1983)

该系统的深入了解产生了很大的困难。至今主要仍然依靠雷达观测资料来对它进行研究。

四、沙尘暴

按气象观测规范规定,沙尘暴系指强风将地面大量尘沙吹起,使空气很混沌,水平能见度小于 1 km 的天气现象。沙尘暴是一种灾害天气,它首先威胁着农牧业生产,其次是危害城镇地区的工业生产,恶化城镇地区的环境质量,更为严重的是直接带来人员、牲畜的伤亡,而且还存在着土地退化的危险,导致区域生态环境的恶化。

近年来,我国北方连续发生大范围的强沙尘暴,特别是 1998 年 4 月中旬和 1999 年春季,强沙尘暴从我国西部至东部,直抵长江下游地区,席卷了半个中国,造成了极严重的全国性灾害。

(一)我国沙尘暴的时空特征

我国沙尘暴主要分布在西北地区。该地区有两个多发区,年平均日数皆大于 20 d。一是塔里木盆地南缘和西北缘,另一个则为甘肃的河西走廊,高频中心位于民勤至内蒙古一带。此外吐鲁番盆地也是一个多发区。沙尘暴发生的时间大致是春季,但各地区之间是有差异的,塔里木盆地沙尘暴天气的易发时间在各地区之间有一定的差异,但都以春季为主。塔里木盆地南缘地区以 5 月最多,其次是 4、6 月;哈密、甘肃、内蒙古高原中西部、宁夏、陕北一带以 4 月最多,平均占年发生次数的 40% 以上。其次是 5 月,一般达 20%;青藏高原的藏北、柴达木盆地和贵北地区(共和盆地)也以 4 月为主,3 月次之,其他月份很少;藏南地区改则—申扎一线,以 1、2 月份为主,3、4 月份相对减少,其他月份很少。年平均 5 日线以南,1 日线以北的华北平原区、黄土高原区和青藏高原的东南缘基本上都在 3～5 月份。

通过对西北地区(1952～1998 年)强和特强沙尘暴天气个例进行统计发现,52 例强和特强沙尘暴个例中,4 月有 22 次,5 月有 15 次,两月合占总数的 71.15%,其次是 3、6 月,各为 7 次和 5 次,两月合占总数的 23.08%。这样 3～6 月之和占总数的 94.13%(图 6.4.12)。强沙尘暴发生的频率有年代际的上升趋势。以 1949 年以来半个世纪为例:50 年代发生 5 次,60 年代 8 次,70 年代 13 次,80 年代 14 次,从 1990 年至今已有 23 次。

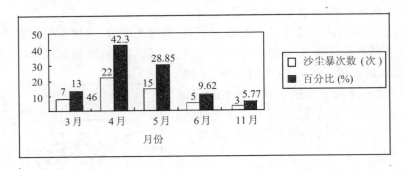

图 6.4.12　1952～1998 西北地区强沙尘暴的月际变化
(胡金明等,1999)

(二)沙尘暴天气的危害

强沙尘暴是干旱、半干旱地区具有突发性、大灾害的主要灾害性天气。它的致灾重、成灾面大的特点给国民经济、人民生活造成了严重损失。1993 年 5 月 4～6 日,一股西北路线的特大沙尘暴,受西伯利亚冷空气入侵并加速南下的影响,入侵我国西北地区,从新疆北部到甘肃河西、至内蒙古西部、宁夏大部地区,总面积约 $110 \times 10^4 km^2$,其间共有人口 1 200 万。特大沙尘暴瞬时最大风速大于 37.9 m/s(大于 12 级,中卫县),一般为 21 m/s(8 级),能见度$\leqslant$50 m。特大沙尘暴造成损失严重,仅新疆、甘肃、内蒙、宁夏 4 省(区)共死亡 85 人,伤 264 人,毁坏房屋 4 412间,死亡和丢失牲畜 12 万头(只);农作物受灾面积达 $37.3 \times 10^4 hm^2$,埋没水渠 2 000 km以上。一些地方交通受阻,电讯中断,造成直接经济损失达 5.5 亿元。对生态环境、经济发展和民族利益所产生的影响更大;1998 年 4 月 16~18 日,特强沙尘暴数次袭击我国北方各地,自西至东直至长江下游,其影响范围之大是历史上罕见的。特强沙尘暴经过北京上空与降雨天气相遇,形成当地称之为"泥雨"天气。在南京,空中总悬浮颗粒物浓度比正常值高出 8 倍,国内各大报纸报道为"沙暴骤起,泥雨纷纷——内蒙古、北京、济南、南京等地出现浮尘天气"、"西北起沙暴,北京下泥雨——黄沙笼罩长江以北"。这次特强沙尘暴仅在新疆造成的直接经济损失达 9 亿元。强沙尘暴改变了人们的生存环境,使土地沙漠化和荒芜化。

　　(三)沙尘暴天气的成因

　　沙尘暴天气的形成有自然因素和人为因素。前者又有气象因素及地理、环境等因素。这里主要就气象因素进行介绍。

　　从地理分布而言,沙尘暴主要位于干旱及半干旱气候区,这里土地荒漠化严重又常受大风的影响。

　　从沙尘暴形成的天气条件看,主要是大风及局地的层结不稳定。在这两个条件下,容易使裸露的大面积沙质地表发生大规模的沙土飞扬及转移的现象。大尺度冷空气活动是形成沙尘暴的驱动力,强大的气压梯度所造成的大风会使沙暴运行。沙尘暴的形成不仅要有强的气压梯度,而且在大风的路途上,沙尘物质必须是干燥、疏松,才能产生空气对流时大风能吹起浮沙,在空中形成尘暴。

　　沙尘暴的形成要有不稳定的热力层结,在产生沙尘暴前几天里会有持续的高温天气而使局地层结变得十分不稳定。不稳定层结产生的对流上升运动,使近地面沙土向空中输送,为大规模的沙土飞扬、传送提供了十分必要的条件。

　　由此可见沙尘暴的气象条件,既有大尺度的,即大风对沙土的输送作用,又是中尺度的,即有局地的强烈的不稳定条件,它使地面松软的沙土向空中输送。有人归结了沙尘暴的人文、自然和气象的综合条件图,这里只给出其中气象这个环节的综合图(图 6.4.13)。该图概括了沙尘暴气象成因的各个方面。

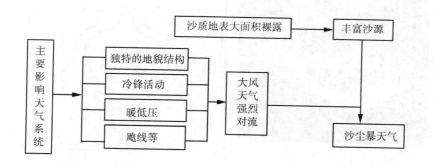

图 6.4.13　沙尘暴天气发生的气象机理(胡金明等,1999)

第五节　中尺度对流复合体

20 世纪 80 年代以来发现了一种中尺度对流复合体,它是麦道克斯(Maddox)于 1980 年利用卫星云图资料发现的一种中-α 尺度的系统,它常常伴发夜间强暴雨,造成灾害。气象学家们用它的英文名的缩写简称它为 MCC(Mesoscale Convective Complexes)。虽然目前对它的物理本质及具体结构还了解得不够深入,但是对它发生的环境,它的一般特征已有不少的研究成果。

一、MCC 的一般特征

(一)定义

由于 MCC 是首先从红外云图中发现的对流体,因此它的定义和对其特征的描写一般都是按照它在云图上的标志。1980 年麦道克斯根据红外卫星云图分析给出它的定义及特征,如表 6.5.1 所示。

表 6.5.1　MCC 的定义 (Leiry,1987)

尺　　度	A、红外温度≤ −32 ℃的云罩面积必须>100 000 km²
	B、内部≤ −52 ℃的冷云区面积必须≥50 000 km²
开　　始	A 和 B 的尺度条件首先满足
持 续 期	符合 A 和 B 尺度定义的时段必须≥6 小时
最大范围	临近的冷云罩(红外温度≤ −32 ℃)达到最大尺度
形　　状	最大范围时的偏心率(短轴/长轴)≥0.7
结　　束	A 和 B 的定义不再满足

由表可见,MCC 向上伸展的冷云的面积很大,比一般雷暴要大两个量级,生命史也长。可以看出它是一种中-α 尺度的系统。从表中对它的形状的规定中还可以看出,它是一个椭圆体,这一点是有别于类似飑线这种线状的对流系统的。图 6.5.1 是 MCC 的图像,a 图是 1 次个例的增强显示的红外云图。高层云罩覆盖了美国 5 个州,而中心最高的冷云则发展至 19 km 以上。b 图则是由 8 个 MCC 合成的 12 h 降水,降水的范围达到 400 km,最强的降水大体在 MCC

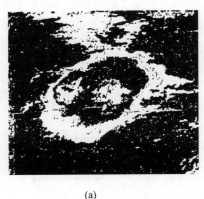
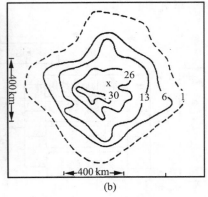

(a)　　　　　　　　　　　　　　　(b)

图 6.5.1(a)　MCC 的增强红外卫星云图;(a) 1981 年 6 月 22 日 15:00 UTC 增强红外卫星云图;(b) 8 个　MCC 合成的 12 h 降水(mm)对称 MCC 个例合成的 12 小时降水(mm)(杨国祥等,1991)

的中心区附近。降水区的分布也与 MCC 形状大体对应。

（二）气候特征

越来越多的研究表明，MCC 是世界范围的，是经常出现的中尺度系统。大多数发生在中纬度、副热带和低纬地区的暖季。每年总次数约在 300～400 个。在美国，MCC 多发生于落基山东部的平原地区，3～9 月为其主要的发生季节，例如 1978 年 5～8 月共出现 43 个。有时可连续出现 MCC，如 1980 年 6 月 7～9 日 3 天之内竟发生了 5 个 MCC。我国的 MCC 活动也很广泛，南至华南，北至华北，大体上都发生在西太平洋副热带高压的西侧。一般情况下中国的 MCC 尺度要较美国的为小。统计表明：在青藏高原的下风方我国西南地区及临近的越南的北部是 MCC 的多发区。另一个多发区则是在黄河的中下游地区包括黄海、渤海海面至朝鲜半岛、日本列岛地区。根据研究全球范围的 MCC 系统都有着类似的特征，即：(1)夜发性。即在夜间突然加强；(2)持续在 10 h 以上；(3)发生的环境条件是天气尺度的环境强迫较弱，而低层的热强迫和条件不稳定状态较为重要；(4)多发区常有相似的地理特征，即：山脉的下风方(中层)，低层为高温高湿的低空急流相伴随。

在 MCC 发展的全过程中，暴雨主要发生在其成熟的阶段。而当在其快速生成的阶段时则多发生其他强对流天气，如龙卷、冰雹、大风和雷暴等。据统计，美国的 40% 的突发性暴雨洪水是由 MCC 引起的。

二、MCC 发生的环境条件

麦道克斯曾经用 10 个 MCC 个例进行合成，描绘出 MCC 发展各个阶段环境条件。现在重点对它的形成期和成熟期的特征进行介绍。

（一）MCC 形成期特征

在地面图上有一条弱冷锋自西向东北方向移近形成区，而在对流层低层则为相当强的暖湿气流，一般情况下为强度较强的低空急流。这两点形成了低层强烈的暖湿空气的辐合。是 MCC 发展前期最主要的特征。在 700 hPa 上形成区之北侧有弱短波槽移入，与强烈的暖湿气流形成了南北向温度梯度为强水平风切变。这是造成不稳定条件及中尺度对流系统不断发生的重要条件。在高层 200 hPa 上，为一支高空急流，它位于 MCC 发生区之西北，为急流的出口区。

（二）MCC 成熟期特征

当 MCC 处在成熟阶段时，在对流层低层，南北向的温度梯度仍很强，低空急流强度极大，且有日变化，低层有明显的暖平流和水平风切变。而在地面，由于降水的影响，产生弱的中尺度高压及辐散外流。总体来说 MCC 区域内水汽含量增大。在 500 hPa 图上，MCC 区中有短波槽及中尺度扰动出现。200 hPa 上的高空急流大大加强，可比前 1 个时期强 15 m/s 以上，呈现出明显的反气旋辐散的结构。这时另一个特征是高空的冷心结构。这是由于 MCC 区中已有 α 中尺度的上升气流，造成上升冷却的结果。强烈的尺度较大的中心垂直上升运动带来了强烈的降水过程。

三、MCC 的垂直结构

图 6.5.2 为 MCC 生命期各个阶段平均的散度与垂直速度的垂直分布。它们各自为发展期及成熟期 MCC 区的区域平均值。在发展前低层为明显的辐合区，但基本上在 700 hPa 以下，高层则为弱辐散；至成熟期低层辐合区上抬并加强，而最为明显的是高层 200 hPa 附近的

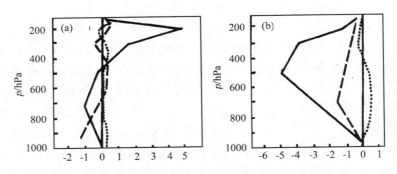

图 6.5.2　MCC 的平均散度(a)和垂直速度(b)虚线:初期,实线:成熟期,
点线:衰亡期,单位:div:10^{-5}/s,(:10^{-3} hPa/s,(丁一汇,1991)

辐散层。这与上面对环境场条件的描写是一致的。在这个时期,上升运动加剧。最强的上升速度发生在 500 hPa 附近,平均的上升速度量值达到 5×10^{-3} hPa/s,要比发展期大 5 倍以上。至 MCC 消散期,散度场的垂直结构成反向,低层出现弱辐散,而高层则为弱辐合。而垂直速度也转为中低层的下沉与高层的上升。从该图可以看出,在成熟的 MCC 系统中,存在着全区域性的强烈的上升运动,这是 MCC 发生强烈降水的一个重要物理条件。

　　麦道克斯还给出了 MCC 发展和成熟两个时期 MCC 各物理量场的垂直剖面。图 6.5.3 是成熟期的垂直速度,温度平流,相对涡度等的东西向的垂直剖面,该剖面穿过 MCC 中心。从成熟期的各物理量的分布看:在成熟区内,由强烈而深厚的上升气流所控制强垂直速度达到 -8×10^{-3} hPa/s。要比发展期强两倍。而西侧则为补偿性下沉区,形成了两个环流。这一点与发展期是完全一致的。在 b 图上,可以看出低层为暖平流,500 hPa 附近为冷暖平流的交换区,至对流层高层,这种分布呈反相。这时高层出现强烈的反气旋涡度区,有中尺度的高压环流出现。有利于辐散环流的形成。低层在其西侧则为气旋涡度区。在发展阶段(图略),垂直速度也已呈现出中心上升,周围下沉的环流结构,但是它的强度要远弱于成熟期。但是低层的暖平流与中高层的冷平流相互叠置,对应关系比成熟期更好,这是造成不稳定加强,垂直速度不断加大的重要原因。而低层的涡度平流较弱,气旋结构也不十分显著。

四、MCC 的个例分析

　　下面以 1983 年 6 月 11 日发生在我国鄂豫皖地区的 1 次 MCC 过程为例介绍它的发生过程和特征。

　　(一)卫星云图的演变及降水

　　从增强的红外云图上看,该次 MCC 的发展大致可以

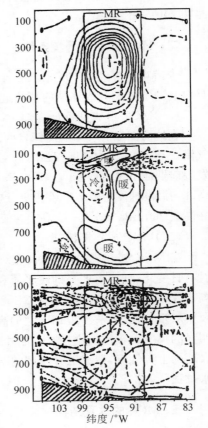

图 6.5.3　MCC 成熟期的垂直剖面图
(a)垂直速度:(Pa/s;(b)温度平流:(C/12h;
(c)相对涡度:10^{-5}/s,(丁一汇,1991)

分为以下 3 个阶段：

1. 形成阶段

在 11 日 14 时的云图上大别山地区正在发展着许多分散的对流云块,云顶温度低于 —59 ℃的范围不断扩大,有的地区已出现 26.8 mm/h 强度的降水。

2. 发展成熟阶段

由于低空西南风急流的出现,使水汽源源不断供给,对流活动不断发展。从 17 时开始,零星的对流云已开始集结和合并,至 19 时已成为一个独立的椭圆云团,已具 MCC 的结构。以后不断扩张,到 20 时,高层流出的卷云盾覆盖了安徽、湖北及江西大部分地区。云顶温度 T_{BB} < —51 ℃的面积达到 $19.4 \times 10^4 \text{ km}^2$,而 TBB < —71 ℃的面积为 $10.3 \times 10^4 \text{ km}^2$。偏心率已达到 0.6。这时出现了大范围的强降水。有两个降水中心,一个在安徽寿县附近,中心值为 41.6 mm;另一个在武汉地区,中心为 53.6 mm。孝感地区最大降水强度为 58.7 mm/h。图 6.5.4 即为 MCC 积雨云发展各阶段与相应的降水强度的对比图。自左至右分别为其形成、成熟、消亡 3 个阶段。可以看到当云体组织成中-α 尺度为 MCC 系统时,降水强度大大增强。

3. 消亡阶段

6.5.4 图最右端为消散阶段的云系和降水。这时云区开始分散,对流也变弱,降水强度大大减低,本次过程 MCC 在原地消亡。

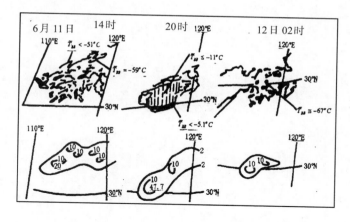

图 6.5.4 MCC 发展的各阶段云图及其降水强度
自左至右分别为发展,成熟,消亡各个阶段,(杨国祥主编,1989)

(二) 结构分析

在本次 MCC 过程的成熟阶段,其温湿场特点是:在对流层低层 850～700 hPa 内为暖湿空气,而北部边缘则是由降水引起的降温,这个暖湿区是与低空急流相接的。另一个暖湿中心出现在高空 300～100 hPa 层内。这种热力结构是与 MCC 中垂直的水汽输送及凝结潜热的释放有关。

成熟阶段的三维流场特征是:低层有偏南气流向 MCC 区流入,然后上升。这支上升气流一直伸展至 200 hPa。最强中心出现在 500 hPa 上,平均强度为 -11.0×10^{-4} hPa/s。该中心与高空的暖、湿中心相吻合。从图中还可以看到 300 hPa 上有一个中尺度的反气旋扰动,它对应了高空的辐散流出。从垂直速度的计算可知,在降水区与锋区之间为强上升区,而在其南部为下沉区,构成了一个中-α 尺度的垂直逆环流圈。

散度场的分布与垂直速度是相对应的。在 MCC 的北半部 700 hPa 以下为强辐合区,500 hPa 以上为辐散,最大值在 300~200 hPa。南部的情况有些不同,只有 850 hPa 以下浅层内辐合,以上全为辐散。两个中心一个在 700 hPa,另一个在 100~200 hPa 高度,这正好加强垂直速度中心的逆环流。由此可见 MCC 的南部和北部,其热力、动力结构是不对称的。

对 MCC 的形成、结构的理论研究目前仍很少。近年来有不少中尺度数值模式在不同程度上模拟了 MCC 的个例,比如对 MCC 降雨区的模拟,对其高空中尺度反气旋及强烈辐散区的模拟等都较成功。但是,要直接模拟整个 MCC 发生、发展的过程及其内部结构,至今仍有很大的困难,需要作进一步的工作。

第七章　天气预报

第一节　短期天气的常规预报方法

　　天气预报是根据天气学的基本实践和理论知识,对主要天气系统作定性估计或定量推算,然后考虑地区性的天气特点,作出天气预报。一个地区天气的变化主要决定于天气系统的变化,所以天气形势预报是天气预报的基础。天气预报实际上分为两个步骤:第一步是天气形势的预报,主要是预报各种天气系统的生消、移动和强度变化;第二步是气象要素和天气现象的预报,包括气温、湿度、风、云、降水等天气现象变化的预报。

　　天气系统预报须把三维空间的形势,即从高空到地面有机地配合起来,并注意高空系统和地面系统的相互联系和相互制约。实践表明,高空环流形势是地面天气过程的背景,直接影响着天气系统的运动和发展,而地面天气系统的发生、发展,直接影响天气的变化。所以在天气系统预报中必须建立起一个全面的、完整的、合理的空间概念。

一、天气形势预报的基本方法

（一）外推法

　　天气系统的运动和变化具有一定的相对稳定性,亦即在一定时间间隔内,变化具有一定的连续性,因此,可利用它从过去到现在的移动和强度变化的规律性,顺时外延,来预报未来天气系统的移动和强度变化,这种方法称为外推法。

　　外推法分为两种情况,一种是假定系统的移动速度或强度变化基本上不随时间而改变,这时系统的移动距离或强度变化与时间成直线关系,这种外推叫做直线外推或等速外推。另一种是假定系统的移动速度或强度变化接近"等加速"状态,这时系统的移动距离或强度变化与时间成曲线关系,外推时要考虑其"加速"情况,故叫做曲线外推或加速外推。

　　1. 高低压系统的外推

　　对等速外推的情况,因这时假定系统的移速和强度变化是等速的,故只需要根据当时及过去某一时间两张图即可进行。

　　如图 7.1.1a,设 24 h 前低压中心位于点"1",其中心数值为 1 010 hPa,作预报时的低压中心位于点"2",其中心数值为 1 008 hPa。移动距离为 S_1,并加深了 2 hPa。按直线外推,可以预报 24 h 后中心移至点"3",即 $S_2＝S_1$。中心数值继续降低 2 hPa,达 1 006 hPa。

　　加速外推如图 7.1.1b。设 24 h 前低压中心的位置在点"1",中心数值为 1 011 hPa,12 h 前中心位置在点"2",中心数值为 1 002 hPa,加深了 9 hPa。预报时的中心位置在点"3",并且 $S_2＜S_1$,中心数值为 995 hPa,加深了 7 hPa。由上可见,低压中心作减速运动,中心数值的加深也是减速的。于是可预报 12 h 后中心移至点"4",即 $S_3＝S_2-(S_1-S_2)$,移动方向根据改变情况外推。中心数值为 $995-7+(9-7)＝990$ hPa。

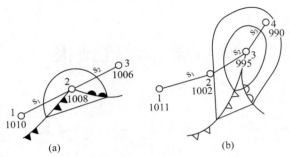

图 7.1.1　外推法举例(梁必骐,1995)

(a)直线外推;(b)曲线外推

2. 高空槽、脊线的外推

图 7.1.2a 为槽线的等速外推。因为槽线各段移动速度不同,可以在槽线上取几个代表性的点,如 a、b、c,然后分别对 3 点进行外推。由于 a、b、c 3 个点移速不同,结果槽线逐渐转为东北—西南向。图 7.1.2b 为加速外推情况,a 点为等速移动,c 点为加速移动,外推结果槽线由东北—西南向逐渐转为北北东—南南西向。

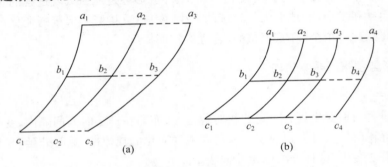

图 7.1.2　高空槽线外推(梁必骐,1995)

图 7.1.3 为高空槽脊强度外推的例子。首先选择能表示槽、脊的某条等高线,如图上 540 线,然后追踪 540 线与槽、脊线的交点,分别对这两交点进行外推,结果表示该等高线振幅加大,说明脊加强,槽加深。当槽(脊)过分拉长时,应考虑将有切断低压或闭合高压出现。

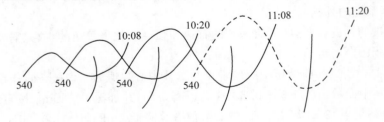

图 7.1.3　高空槽脊强度外推举例(梁必骐,1995)

应用外推法时应注意以下几点:

(1)外推法主要用于天气系统呈相对静止的状态,由于静止只是相对的,天气系统的运动状态也就会或多或少的发生着变化。因此,在应用外推法时,必须根据天气系统变化的物理原因以及周围天气系统和地形的影响,并结合其他方法,判断其是否会发生某种变化。而决不能机械地进行外推。例如,根据外推法去预报某一气旋将逐渐加强,但当其移近山脉的迎风坡时,就应考虑可能暂时减弱,而过了山到背风坡时,气旋才会重新加强。

(2)所用资料的时间间隔不宜过长,否则,就可能把天气系统历史演变过程中的某些情况掩盖掉了,以致造成极大误差。

(3)气压系统的中心位置和中心数值要尽量定准确,不然外推时也会造成误差。

(4)要注意气压日变化的影响,高空气压系统受日变化影响较小,但在地面图上就不可忽视。如08时是升压时间,这时系统中心数值往往偏高;而14时是降压时间,这时系统中心数值往往偏低。因此,对日变化的影响,要根据经验适当加以订正。

(二) 运动学方法

利用气压系统过去移动和变化所造成的变高(或变压)的分布特点,通过运动学公式,来预报系统未来的移动和变化的方法,称为运动学方法。这种方法实质上也是外推法,因此有其局限性。但是,如果不用过去的变高(或变压),而是用动力学方法所得的变高(或变压)代入运动学公式,则运动学公式就有了动力学的意义,这时已不是简单的外推。

1. 变压法

变压法是预报地面气压系统的一个重要方法。通常用 3 h 变压和 24 h 变压做预报。在实际工作中,当气压系统移动速度不大,中心附近又有比较宽广的均压区,这时在气压系统中心附近,由于气压系统移动所引起的 3 h 变压几乎为零,除去日变化以后,余下的变压值就表示气压系统强度的变化。因此,可归纳出下列几点定性预报经验:

(1)如果气旋中心出现了负变压,这个气旋将要加深;反之,如果出现了正变压,气旋就会填塞。如果反气旋中心出现了正变压,反气旋将要加强;反之,如果出现了负变压,反气旋就会减弱。

(2)如果零值变压线接近于气旋或反气旋中心,则表示这个气旋或反气旋未来的强度变化不大。如果零值变压线处在气旋或反气旋后部较远的地方,则气旋或反气旋要加强;如果零值变压线处在气旋或反气旋前部较远的地方,则气旋或反气旋将很快减弱。

(3)如果在低压槽或均压区中,出现了明显的 3 h 负变压中心,则该处可能有低压生成;如果在高压脊或均压区中,出现了明显的 3 h 正变压中心,则该处可能有高压生成。

(4)由于锋面气旋常沿暖区等压线方向移动,故暖区中变压通常是不大的。如果暖区中出现了较大的负变压,表示气旋将发展。

(5)在应用 3 h 变压作预报时,必须除去日变化所引起的 3 h 变压,这样 3 h 变压才能反映出气压系统的移动或强度的变化。

2. 变高法

利用变高可以预报高空气压系统在短期内移动及强度变化的趋势。实际工作中通常是用 24h 变高,有以下几条经验可以参考:

(1)高压常向正变高中心移动,低压常向负变高中心移动。

(2)槽线前后分别有一负、正变高中心时,这种槽一般移动较快。变高梯度越大,槽移动越快。

(3)当槽(脊)线上出现负(正)变高中心时,则槽(脊)将加强,且移动较慢;反之,槽(脊)将减弱,且移动加快。

3. 应用运动学方法应注意的几个问题

(1)运动学方法本质上仍是外推法,只适用于天气系统处于相对稳定状态的时候,而不能预报出系统的转折性变化。这个方法只有与其他揭露过程的物理本质的方法结合使用时,才能收到较好的效果。若孤立使用,容易导致出错误的结论。

(2) 在使用 3 h 变压(Δp_3)做预报时,必须消除日变化的影响,方法是将某地某时的实际Δp_3,减去该地该时的多年平均$\overline{\Delta p_3}$即可。

(3) 如果能用动力方法,求得天气图上瞬间气压变化,也可应用运动学公式,求得系统在该瞬时的移速或强度变化,以此估计系统未来的发生、发展和移动。

(三) 高空引导气流法

实践发现,地面浅薄的气压系统(如冷高压,青年气旋等)以及锋面的移动,与高空某高度的气流方向大体一致,其移动速度与该高度上的风速成正比,因而把该层的高空气流称为引导气流,地面系统的移速与引导气流的风速之比值称为引导系数。用引导气流和引导系数来做地面气压系统和锋面移动的预报方法,称为引导气流法,这是一种比较广泛应用而行之有效的方法。

一般认为,500 hPa 或 700 hPa 层接近于无辐散层,所以实际工作中通常用 500 或 700 hPa 高度上的气流作为引导气流。在夏季由于 700 hPa 图上的气压系统分布较零乱,往往不易确定引导气流的方向和速度,所以多选用 500 hPa 等压面作为引导层。

实践表明,地面气压系统的移动方向与引导气流的方向有一定的偏角,大多数偏于引导气流的左侧,而且引导气流越大,偏角越小,反之亦然。这是因为:①500 hPa 或 700 hPa 等压面不一定刚好是无辐散层;②$\frac{\partial}{\partial t}\Delta^2 H_p^{\flat}$ 不仅决定于地转风平流,还与偏差风平流、非绝热变化和垂直运动的影响有关。在实际应用引导气流规则时,必须充分考虑引导气流本身的特点和变化。同时还要注意地形的影响。另外,引导气流对浅薄系统的预报效果较好,当地面系统加深以后,则效果较差。所以,在应用引导气流规则时,尚须同其他方法相配合,才能得到更好的预报效果。

(四) 经验预报法

1. 相似形势法

在做预报时,如果在前几天天气图上的形势变化与历史上某次过程的天气形势变化大致相似,那末就可以依照历史上那次过程的形势变化的规律来预报未来的天气形势变化,这种方法称为相似形势法。

问题是如何能够在大量的历史天气图中,迅速地找出这种相似的天气过程来。通常是根据某一种天气预报的需要,将历史上产生这一类的天气过程都制成简明卡片,以便预报时查阅。当找到相似过程后,再对照日期,查阅原始天气图。例如,我们可以将历史上每次台风天气过程都制成卡片,则在预报台风时,就可迅速找出其中与本次前期过程相似的台风天气过程,然后再找出原始天气图,与这次台风进行比较,以预报这次台风未来的路径与天气影响。有时找到相似的天气过程不止一个,那末就用这几次过程同时进行比较,从中找出最相似的一个天气过程来。

但是任何过程不会完全相同,所以在找相似中还要找它们之间的不相似,找出各自的特殊点。以便结合具体条件对预报进行必要的订正。

2. 天气学模式法

将历史上许多相似的天气过程加以分析综合,归纳出若干典型模式。在做预报时,如果发现当时的天气形势与某一模式的天气形势相似,就可以依照模式的天气形势变化规律,来预报未来天气形势的变化。例如寒潮天气过程就可以基本上归纳为小槽发展型、横槽转竖型、低槽东移型等几种模式。但实际天气过程不会与典型过程完全一致,所以在用模式进行预报时,还必须着重分析当时系统运动发展的内外因素,模式只是作为一种参考。

3. 统计资料法

对大量的气象历史资料用统计的方法,统计各种天气系统的移动路径、速度、中心强度等的平均数据,以便预报时参考。这也是一种经验预报方法。

4. 预报指标法

针对某类天气系统或天气过程,寻找预报指标,是一个很重要的经验预报方法,为广大台站所采用。寻找重要天气过程的预报指标,目的在于用它来预报重要天气的发生和发展。这对实际预报应用是较方便的。也有一些台站首先寻找产生该地区重要天气系统发生、发展和移动的指标,而后在此基础上寻找天气预报指标。

寻找预报指标的方法很多,不能一一列举,但它们都是建立在对过去天气认识的基础上而制作出来的。因此,只有对过去所发生的天气过程有较全面和深刻的认识和总结归纳,才能得到较好的、有效的预报指标。因此一般在找某种天气过程的预报指标之前,必须对过去所发生过的这类天气过程进行普查分析,找出这类过程的共性,同时找出它和其他天气过程不同的特性,然后进行归纳统计得出预报指标。例如,江西省气象台经过普查大量低涡天气过程后,发现青海低涡启动的条件为:

(1) 低涡上游要有一定强度的冷空气南下并东移来推动低涡,其定量指标是:

700 hPa 上,乌鲁木齐、51 区 495,379 或 238 站(都在新疆北部)中,至少有 1 站出现偏北风,风速 ≥ 6m/s;700 hPa 上,低涡附近暖中心与乌鲁木齐的温度差值(表示锋区强度)达 10 ℃以上,且温差在 24 h 内增加 4 ℃以上;低涡的西北象限,在 700 hPa 上,至少有 1 站 ΔT_{24},达 −3 ℃以上(大致表示冷平流强度)。

(2) 低涡下游要有暖湿气流,诱导低涡移出。其定量指标是:

700 hPa 上,西宁或酒泉两站中至少有 1 站风向为 E—SE—S,风速 ≥ 4m/s;700 hPa 上,成都、重庆、贵阳 3 站中不能同时有 2 站或 3 站都出现偏北风;地面图上,华家岭风向为 E—SE—S,风速不限。

以上是青海低涡启动的预报指标。根据这种指标,在 401 次低涡中,有 38 次符合标准,低涡启动了,然而这 38 次中尚有 25 次低涡并不影响江西,这和低涡的移动路径有关。为此,他们又进一步找出了启动低涡影响江西的预报指标,实际上也就是找出了低涡移动路径的预报指标。

当我们考虑形势预报时,不能孤立地只考虑一个系统本身的发展和移动。譬如,一个低槽发展与否,固然与其本身的温压场结构及地形、摩擦、热力等对它的影响有关,而且还和它周围系统的变化有紧密的联系。下面简单介绍一下周围系统的影响。

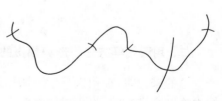

图 7.1.4　短波系统叠加于长波系统上运动(朱乾根等,1992)

(1) 短波系统叠加于长波系统上运动:设有两个长波槽,一个长波脊,在长波槽脊上叠加有短波槽(图 7.1.4)。长波槽、脊是作东西方向移动的,而短波槽则不同。在长波槽前(脊后),它沿大规模的西南气流向东北方向移动,在长波槽后(脊前)它沿大规模的西北气流向东南移动。其原因是短波槽的移动,主要是受相对涡度平流所决定的。而短波槽的相对涡度则是由短波槽前后的平均气流所引导的。这和长波系统受长波系统前后的平均气流所引导一样。当短波槽在长波槽前时,短波槽前后气流平均后,为西南气流,故向东北方向移动。同理,在长波槽后平均气流为西北气流,故短波槽向东南移动。一般来说,长、短波系统都受其前后的平均气流操纵。

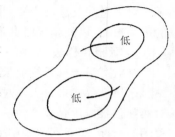

　　(2) 根据上述原理可以推知:两个大小差不多的深厚低压(例如台风),当它们相隔较近时,就有绕着两者中心的连线的中点相互作反时针旋转的趋向(图 7.1.5)。因为中点附近平均气流为零或很弱,而在两低压离开较远的部分,平均气流较强,而且平均气流本身就是围绕中点作反时针旋转的,所以两低压受平均气流操纵也相互作反时针旋转。

　　在应用上述两规则做预报时,还必须注意到平均气流本身也是在改变的,因此必须将这种变化估计在内。但总的来说,平均气流的变化比较缓慢,容易掌握,故这个规则是台站经常应用的。

图 7.1.5　两低压互相作旋转运动(朱乾根等,1992)

　　(3) 不同纬度的西风气流中的系统(如一是极锋锋区气流,一是副热带锋区气流),因移速不同,当同相叠加时,槽、脊发展。这是因同相叠加时,一方面槽脊的振幅显得加大,另一方面有利于北支锋区上槽后(脊前)的冷空气,向南支锋区槽中平流,使得槽发展,也有利于南支锋区槽前(脊后)的暖空气,向北支锋区脊上平流,使得脊发展。反之,当反相叠加时,槽脊削弱。当两支气流的槽脊不同相,也不是完全反相时,由于气流的汇合和疏散,也可产生槽脊强度的变化,在北支波系落后于南支波系时,(图 7.1.6a),槽中具有疏散结构(预报员称为阶梯槽),脊中具有汇合结构,因而槽将发展,脊将减弱。在南支波系落后于北支波系的情形下(图 7.1.6b),这时槽中具有汇合结构,脊中具有疏散结构,因而槽将减弱,脊将发展。当南北两支波系的波长和振幅都不相同时,还会形成各种复杂的结构,所以必须针对实际情况进行具体分析。

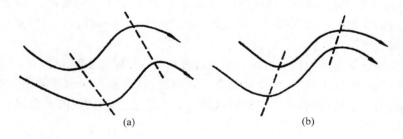

(a)　　　　　　　　　　　(b)

图 7.1.6　槽的疏散和汇合结构(朱乾根等,1992)

二、用天气学方法作形势预报的一般程序

　　总的来说,目前用天气学方法作短期天气形势预报是由物理分析方法、经验预报方法和外推方法结合进行的。也可以说是对天气形势在物理分析的基础上,进行外推并加以经验订正而制作的预报。这 3 种因素的比重在各个时期、各个台站有所不同,但总的趋势是物理分析法愈来愈深入,比重愈来愈大。可以说,如果对天气过程的物理本质没有很透彻的了解,单纯凭经验和外推法是做不好形势预报的。近年来,国内、外动力数值预报已在气象业务上广泛使用,其大形势预报的准确率已达到一般预报员的预报水平,这就说明了以大气热力学和动力学基本规

律为基础进行预报的重要性和有效性。虽然如此,但是对于本地区的局部的天气过程,数值预报的结果仍未达到预报员的水平,这就要求对数值预报进行人工修改。因此,对现在的预报员的要求是,深入了解大气的热力学和动力学物理过程,并在此基础上积累和总结预报经验,结合当地的条件,修改数值预报的结果,作出符合于实际的天气形势预报和天气预报。概括以上天气预报方法可称为三流(即冷暖平流、引导气流和平均气流),三变(即变压、变高和变温),周(即周围系统相互影响),史(包括相似形势法、模式法、统计资料法和预报指标法),地(地形和摩擦的影响),推(外推法)。

第二节　数值天气预报

20 世纪 50 年代以来,一种天气预报的新方法迅速发展,这就是数值天气预报。目前,它已成为气象现代化的一个重要组成部分。也是天气预报发展水平的一个重要标志。

长期以来,天气预报主要是用天气图方法。预报员根据天气变化,气候背景及个人经验等加以综合判断的。因此带有很大的主观性,预报也不能定量化。这样,人们很自然希望寻找一种客观而定量的方法,把天气预报变成数学问题,利用计算机作出定时定量的天气预报。这就是人们当时的梦想。

一、数值预报的"梦想"

早在 1913 年,近代气象学奠基人之一皮叶克尼斯(V. Bjerknes)首次提出了将物理学的理论方程组运用到大气中。根据观测到的现时的状态来计算未来的大气状态。要实现这个设想是非常艰巨的,在气象学史上走过了曲折的道路。

理查孙(Richardson)对此做了大胆的尝试。他使用原始形式的运动方程,连续方程,热力学方程和水汽方程,还考虑了复杂的辐射和地表物理过程。他把大气在垂直方向上分成 5 层,水平方向的网格距为南北 200 km,东西 3 个经度。从而把全球划分为 3 200 个格点。然后把描写大气变化的各个分量写在格点上,再做差分计算。实现这套方案,在当时条件下,做 1 次 24 h 预报,需要 64 000 个人工作 12 h,而这是远远跟不上天气的发展的。

1922 年理查孙出版了一本 236 页的巨著《利用数值方法的天气预报》,详细叙述了他在 1916～1918 年做的第一次试验。他利用 1910 年 5 月 20 日 07 时欧洲中部的地面天气图作为初值,高空风用测风气球外插,高层温度用山脉观测值外插。然后对中欧 1 个地点的地面气压作 6 h 数值预报。经过繁重的运算,得到了 6 h 的气压变化为 145 hPa。这当然是很不合理的。反复的校对表明,计算是没有错误的。第一次数值天气预报没有成功,这不仅是由于计算速度太慢,理查孙的失败还有其他的原因。

二、数值预报的科学基础

从首次尝试到 20 世纪 50 年代,气象工作者进行了大量的探索,逐渐从一般的流体运动中认识到大气运动的物理机制,自然也就找到了里查孙失败的原因。在这 30 多年中,气象学在如下 3 个方面取得了重大的进展。

（一）大气探测技术的发展

20 世纪 30 年代初，无线电探空仪有了广泛的应用。人们可以获得高空各层气象要素，甚至绘制高空天气图，范围也扩展到洲际，从而发现许多重要的事实。如在大气平均高度 500 hPa 上，盛行偏西风气流，在它的上面叠加着波长为 4 000～5 000 km 的大型波动，即长波。长波的流型比较简单，它又在一定程度上联系着地面天气图上的气旋族。高空天气图的绘制使人们掌握了半球范围的大尺度运动。

（二）长波理论的提出

在分析高空长波运动的基础上，罗斯贝建立了长波理论。这是气象学史上第一个成功的动力学模式。长波按照涡度守恒原理在高空运行。这个异常简化的模式却抓住了复杂的大气运动的主要物理机制，而且符合客观大气实际的变化过程，具有很大的指导实践的意义。它不但为传统的天气图预报方法提供了可应用的理论知识，也为数值预报打下了坚实的物理基础。

（三）计算数学和计算技术的发展

动力学模式的控制方程组决定之后，接下来是如何从数学上求解，并使计算的速度大大超过天气变化的速度。由于大气运动最简单的预报模式也是非线性的，它只能用数值方法求解，这就会出现一系列的计算方法问题，特别是计算的稳定性问题。1928 年，数学家得到了著名的保持差分计算的稳定性条件。根据该条件，外推的时间步长必须小于波动通过空间格距所需要的时间。因此计算量是很大的。20 世纪 40 年代后期，计算机的速度有了很大的发展，使实现数值预报的梦想有可能实现。

1950 年著名动力气象学家恰尼（Charney）等人用 12 h 的计算时间成功地作了北美地区 24 h 的 500 hPa 高度场预报图。这就是说，本世纪初气象学家的梦想得以实现。他们所使用的动力方程组后来被称为准地转一层模式。通过大气动力学的研究，人们认识到对于大型天气过程，运动具有准地转和准静力的特征。也就是说，在大尺度运动中，地转偏向力与气压梯度力的大小是相当的。而在第三运动方程中气压梯度力与重力平衡，也即处于静力平衡状态。这样就在运动中滤去了许多波长较短的如声波、重力波等对天气变化不重要的气象噪音，使数值积分时保持计算的稳定。由此可见，这个成功是人们对大气运动的动力学本质有了必要的了解的结果。

三、数值预报方法

数值预报的方法主要分为资料处理，模式和电子计算机 3 个部分。下面着重介绍模式和资料问题。

（一）模式

模式是数值预报的主角。简单说来，模式就是进行天气预报的计算方案。这种方案首先包括预报方程及其定解条件（如初始条件和边界条件）；其次是解方程的数学方法。在求数值解时需要设计一定的水平网格和合理的空间层次。这些内容的整体就称为模式。

数值预报的模式有上百种，但是按照所使用的微分方程组，可以大体分为准地转模式，平衡模式和原始方程模式 3 大类。

1. 准地转模式　又分为一层模式和斜压模式。前者是把 500 hPa 代表大气的平均层，在该层上绝对涡度守恒。天气尺度系统的运动基本上是一种水平运动。高压，反气旋等为负涡度，低压，气旋等则为正涡度。它们在移动时保持涡度守恒。模式利用计算他们的移动来估计未来天气的发展。实践证明地转一层模式不但能报出系统的移动和变化,有些环流的演变和槽脊的生消也可以计算出来。因为尽管绝对涡度守恒,但其两个分量(切变涡度和曲率涡度)之间可以互相转换。如切变涡度转化为曲率涡度,则涡旋系统加强,西风气流减弱,或者在西风带中会出现槽脊的新生;反之当曲率涡度向切变涡度转换时,则西风气流(或急流)加强,涡旋系统就会减弱。但是这种变化只是实际大气变化的很小的一部分,它不能很好地描写实际大气的变化,特别是在天气剧烈变化时,往往预报的准确性就较差。

要改进预报性能,就要进一步做多层的预报。这就要考虑大气的上下层之间的关系,考虑辐散、辐合的作用,也就是大气斜压性在天气变化中的作用。其实质是:空气块在运动过程中其绝对涡度随时间的变化与该气块的辐散、辐合有关。因此在方程中保留了辐散项。这个方案要比单纯用 500 hPa 平均层做预报要进了一步。

2. 平衡模式　　地转模式往往存在一些系统性误差。如低压的移动方向偏北,副热带高压出现虚假的发展等。因此气象工作者考虑非地转运动对大尺度天气过程的影响,就产生了所谓平衡模式。也即在散度方程中略去与散度有关的项,而又保留了除地转关系以外的所有项。这就是平衡方程。它反映了在无辐散情况下风场与气压场的关系,较地转关系更进了一步。由于风场与气压场是平衡的,因此也除去了"气象噪音"。

由于实际大气并不是严格无辐散的,所以人们只用平衡方程代替地转关系,方程组仍用涡度方程和热力学方程。这样就在无辐散条件下得到了斜压平衡模式。

但是改进了的平衡模式仍存在许多缺陷和计算上的困难,求解非常复杂,在实际业务预报中,实行起来比较复杂。因此较少直接应用平衡模式,而只是用它去求原始方程的初始场,使模式的初始风压场满足平衡关系。

3. 原始方程模式　　地转模式的地转近似是不够精确的,而平衡模式又遇到数学上的许多困难。在 50 年代末,提出了所谓原始方程模式,即应用原始的大气动力学、热力学方程组来进行预报。鉴于里查孙失败的教训,在积分原始方程时必须克服方程中包含的快波的干扰。快波振幅的快速增长,会扰乱整个预报的结果。人们必须想尽办法来抑制快波的生长。也只有这样,才能抓住大尺度运动的主要特征。

原始方程模式的预报方程都是非线性的,只能近似地求数值解。最常用的就是差分方法,即把方程转变到一组离散的空间和时间点上,并用差分运算代替微分运算。在一定的空间网格点上给出某一初始时刻的要素值,再按一定的时间步长,一步一步的计算下去,直到算出预报时刻的气象场为止。

(二)气象资料与数值预报

有了预报模式和电子计算机还不能做预报,还需要作为初始场的气象资料。在数值预报中如何使用气象资料是一个很大的问题。随着气象观测手段的发展和现代化,气象资料的数量增多,品种增广。有常规站点的观测,也有非定点的观测。如海洋观测,飞机报告及卫星观测等。有定时观测,也有非定时观测。如何把这些不规则的资料放到模式所设定的网格点上去,这就需要进行必要的处理。最主要的是客观分析和四维同化等几个环节。

1. 客观分析　　对于模式所设定的每 1 个网格点,电子计算机都可以找出它周围的测站资料,用一定的数学公式,算出格点上气象要素应有的值。这就是客观分析的主要之点。究竟周围取多少测站,以及用什么样的数学公式,不同的客观分析方法有不同的处理方法。但是它有几条必须遵循的准则。首先是要考虑各测站与所要分析格点之间的距离,仿照预报员绘图的经验,对距离近的资料要多考虑一些;其次是考虑测站的密度、气流的方向以及气象要素场本身的结构等。根据这些准则,人们提出了各种客观分析的方法。大体上有 3 大类,即多项式法、逐次订正法和最优插值法。

分析出各网格点上的各个气象要素值(如风向,飞速,气压,温度等)后,还要进行适当的协调,使它们之间满足一定的物理关系,消除它们之间可能出现的矛盾。对于一些缺少测站的地区,可以用卫星资料或飞机报告来补充,也可以使用上 1 个时刻数值预报的结果。根据物理规律,从周围的测站资料去推算缺测地区的情况也是可行的。

客观分析达到的精确度远比主观分析要高。它不仅把主观分析的工作做得又快又好,而且还可以完成人工难以完成的工作。如分析垂直速度场,绘制垂直剖面等。

总之,客观分析不仅与数值预报工作密切相关,其本身的结果也可以用于对实际天气的分析和研究。是气象预报现代化工作一个重要的环节。

2. 初值化和四维同化　客观分析所获得的格点上的气象资料,它们之间是各自独立进行插值的。对于使用原始方程组进行数值预报,各个气象要素之间必须进行协调,这就是初值化。初值化中简单的协调方法有地转风关系,地转无辐散,平衡方程等,也可以采用变分法进行协调。

客观分析的工作是在三维空间进行的。对于非定时观测到的气象资料,如气象卫星资料,飞机报告及海上的船舶报告等的资料就要进行特殊的处理。也就是说,客观分析不再是三维的了,而是加上了时间这一维,也即四维同化。四维同化就是把各个不同时刻的观测资料,纳入统一的分析预报中来,使各个气象要素自然满足所要求的协调条件。

在分析某一时刻的天气实况时,除了利用本时刻的气象资料外,还要利用相邻时刻的观测资料所做的预报结果,这种预报恰恰是作到本时刻的。同样在向前做预报时,每做几十分钟,就会遇到新的观测资料,就必须用这些新资料对这几十分钟的预报结果进行修正,这就叫做资料更新。

目前由于观测误差还比较大,所以在实际业务工作中,只要每天进行 4 次定时的客观分析,每相邻两次的客观分析之间相隔 6 h。这样就可以把前后 3 h 之间的各种非定时的观测资料,都算作中间这个时刻的观测资料,而进行定时的三维空间的客观分析。这就是目前大多数国家业务工作中实际应用的情况。

四、数值预报的发展和应用

数值预报发展几十年来已取得了十分可喜的成绩。它已是天气预报的一个十分重要的手段,它为天气预报开辟了一个十分广阔的前景。目前大多数国家都开展了数值天气预报的业务。数值预报的水平不断提高。具体表现在以下几个方面:首先,采用的步长越来越精细。水平网格一般在 300 km 左右。还采用大小网格嵌套,以解决中尺度系统的预报问题。垂直方向的分辨率也越来越高。分层达几十层。其次,考虑的物理因子越来越复杂。不仅考虑地形,摩擦等动力因素,还考虑各种非绝热过程,如感热、潜热、辐射、雪盖等;此外还有蒸发、凝结等水汽过程。第三,使用的资料越来越多。目前可以把高低空资料以及飞机,船舶,卫星等非定时资料通过四维同化,分析到一个瞬时来使用。最后,自动化程度越来越高。用大型电子计算机实现从资料收集,分析,预报,到快速传递预报全部过程。充分发挥了电子计算机速度快,容量大的优越性。

近几十年来,数值预报的准确率不断提高。不仅能作 24 h 的数值预报,而且逐渐开展了中期数值预报的业务。目前不少国家已有 1 周以内的数值预报服务。许多国家很重视数值业务预报的总结评分工作。总体而言,准确率的提高是逐年上升的。

我国的数值预报工作无论是在理论和实践两方面都有很大的提高。业务数值预报工作已在全国各中心气象台广泛开展。除了短期的数值预报业务外,我国已成为世界上为数不多的开展中期数值预报业务的国家之一。数值预报业务在实际预报工作和为国民经济服务中起了不可忽视的重要作用。

第三节　气象卫星在天气分析和预报中的应用

一、概述

卫星技术在气象中的应用,使气象观测和预报进入了一个新的时代。1960 年 4 月 1 日,世界上第一颗气象卫星——美国电视和红外观测卫星(TIROS-1)发射升空,随着航天技术和空间遥感仪器水平的不断提高,近 40 年来,世界各国相继发射了 150 多颗气象卫星。卫星探测的技术有了惊人的发展。作为全球观测系统的气象卫星为大气探测开辟了一个新的途径,成为研究大气的有力工具。它获取地球上大范围的云系照片,给常规气象观测做了十分必要的补充,受到各国气象学家们高度重视。现在,卫星云图已经成为各业务部门日常分析和预报的不可缺少的工具。

气象卫星之所以能发挥如此大的作用,是由于它能用同样的仪器对全球进行观测,覆盖面极广,而且它的水平尺度和时间分辨率都很高。气象卫星按照其轨道分类可以分为极轨气象卫星和静止气象卫星两大类。它们的特点分别是:

极轨气象卫星是　在南北方向绕着近极地轨道运行的卫星。高度 600～1 500 km(低轨),周期约为 100 min(分钟)左右。主要特点是:可以实现全球观测,尤其是中高纬度和大尺度系统。对低纬及生命史较短的中小尺度系统则较差。由于低轨卫星观测高度低,因此水平分辨率高(1 km)。

静止气象卫星　它是在东西方向绕着地球赤道与地球自转方向和速度一致的卫星。由于卫星相对静止于地球某点的上空,故称为静止卫星,或地球同步卫星。静止卫星的高度大致为36 000 km,周期为 24 h。它适合观测低纬度,而高纬由于斜视的影响而发生变形。时间分辨率可高达 30 min,适合于对中小尺度的观测,追踪云系的发展。它的观测范围大,但其水平分辨率不如极轨卫星。

这两种卫星的特点各不相同,可以针对不同要求进行选择。从目前的应用看,由于静止卫星能提供固定地区高频次的云图,对低频次的常规观测是一个很好的补充,尤其可以用于对中小尺度系统进行观测,因此,在业务部门,静止卫星的资料有着更为广泛的应用。下面重点介绍静止卫星的情况。

20 世纪 70 年代,世界气象监测网(WWW)指定一些位置来布置 5 颗静止气象卫星。它们的观测区域绕地球形成一个闭合的环。所指定的位置分别为:欧洲联盟——Weteosat(0°W/E),日本——GMS(140°E),印度——INSAT(74°E),美国——GOES(12.5°W)。值得一提的是,我国于 1997 年 6 月成功的发射 FY-2 号气象卫星。它位于赤道上空 35 800 km,中心经度

是 105°E,面向我国中部。因此目前能覆盖我国地区的卫星主要是日本的 GMS 和我国的 FY-2
卫星。

日本自从 1977 年发射第 1 颗 GMS 以来,已陆续发射到了第 5 颗,即 1995 年 3 月发射的
GMS-5 卫星。该卫星有 4 个探测通道。一个在可见光波段 0.55~0.90 μm,3 个为红外波段,
分别是 10.5~11.5 μm,11.5~12.5 μm 和 6.5~7.0 μm。FY-2 卫星有 3 个通道。红外通道的
波段分别为 10.5~12.5 μm,6.2~7.6 μm。可见光通道为 0.55~0.90 μm。

二、卫星资料的应用

卫星资料在气象中的应用主要是通过其图像来进行分析的。卫星图像有如下几种:

(一)可见光(VIS)图像

图像的表现形式与人眼看到的相似,使用明暗不同的黑白亮度色调反映不同等级的反射
系数。最亮的(反射系数最大的)为白色,最低反射率表现为黑色。可见光图像可用来区分海洋,
陆地和云。一般来说,陆地比海洋亮,比云暗。但是,陆地的反照率随地表类型有很大的区别,
与深色的森林和植被相比,沙漠就比较亮。在可见光图像中,由于太阳的斜射云上产生阴影和
高亮区,有助于识别云的结构。云的可视的纹理结构,也能有助于识别云体。如根据云的细胞
结构,判别层积云和层云。

(二)红外(IR)云图

红外云图是地气系统所发射的 10~12μm 长波辐射被卫星接受所得到的图像。它提供了
下垫面或云顶温度的信息。在黑色的地球背景上将云显示成明暗不同的白色,以便与可见光图
像的表示一致。由于温度随高度减低,最高最冷的云发射的红外辐射也最弱。因此云图上显示
的色调也最白。但在可见光云图中,最低的反射率表现为黑色。由于云顶温度随高度递减,在
红外图像中,不同高度的云之间存在明显的差别。这是与可见光图像不同的。在陆地与洋面之
间有强烈温度对比的地区,海岸线清晰可见。在可见光图像上,卷云通常是透明的,但在红外云
图上,它却十分清晰。

(三)水汽(WV)图像

大气低层水汽的辐射一般达不到外空。如果对流层顶部是湿的,那么到达卫星的辐射主要
来自冷的区域,并表现为白色。这与红外图像的表现方式一致。

三、卫星图像在天气分析和预报中的应用

静止卫星的 3 种图像相互结合,在天气预报中发挥很大的作用。主要的应用有如下几个方
面:

(一)天气尺度系统的观测和分析

利用静止卫星云图可以补充常规资料的缺乏,可以得到与天气系统相关的大范围云系和
云的细微结构;还可以根据云顶的高度,形状和外观等推断天气系统的特征,如斜压波动,锋面
过程和气旋系统等在卫星云图上都有明显的反映。

以锋面气旋为例,在一个成熟的锋面气旋中,其云系的顶部有明显的螺旋状,与低压系统
的中心对应。冷暖锋的云系也十分清楚,在其北侧为锢囚锋云系。图 7.3.1 为逗点状云系。它
对应的是强的正涡度中心。在云系的前面为晴空区。与完整的逗点云系相对应,地面常常是低
压区。

（二）台风的分析和预报

卫星云图特别适合担当对台风的监测作用。卫星云图可以提供关于台风位置，强度和移动方向的信息，用之于对台风的分析和预报，在台风警报系统中起着举足轻重的作用。

根据多年的经验，把热带气旋云系按照其发展的不同阶段分为 4 类。即为 A、B、C、X。分类的主要判据是：密闭云区的地理位置和尺度，螺旋云带的完整程度，以及螺旋云带的曲率中心是否位于热带气旋中主要密闭云区的里面或外面。图 7.3.2 为 4 个阶段的示意图。在 A、B、C 3 个阶段中，弯曲云带的曲率中心或者不存在（如阶段 A），或者有曲率中心，但是位于密闭云区的外面或边界上，（如阶段 B、C）。在 X 阶段，螺旋云带的曲率中心位于密闭云区的内部。一般说来，A 和 B 阶

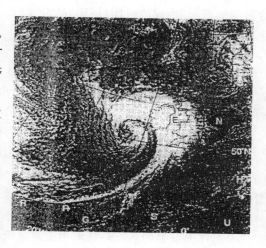

图 7.3.1　逗点状云系
（蒋尚城，1999）

段代表热带气旋的形成阶段，C 阶段可以代表热带气旋从初生向成熟阶段发展，也可以代表 1 个成熟热带气旋的消弱阶段。而 X 阶段是热带气旋的成熟阶段，但按其螺旋云带的完整程度又可以分成 4 个副类。在日常的分析和预报中，可以根据云系的结构特征来确定热带气旋的发展程度，性质和强度，并可由统计结果来判断热带气旋中的最大风速。

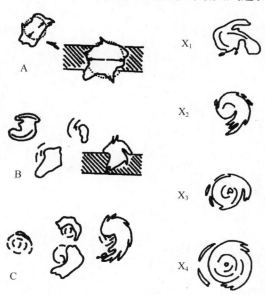

图 7.3.2　台风发展各个阶段云型示意
（中国科学院大气物理研究所，1972）

（三）中尺度对流系统的观测和分析

由于常规观测的格距过大，不适合中尺度系统的分析，因此卫星云图对于中尺度系统的识别和分析就显得特别重要。对流云系的出现和组织过程常常只有云图才能反映出来。比如飑

线过程的形成,中尺度云团(雨团)的发展和演变等都只有通过云图才能识别。因此它是分析中尺度系统的十分有价值的工具。

（四）对降水进行估计

气象卫星为降水提供最有用的资料。从中尺度到气候尺度不同分辨率的降水估计,都可以由卫星资料反演得到。从卫星云图上,可以根据主要天气系统云型,云覆盖量和与这些云相联系的降水强度进行估计。

（五）反演云导风和水汽风

静止卫星的高频次观测可以监测云和水汽的运动,得到风的定量估算。目前美国的两颗GOES 和欧空局的 METEOSAT,日本的 GMS 以及印度的 INSAT 卫星都有测风产品,覆盖面很大,大大弥补了常规资料的不足,也为数值预报的输入提供了风的资料。

（六）反演海表温度

根据洋面发射的热红外光谱由卫星来确定海表温度(SST)。这些信息对于气候预测和海洋预报具有重要的意义。

第八章 天气学的发展趋势和展望

第一节 从天气学演变的历史来展望其未来发展趋势

从天气学过去的发展历史看,大致经历了 4 个阶段:在初期,人们只能从地面的气象资料来进行分析和研究,结果发现凡是阴雨天气多半同地面上的低气压相联系,因此当时的经验是只要地面上出现低气压,就要预报阴雨天气。同时预报员们只能采用非常简单的外推方法来预报气旋和反气旋的移动。在第一次世界大战以后,极锋和气团学说出现了,且个别的气象台站开始有了高空气象观测,这时候,天气学进入了第二个阶段。在这一时期内,锋和气团成了天气学中的基本概念,当时挪威学派提出了震惊气象界的在锋面上气旋波发展的物理概念模型,这一概念模型至今还保留在当今的天气学教课书中。第二次世界大战之后,在世界上高空台站网的观测大大增加,同时动力气象学也有了非常迅速地发展,这时候在天气学里新的事实和问题也大大地增多了,而且天气学也从过去的只有地面的天气学时代进入了三度空间的天气学时代,并把动力气象学中的许多新成就吸取到了天气学中去。这时天气学进入了第三阶段的发展时期,在这一时期天气学发展出现了两个分支,其一是以苏联学派为代表的在平流动力理论指导下的天气分析和预报方法;其二是以美国芝加哥学派为代表的在高空长波理论指导下的天气分析和预报方法。

20 世纪 40 年代末到 50 年代,由于苏联学派的平流动力理论的发展,为当时的天气分析和预报提供了一定的理论依据。在这个理论的基础上,广大台站则利用冷、暖平流及气压倾向等要素分析来预报较大尺度的槽脊天气系统,形成了一套依靠冷、暖平流分析加外推的预报方法。在平流动力理论同天气预报相结合的研究方面,以及把平流动力理论用于我国天气预报业务的推广方面,我国老一辈气象学家谢义炳、朱和周等作出了重要的贡献。但在预报的实践中发现,靠冷、暖平流和气压倾向来预报天气对尺度较大的槽脊系统(如寒潮)有一定的可行性,但对锋面气旋波发展的预报就显得有些无能为力,更无法对中小尺度做预报。这主要是因为平流动力理论的缺陷在于它无法描述小于罗斯贝变形半径的那些较小的天气系统,所以,每当遇到气压场向风场适应的那些系统时,平流动力理论就无法预报。

20 世纪 50 年代佩特森在罗斯贝长波理论的基础上,首先写出了《天气分析与预报》这本至今还常被人们引用的专著,从运动学分析到动力学在天气预报方面的应用,特别是在气旋波发展的高空涡度平流理论和低层温度平流理论的应用方面作出了突出的贡献。他的天气分析与预报方法同建立在前苏联平流动力理论基础上的冷、暖平流预报方法有很大的不同,主要是把能反映准地转演变过程的涡度平流效应应用到气旋波发展的问题上来,并较早地注意到外源强迫对气旋发展影响的重要性。

从 60 年代后期到现在,由于电子计算机技术的迅速发展,使天气预报逐渐由天气图为主要预报工具过渡到以数值预报图和卫星云图相结合为主的时代,形成了天气学发展的第四个阶段,这一阶段的形成一方面是依赖于卫星云图和遥感技术的发展,但更主要的方面是由于描述高空波动的谱理论优于 50 年代的平流动力理论,所以当今我国使用谱模式来预报短中期天气在效果上确实比依靠天气图的冷、暖平流加外推的方法好得多。但是,谱模式的致命弱点在于它不能很好地描述具有明显涡旋结构的那些闭合的天气系统。事实上,大气中最主要的共存有两种系统:其一是涡旋,如气旋、反气旋、低涡等,它们具有闭合的流线型,不能只用简单的谐波叠加的方法去描述;其二是波,如罗斯贝波、斜压波、重力波等,它们可用谐波叠加的方法来较好地处理。而且这两种系统的相互作用又都是在其基本背景流场下导演的。所以波、涡、流相互作用是大气中随时随地都发生着的普遍现象,如果它们相互作用的机理及其演变规律被人们所认识及了解,那么天气预报方法和预报模式就会有一个更大的改进和革新,特别是对涡旋结构系统的预报就会有明显的提高。

由以上回顾天气学发展的主要 4 个阶段可知,天气学未来的发展趋势还可能有两个阶段的跃升,其一是在涡旋结构系统的形成与发展理论还没有系统形成之前,人们可以用诊断分析方法通过把大气运动分为基本流、定常波和瞬变涡动(包括了波和涡)的方法来诊断天气学中的各种现象以及它们之间的相互作用,来诊断定常波和瞬变涡动对大气热量和动量的垂直和水平输送,来诊断大气能量、大气水分循环以及角动量收支等。并在现有的动力气象理论基础上提出大气高层和低层锋生的概念模型。随着低频振荡和大气遥相关理论的逐步形成和完善,大气经向三圈环流和瓦克环流的形成机理和解释将会更加完善和明确。大气环流异常现象(如阻塞高压异常等),在波流相互作用理论及低频波遥响应理论的基础上会有更好地解释。正是如此,在 90 年代初逐步形成了至今正在发展的天气学第五个阶段,即不仅走向动力气象理论同天气学分析相结合,而且做到了诊断分析和卫星云图理论同天气学相结合的阶段。丁一汇编著的《高等天气学》和 H. B. Bluestein 编著的《Synoptic-Dynamic Meteorology in Midlatitudes》就是这一阶段天气学发展的初步雏形。

天气学第六阶段的发展还要依赖于动力气象学中关于涡旋形成和发展理论的成熟程度。如果在涡旋形成和发展理论方面有了突破性的进展,则建立在动力气象理论基础上的天气学必然会有一个阶段性的飞跃。在天气学中既可以对波动类型的天气现象进行分析和预报,也可以对涡动类型的天气现象进行分析和预报,只有那时天气学才可能被认为已发展到相当成熟的阶段。但是,随着科学的发展和人们对自然界认识程度的提高,天气学也必然还会进入它的更高阶段。比如说,即使出现了较成熟的涡旋形成和发展的理论,但也并不意味解决了大气中的所有问题,那时中小尺度现象对天气过程的影响仍需在理论上以及在天气学方面进行研究和分析。中小尺度现象是天气学的重要内容之一,夏季降水的局地性和不均匀性始终是预报中的难题,这一难题与中小尺度现象的发生、发展有着直接的联系,因此探讨中小尺度发生、发展的理论、研制高分辨的中小尺度数值模式及研究有效的四维资料同化方法是今后天气学赖以发展的一项长期任务。

另一方面,还必须注意到科学已经发展到多学科相互交叉的阶段,各学科之间的相互渗透也必然影响到天气学的发展。就目前来看,其中影响天气学发展最重要的是两个学科:一是海洋学,二是天文学。海洋环流的变化和海温异常对大气影响极大,因为水的热容量远远大于大气,所以作为大气加热源的海温的变化对大气环流影响极大,目前就人们所知的海洋上的四大涛动,特别是 ENSO 现象已成为影响热带大气和中纬度天气的重要事件。实践已经证明,ENSO 事件同我国长江地区的旱涝有直接的关系。发生在厄尔尼诺现象即将结束时的 1998 年长江流域大洪水就是其中典型的一例。大洋中温盐环流的异常会直接影响到大气环流和气候的异常,同时海冰的变化也会影响到中高纬度的大气环流,所以海洋学的发展同天气学的发展紧密相关。

天气学的发展同天文学的发展也关系极大。许多研究表明,太阳的 3 个重要方面:太阳黑子、日冕和太阳风对天气影响极大。特别是最近的研究发现,过去曾认为赤道上空发生的东西风系的准两年振荡(QBO 现象),是由重力波上传到饱和层发生破碎而引起的。这一理论被天文学上的重要发现:太阳黑子的变化同 QBO 现象有很好的对应关系所质疑。同时太阳能的变化直接影响天气和气候,最近又发现高层大气中的潮汐波同天文因子关系极大,所以天文学的发展会直接促进天气学的发展。

除此之外,其他学科的发展也同天气学的发展息息相关。这其中与天气学相关最大的是计算机和计算技术的发展、卫星和遥感技术的发展。只有在高速计算机发展的前提下,并运用最佳的差分格式方案,才能发展并使用最先进的数值模式对天气进行预报。同时,只有在卫星、遥感技术高度发展的基础上,才能做到对资料的真正四维同化和得到可靠的云的分布和演变的资料,并在模式中得以应用,使预报产品更加客观化、定量化和数值化。

大气是围绕地球而运行的,所以地球的变化对天气同样有很重要的影响。最近人们发现的地表陆面过程、地磁和地下热涡等都对天气影响极大。很多迹象表明,地磁对天气的影响正显示着其重要性。与恶劣灾害天气紧密相连的大气中的声、光、电等现象都与地磁的变化有关,可见地球的演变对未来天气学的发展亦有着不可忽视的影响。回顾历史,综观全局,天气学的发展还有很广阔的前景,并会在不同的时期不断有新内容被增补进去,使天气学的内容更加丰富多彩,不断向前发展。

第二节　从动力理论的发展来展望天气学的发展趋势

天气学的发展在很大程度上依赖于动力理论的发展。早期的天气学主要是依赖于观测资料的分析和气象学的一些基本知识而形成的。后来随着动力气象学的发展,天气学吸收了动力理论中的部分内容,特别是吸收了可以结合应用的理论部分,构成了目前天气学的部分内容。但是,随着科学的发展和学科的交叉,动力理论也在迅速地发展着。就目前看,动力理论中很多有价值的、可以直接为天气学预报所应用的部分,还没有被吸收到天气学中来,这是因为一方面因研究领域的差别而引起的天气学家不可能及时的领会和吸取动力学家的研究成果,而另一方面是因为动力学家的理论成果也是处于百家争鸣的状态,很难使某一理论在短时间内得到公认而变为成熟,所以天气学家不会也不可能把目前尚存争议或不成熟的理论结果吸取到天气学中来。正是因为这些原因,所以天气学的内容,特别是天气学的基本原理部分总显示出落后于动力理论的发展。要想使天气学内容同动力理论之间能够有最及时、最充分地结合,或者说使天气学同动力气象学能同步发展,那就要求天气学家不仅要精通天气学,而且要尽可能熟悉动力学。要做到这一点,的确是很困难的,这正是天气学家面临的一个挑战。

就当今国际、国内天气学的内容来看,虽然比 20 世纪 60 年代、70 年代的内容丰富了很多,但是很多在动力理论中已经走向成熟的一些成果,并没有被吸收进来。就目前的天气学内容大体上包括:(1)大气运动的基本特征,主要是 p 坐标系中的基本方程组,风场和气压场的关系;(2)气团与锋,主要是锋面的概念,锋面附近气象要素的特征,锋面分析以及锋生与锋消等;(3)气旋与反气旋,主要内容是气旋与反气旋的特征和分类,温带气旋与反气旋,东亚气旋与反气旋等;(4)大气环流,主要包括大气平均流场特征,控制大气环流的基本因子,热带环流状况,急流及东亚环流基本特征等;(5)天气形势及气象要素的预报,主要是天气形势的天气学预报方法,气象要素和天气现象的天气学预报方法,数值预报产品的解释和应用等;(6)寒潮天气过程,主要是论述寒潮天气系统、寒潮天气过程的成因分析和寒潮的预报;(7)大型降水天气过程,主要是阐述降水的形成和诊断,大范围降水的环流特征,降水的天气尺度系统等;(8)中小尺度、对流天气过程,主要包括雷暴的结构及雷暴天气的成因,中小尺度天气系统,对流性天气预报方法等;(9)低纬度和高原环流系统,其内容为低纬度大气运动的基本特征,低纬度环流的基本特征,太平洋副热带高压,南亚高压,赤道辐合带,热带波动和涡旋,云团、台风以及高原环流系统等;(10)东亚季风环流,主要包括东亚季风的形成,东亚季风环流系统,东亚季风与低频振荡;(11)天气诊断分析,主要概括客观分析方法,水平流场分析,垂直运动诊断,水汽通量及降水量的计算等。这就是目前大学本科天气学的基本内容。若再浏览一下目前研究生使用的高等天气学的教材,即可发现,高等天气学的内容主要是在普通天气学的基础上增补了定常波、瞬变波对大气环流的作用,大气角动量、水汽、能量的循环,平流层大气环流和高空扰动,和部分的大尺度环流的遥相关和海气的相互作用以及中尺度天气系统等方面的内容。

纵观以上天气学的内容,人们不难发现,很多已有的气象中的研究成果和较成熟的理论并没有被吸收进来,比如由曾庆存(1982)提出的关于槽脊的斜压发展理论以及三维槽脊正压、斜压发展和衰减的结构,以及黄荣辉(1984)提出的球面大气的波折射理论等,这些可以直接用于天气预报的理论和研究成果至今还没有被吸收到天气学中来。又如,热带海洋特别是赤道东太平洋的热力强迫以及高原的动力、热力强迫引起大气中高层正压模低频波的响应,以及低频波沿大园路径频散引起的遥响应所构成的区域性波流型(也可称局地流型域)等有关外源强迫引起的波流相互作用问题,以及遥相关问题也没有被补充到天气学中来。位涡守恒原理在动力气象中已是十分成熟的理论,并且从动力学的观点利用位涡守恒原理解释了很多天气现象,如气流跨过大地形时,因气柱缩短而引起气旋涡度减弱,反气旋涡度增强等问题。可是,在目前的天气学中,对位涡的运用表现得十分薄弱,特别是高空锋区内是一个高位涡区,因为位涡具有不可扩散性,所以使得高空锋区可以在某一地区较长时间的存在,造成波动传播过程中遇到的"位涡障碍",并容易引起正压不稳定,这为高空锋区下的扰动如气旋波的发展提供了很好的预报思路和线索,但这一重要结果至今也没有被吸收到天气学中来。同时位涡具有可逆性特征,即可以利用位涡反演出大气的流函数分布,在天气学中完全可以利用局地高位涡集中区的可逆性特征而反演出相应的流型分布,以判别气旋和低涡系统的发展,但这一诊断方法并没有收入到天气学中。在以往及目前的天气学中主要是对北半球和东亚的天气现象和系统进行分析和预报,很少涉及南半球的天气系统对北半球特别是对东亚地区天气的影响。而事实上,南半球的很多天气系统可以跨过赤道影响到北半球,索马里低空急流便是典型一例。另外,南半球高空扰动可以通过赤道的西风区进入北半球,且澳大利亚冬季风对我国夏季风有极大的影响。所有这些涉及两半球天气系统相互作用的问题在当今的天气学内容中很少体现,此外,高原特别是青藏高原大地形对东亚天气的影响甚至对全球天气的影响都是重要的。但是对 500 hPa 以下的高原天气的分析在天气学中表现得十分薄弱,在天气预报中主要使用高原的变高场来推断和预报下游的未来天气状况,所以预报准确率相对比较差。陈秋士等(1999)发展了一套相当等压位势高度的理论和方法,可以方便地对高原天气进行分析和预报,吴国雄等(1997)给出了倾斜等熵面上的垂直涡度发展原理,可用于分析气流跨过高原后沿等熵面下沉时引起的涡旋的发展,所有这些较新的结果也需要吸收到天气学中去。高守亭等(1990)提出的斜压大气中的广义 E-P 通量可以直接诊断高空急流的加速,并因急流加速而引起低层锋生的理论分析也是天气学的内容之一。除以上列举的事例之外,还有很多可以把动力理论同天气学相结合的方面,这里不可能一一例举,可见未来的天气学需吸收很多动力理论方面的内容。

由以上的分析可知,新一代的天气学需要增补以上较为成熟的并可用于天气预报的理论和方法。三维结构的槽脊发展理论应构成天气学中槽线、脊线移动预报的一个主要内容。行星波上传及其折射可用来分析西风气流的变化,位涡的不可扩散性及位涡的可逆性原理可用于分析和预报与高空锋区相关联的局地锋生和低层气旋的发展。赤道东太平洋热力异常引起大气中的低频波响应,常通过西风急流区在东太平洋的断裂处使其能量向高纬频散,以波列的形式表现出沿大园路径自低纬向高纬传播,并同高纬的环流形势产生遥响应造成高纬环流型的部分锁定,即这时构成环流异常或形成特定的流型域。南半球天气系统对北半球的影响特别是对东亚天气的影响,除在天气学中阐述的索马里低空急流外,还有从澳大利亚经印度洋到南非地区的低频遥相关型(称 ASA 型),一个极为重要的现象是北半球的欧亚太平洋低频遥相关型(称 EAP 型),正好与南半球的 ASA 遥相关型相衔接,形成了一个主要在东半球闭合的低频遥相关波列(李崇银,1993),形象地说明了南北半球的相互影响。并且两半球季内振荡相互作用的一些事实和理论,用相当等压位势高度去分析高原地区 700 hPa 和 850 hPa 上的天气系统以及移动预报的理论和方法,倾斜等熵面上的垂直涡度发展原理用于分析和预报气流过山后所引起的局地天气的变化以及锋面附近剧烈天气区发生的倾斜等熵面上的垂直涡度发展原理,用于诊断和分析高空急流加速效应以及由此引起的低层锋生和气旋波的发展的广义 E-P 通量及波作用守恒原理等所有这些都应是未来天气学应增补的重要内容。可见,未来新一代天气学在很多理论方面需要增补和充实,而且增补的新理论又能及时有效地应用于具体的天气分析和预报,使天气学的内容更加丰富。

第三节 从形势发展和预报实践的需求来展望天气学的发展趋势

天气学的发展一直依赖于两个方面:其一是动力理论的发展,关于天气学对动力理论的依赖性,已在上一节中做了基本的阐述;其二是预报实践的需求及形势发展对其本身发展的驱动。随着科学技术和社会的发展,天气预报的需求面是日益增加并且越来越广,在我国数千年人类发展的历史上,广大劳动人民已对天气变化和天气预报产生了浓厚的兴趣和关注,因为天气和气候的变化直接和万物的生存休戚相关,物进天演,适者生存,这八个字正概括了万物对天气气候的依赖关系。正是如此,自古以来人们在自己的生活实践中,通过对天气现象、物候现象、天文现象和海水现象的观测而逐步发展起来一套预报天气和气候的方法,并常以精炼的农谚形式表达出来。如江苏、安徽一带流传的"发尽桃花水,必是旱黄梅",大江南北普遍流传的"八月十五云遮月,正月十五雪打灯"等,以韵律形式和能量平衡的观点来体现天气的变化。又如湖南、广西一带利用三月泡桐树开花的迟早来预测倒春寒是否出现,这种以物候的办法来预测天气也在我国民间广为流传。除了预报较长一段时间的天气预报外,还有短期天气预报的一些方法,如"蚂蚁上树,蛇过路","早看东南,晚看西北"等可以预报短期暴风雨的来临。渔民在自己的长期生活实践中,通过与天与水打交道,也积累了很多宝贵的看天经验,如"海水发黑,小鱼上翻"便知未来天气有变,"积云云底发灰白,便有大雨来","积云云底黑滚滚,风多雨少云飘渺","积云云底黄带红,无雨有雹带大风"等等这类观水看云的天气预报经验。

农民、渔民在数千年的生活实践中积累起来的看天经验,大部分是十分宝贵的,对当地天气有很好的预报价值,但是与天气现象有关的农谚、俚语还需要从科学的观点加以精炼和提高,并上升到理论,以便把劳动人民积累起来的宝贵的观天、观物、观水的经验和知识进行去伪存真,加以提高,并写入天气学以构成天气学的部分内容,这也是天气工作者的一项任务。到了90年代,人们对天气学的要求已远不只是以往那种仅有农业和渔业对天气学的要求,军事国防、轻重工业以及大城市商贸和工作环境等对天气分析和预报的需求日益增加,因此天气学必须根据形势发展的需要而不断增加新的内容,如带有局地性更强的城市天气预报,带有区域性更大地适合远程射击目标要求的军事天气预报,适合航空、航天和宇宙飞行发射的高空天气预报,以及工业、农业、商业关注的高温、高湿、大风、冷害、冰冻等灾害性天气预报,这些内容在现代的天气学中虽有所涉及,但还相当薄弱,需要大力补充和加强。

广大台站预报员在自己的天气预报实践中,在教训与成功中也积累了很丰富的经验,并总结出很多预报方法和预报指标。如对降水的预报,预报员总结出很多造成暴雨的天气类型,如切变暴雨、低涡暴雨、气旋曲度暴雨、气旋波暴雨、锋面暴雨、三合点暴雨、副热带高压边缘暴雨及高空冷块暴雨等。而在目前的天气学中,对关于造成暴雨的天气系统的论述和分析,远不如预报员在预报实践中提出的类型那样丰富,因此天气学中需要增补很多造成暴雨的天气系统的类型。在江南,特别是南岭以北和云贵高原的冬季常出现大风、大冰冻天气,对工农业生产和交通危害极大,不仅能冻死耕牛、果树和越冬作物,而且还会因积冰太多而引起电缆断裂,由于地表结冰而引起汽车难以长途运输,甚至造成交通中断。这种可造成如此严重性灾害的天气现象和天气过程,湖南、贵州等地的预报员们对此类天气的预报做了大量的总结和分析,得出造成这类灾害性天气的天气系统主要是由于 700 hPa 到 500 hPa 的大气中层有大片的偏南气流自低纬到中纬度爬升,而低层 850 hPa 以下是一个相对稳定的冷空气垫。这样的天气系统和天气过程在目前的天气学中几乎没有涉及,尚是空白,也极需要把它补充到天气学中来。又如,每年 5、6 月份在山东及苏北一带有时出现成片的或区域性的的冰雹大风,对工农业生产危害极大,严重时可造成大片农田颗粒无收。像这样严重的灾害性天气现象,山东省等地的预报员在预报实践中对此类现象的预报和分析已经积累了丰富的经验,他们发现山东省内发生的成片的冰雹过程都与东北冷涡及其连带的低槽下摆有关,而且对应关系非常好,像这样的出现概率较小而致灾严重的天气现象,预报员们能在预报实践的经验和教训中总结出十分有用的预报思路和线索,并能找出造成这种现象的天气系统,这应是未来天气学内容中的宝贵财富。雨季结束后的 7、8 月份湖南、江西一带的降水带有很明显的不均匀性,有时局地日降水量可达 100 mm 以上,而其周围却是晴天多云天气,所以,雨季结束后的江南天气虽处于总体副热带高压控制下的伏旱天气,但在伏旱天气过程中仍有不均匀性降水,而且天气形势和天气系统表现得都不明显,甚至在天气图上根本分析不出来,所以这时期天气预报的难度就会很大,预报员在预报的实践中发现,若在长江中游区域 500 hPa 上的温度在 0 ℃或其以上(正常情况下这一时期温度一般在 −5 ℃或 −4 ℃),则在湖南、江西一带是晴天少云天气,不会有明显的降水发生,500 hPa 上长江中游地区 0 ℃以上的温度指示,已成为预报员预报江南晴暖天气的一个重要指标。同时预报员在预报实践中发现,很多高山台站的风向、风速都可能成为某一类现象的预报指标,如衡山站的南风达 12 m/s 时,在春季预报员会根据这一指标而预测未来 24h 原停留在长江流域的冷锋不会明显南压而影响湖南。又如预报员可根据金佛山站的风向而判断冷空气的路径和强弱等。所有这些内容都应该在新一代的天气学中体现出来,以使天气学与天气预报能紧密结合。

中长期天气预报也应是天气学的内容之一。尽管目前中长期预报正发展为一个独立的分支,并有自己的体系和内容,但从天气分析和预报的角度来看,中长期天气预报与天气学的内容关系极大。以往发展的韵律预报方法,在中长期预报中一直运用,而且实践证明运用的效果也相当好。广大台站预报员在预报实践中发现,冷空气活动有明显的 90 d、120 d 甚至 150 d 的在当地重复再现的规律(通常称为韵律),所以若在初春有一次强的冷空气活动时,则 3、4 个月后的夏季,会有一场与冷空气有关的强降水过程发生,这样对应规律的准确率在某些地区可达 70% 以上。而短期预报员在做短期预报时,往往要参考中长期预报的结果,而调整预报降水量的大小,比如说若用韵律法预报出有 1 次强降水过程,而预报员在短期预报中所分析出的结果,似乎是 1 次较弱的降水过程,则预报员会根据韵律法预报的结果而把预报结果适当上调到 1 次中等的降水过程,这种调整后的结果往往与实际发生结果十分接近。可见,中长期预报中的韵律方法同短期天气预报结果相结合,也应是近代天气学内容之一。目前的天气学内容中很少反映超长波的内容,而超长波的变动同极涡的作用常常造成环流异常,我国华北地区的干旱和江淮流域的大水,除与 ENSO 有关外,同极涡的强弱和位置的关系也非常大,所有这些都应包括在新一代天气学中。可见,社会形势的发展和预报实践的需求都将大大地促进、丰富和补充新一代天气学的内容,使新一代天气学的原理同应用和实际结合更加紧密,更加五彩缤纷,形象具体。

参 考 文 献

第一章

[1]毕慕莹. 近40年来华北干旱的特点及其成因. 旱涝气候研究进展,北京:气象出版社,1990

[2]陈峪,陆均天. 我国主要牧区冬季雪灾的变化及其影响. 中国气候灾害的分布和变化,北京:气象出版社, 1996. 164~169

[3]高季章,甘泓,沈大军. 黄河断流与西部调水. 科技导报,1999(128):15~18

[4]联合国第44届大会(1989)."国际减轻自然灾害十年国际行动纲领". 中国减灾,1991,No,1

[5]刘小宁,孙安健,张尚印. 华南寒潮气候特征研究. 中国气候灾害的分布和变化,北京:气象出版社,1996. 147~155

[6]陶诗言,等. 中国之暴雨. 北京:科学出版社,1980

[7]王昂生. 中国近年灾害损失与减灾进展. 北京市减灾协会编,"城市可持续发展与减灾防御",北京:气象出版社,1998. 1~7

[8]徐良炎. 影响我国的台风及其危害. 中国气候灾害的分布和变化,北京:气象出版社,1996. 170~176

[9]颜宏. 1998年中国特大洪涝灾害的天气气候特点—成因分析及气象预报服务. 气候与环境研究,1998,3 (4):323~334

[10]姚佩珍. 近40年东北夏季低温冷害的气候特征. 中国气候灾害的分布和变化,主编:黄荣辉,副主编:郭其蕴,吴国雄,北京:气象出版社,1996. 156~163

[11]叶笃正,黄荣辉. 长江黄河流域旱涝规律和成因研究. 济南:山东科学技术出版社,1996

第二章

[1]北京大学地球物理系气象教研室.天气分析和预报.北京:科学出版社,1976. 289~359

[2]丁一汇. 高等天气学.北京:气象出版社,1991. 1~130

[3]梁必骐. 天气学教程.北京:气象出版社,1995. 176~198

[4]伍荣生,现代天气学原理. 北京:高等教育出版社,1999

[5]谢安等. 大气环流基础.北京:气象出版社,1994. 45~60

[6]新田尚. 大气环流概论.吴贤纬,候宏森,米志新译.北京:气象出版社,1987. 30~115

[7]叶笃正,朱抱真. 大气环流的若干基本问题,北京:科学出版社,1956. 30~120。

[8]章基嘉,葛玲. 中长期天气预报基础.北京:气象出版社,1983. 1~26,61~69

[9]朱乾根,林锦瑞,寿绍文等. 天气学原理和方法.北京:气象出版社,1992. 208~240

[10]Hoskins B J , Pearce R. Large-scale Dynamical Processes in the Atmosphere. Academic Press, London, 1983. 1~23

[11]E N 洛伦茨. 大气环流的性质和理论. 北京大学地球物理系气象专业译. 北京:科学出版社,1976. 22 ~98

[12]Harry van Loon. 南半球气象学. 中国人民解放军总参谋部气象局译. 北京:气象出版社,1972. 72~ 103

[13]James I N. Introduction to Circulating Atmospheres. Cambridge University Press, 1994. 255~300

[14]Philips N A. The General Circulation of the Atmosphere:A Numerical Experiment. Quart. Journ. R. Meteor. Soc. ,1956(82):123~164

[15] Smagorinsky J. General Circulation Experiments with the Primitive Equations, 1, The basic

experiment. Mon. Wea. Rev. , 1963(91)：99~164

[16]Taljaard J J. Air Masses of the Southern Hemisphere. Notes, 1969, 18, 79~104

第三章

[1]北京大学地球物理系气象教研室．天气分析预报．北京：科学出版社，1976. 166~170

[2]丁一汇．高等天气学．北京：气象出版社，1991. 1~130

[3]董立清，李德辉．中国东部的爆发性海岸气旋．气象学报，1989，47，371~375

[4]董敏，余建锐，高守亭．东亚西风急流变化与热带对流加入关系的研究．大气科学，1999，23(1)：62~70

[5]董敏，朱文妹，魏凤英．欧亚地区500 hPa上纬向风特征及其与中国天气的关系．气象科学研究院院刊，1987，2(2)：166~173

[6]高守亭，陶诗言，丁一汇．寒潮期间高空波动同东亚急流的相互作用．大气科学，1992，16(3)：718~724

[7]高守亭，陶诗言．高空急流加速与低层锋生．大气科学，1991，15(1)：11~22

[8]高守亭，朱文妹，董敏．大气低频变异中的波流相互作用(阻塞形势)．气象学报，1998，56(6)：665~680

[9]黄荣辉，陈际龙，周连童．我国重大气候灾害的种类特征和成因，我国气象灾害的预测预警与科学防灾减灾对策．气象出版社，2005，23~43，北京

[10]李长青，丁一汇．北太平洋爆发性气旋的诊断分析．气象学报，1989，47，180~190

[11]梁必骐．天气学教程．北京：气象出版社，1995. 217~222，236~257

[12]齐桂英．北太平洋温带气旋的天气气候分析．气象增刊(2)，1986，90~99

[13]孙淑清，高守亭．东亚寒潮活动对下游爆发性气旋生成的影响．气象学报，1993，51(3)：304~314

[14]陶诗言等．东亚的梅雨与亚洲上空大气环流季节变化的关系．气象学报，1958，29(2)：119~134

[15]卫捷，杨辉，孙淑清．西太平洋副热带高压东西位置异常与华北夏季酷暑．气象学报，62，3，2004，308~316

[16]吴伯雄，刘长盛．东亚温带气旋统计研究．南京大学学报(自然科学)，1958，1，1~21

[17]新田尚．大气科学概论．北京：气象出版社，1980

[18]叶笃正，陶诗言，李麦村．在六月和十月大气环流的突变现象．气象学报，1958，29(4)：249~263

[19]张培忠，陈受钧，白歧凤．东亚及西太平洋锋面气旋的统计研究．气象学报，1993，51(1)

[20]张雪雯，钱家声．我国锋生环流特征初探．气象学报，1988，46，82~91

[21]章基嘉，葛玲．中长期天气预报基础．北京：气象出版社，1983. 108~156

[22]朱乾根，林锦瑞，寿绍文．天气学原理和方法．北京：气象出版社，1992. 208~240

[23]朱乾根，林锦瑞，寿绍文．天气学原理与方法．北京：气象出版社，1981. 102~105

[24]Brasseur G P. The Stratosphere and Its Role in the Climate System. Observations of Dynamical Processes. Springer-Verlag, Berlin Heidelberg, 1997. 71~82

[25]Chang C B, Perkey D J, Kreitzberg C W. A Numerical Case Study of the Effects of Latent Heating on a Developing Wave Cyclone. J. Atmos. Sci. , 1982, 39, 1555~1570

[26]Chen T C, Chang B, Perkey D J. Synoptic Study of a Medium-scale Oceanic Cyclone during AMTEX' 75. Mon. Wea. Rev. , 1985, 113, 349~361

[27]Chen T C, Chang B, Perkey D J. Synoptic Study of a Medium-scale Oceanic Cyclone during AMTEX' 75. Mon. Wea. Rev. , 1985, 113, 349~361

[28]Gyakum J R, Anderaon J R, Grumm R H, et al.. North Pacific Cold-season Surface Cyclone Activity, 1957—1983. Mon. Wea. Rev. , 1989, 117, 1141~1155

[29]Hanson L P, Long B. Climatology of Cyclogenesis 'over the East China Sea. Mon. Wea. Rev. , 1985, 113, 697~707

[30]Hoskins B J, Pearce R. Large-scale Dynamical Processes in the Atmosphere. Academic Press, London,

1983. 29～31

[31]James I N. Introduction to Circulating Atmospheres. Cambridge University Press，1994. 167

[32]Murty T S，G A Mchean，Mckee B. Explosive Cyclogenesis over the Northeast Pacific Ocean. Mon. Wea Rev. ,1983,111,1131～1135

[33]Petterssen S. Weather Analysis and Forecasting. Vol. 1. Motion and Motion Systems. McGRAW-HILL，NEW YORK，1956,196～244

[34]Reitan C H. Frequencies of Cyclones and Cyclogenesis for North America，1951 — 1978. Mon. Wea. Rev. ,1974,102, 861～868

[35]Roebber P J. Statistical Analysis and Updated Climatology of Explosive Cyclones. Mon. Wea. Rev. ,1984,112,1577～1589

[36]Rogers E，Bosart L F. An Investigation of Explosively Deepening Oceanic Cyclones. Mon. Wea. Rev. ,1986,114,702～718

[37]Sanders F，Gyakum J R. Synoptic-Dynamic Climatology of the 'Bomb' MonWea. Rev. ，1980,108:1589～1606

[38]Sanders F，Gyakum J R. Synoptic-Dynamic Climatology of the 'bomb'. Mon. Wea. Rev. ,1980,108,1589～1606

[39]Sanders F. Explosive Cyclogenesis in the West-Central North Atlantic Ocean，1981—1984. Part I: Composite Structure and Mean Behavior. Mon. Wea. Rev. ,1986,114,1781～1794

[40]Sanders F. Explosive Cyclogenesis in the West-Central North Atlantic Ocean，1981—1984. Part 1: Composite Structure and Mean Behavior. Mon. Wea. Rev，1986,114,1781～1794

[41]Whittaker M，Horn L J. Geographical and Seasonal Distribution of North America Cyclogenesis，1958—1977. Mon. Wea. Rev. ,1981,109,2312～2320

[42]Zishka K M，Smith P J. The Climatology of Cyclones and Anticyclones over North America and Surrounding Ocean Environments for January and July，1950—1977. Mon. Wea. Rev. ,1980,108,387～401

第四章

[1]梁必骐. 天气学教程. 北京:气象出版社,1995. 500～535

[2]胡伯威. 夏季副热带相当正压切变线的动力学性质. 大气科学,1996, 20(3):327～335

[3]陶诗言等. 中国之暴雨. 北京:科学出版社,1980. 167

[4]陶诗言,赵煜佳,陈晓敏. 东亚季风和中国暴雨. 北京:气象出版社,1998. 3～46

[5]中国气象局国家气候中心. 98 中国大洪水与气候异常. 北京:气象出版社,1998. 62～87

[6]朱乾根,林锦瑞,寿绍文. 天气学原理和方法. 北京:气象出版社,1992. 451～544

第五章

[1]阿特金森. 热带天气预告手册. 中国科学院大气物理研究所译. 上海:上海人民出版社,1974

[2]陈隽,孙淑清. 东亚冬季风异常与全球大气环流变化. I:强弱冬季风影响的对比研究. 大气科学,1999, 23,101～111

[3]陈联寿,丁一汇. 西太平洋台风概论. 北京:科学出版社,1979

[4]陈隆勋,朱乾根,罗会邦. 东亚季风, 北京:气象出版社,1991

[5]陈隆勋,金祖辉. 夏季东亚季风环流系统内中期变化的南北半球相互作用. 全国热带夏季风学术会议文集, 昆明:云南人民出版社,1983,218～231

[6]丁一汇. 高等天气学. 北京:气象出版社,1991

[7]丁一汇.村上多喜雄.1979年印度夏季风活跃、中断和撤退时期欧亚上空风场和温度场的变化.气象学报，1984,42,195～210

[8]华北暴雨编写组.华北暴雨－我国北方暴雨丛书．北京:气象出版社,1992

[9]蒋尚城,朱亚芬.OLR的应用和图集.北京:北京大学出版社,1990

[10]克里希纳莫蒂．热带气象学.柳崇健,朱伯承译．北京:气象出版社,1987

[11]李崇银.频繁的强东亚大槽活动与El Nino的发生.中国科学(B辑),1988,No.6，667～674

[12]梁必骐等．热带气象学.广州:中山大学出版社,1990

[13]孙淑清,孙柏民．东亚冬季风异常与中国江淮流域夏季旱涝天气的关系.气象学报,1995,53,438～450

[14]徐良炎．影响我国的台风及其危害．我国气候灾害的分布和变化．北京:气象出版社,1996,170～176

[15]中国科学院大气物理研究所．卫星云图在天气分析和预报中之应用．北京:科学出版社,1972

[16]朱乾根,林锦瑞,寿绍文等．天气学原理和方法．北京:气象出版社,1992

[17]Bjerknes J. Atmospheric Teleconnections from the Equatorial Pacific. Mon. Wea. Rev. , 1969,97, 163～172

[18]Chang C P, Milard J E, Chen G T J . Grevitational Character of Cold Surges during Winter MONEX, Mon. Wea. Rev. , 1983,111,293～307

[19]Charney J G, Eliassen A. On the Growth of the Hurricane Depression. J. Atmos. S. , 1964,20,68～75

[20]Frank N L. The Inverted V Cloud Pattern—an Easterly Wave? Mon. Wea. Rev. , 1969,97,130～140

[21]Fujita T T, Watanabe K, Izawa T. Formation and Structure of Equatorial Anticyclones Caused by Large Scale cross Equatorial Flows Determined by ATS-1 Photographs. J. Appl. Met. , 1969,8,649～667

[22]Kidson L W, Vincent D G, Newell R E. Observational Studies of the General Circulation of the Tropics：Long—term Mean Values. Quart. J. Met. Soc. , 1968, 95(404), 258～287

[23]Krishnamurti T N. Tropical East—West Circulations during the Northern Summer. J. Atmos. Sci. , 1971b, 28, 1342～1347

[24]Krishnamurti T N , Ardanuy P, Ramanathan V, et al.. The Onset—vortex of the Summer Monsoon. Mon. Wea. Rev. , 1981,109, 344～363

[25]Krishnamurti T N, Ramanathan V. Sensitivity of the Monsoon Onset to Differential Heating. J. Atmos. Sci. , 1982, 39, 1290～1306

[26]Krishnamurti T N, Jayakumar P K , Jian Sheng, et al.. Divergent Circulation on the 30～50 Day Time Scale. J. Atmos. Sci. , 1985,42, 364～376

[27]Krishnamurti T N, Bhalme H N. Oscillations of a Monsoon System, Part II. Observational Aspects. J. Atmos. Sci. , 1997b, 33, 1937～1954 [28]Miller B I. Characteristics of Hurricanes. Science, 1967, 157, 1389～399

[29]Murakami T N, Nakazawa T, He J. On the 40—50 Day Oscillations during the 1979 Northern Hemisphere Summer, Part I. Phase Propagation. J. Met. Sci. Japan, 1984,63,250～271

[30]Murakami T, Chen L, Xie An, et al.. Eastward Propagation of 30—60 Day Perturbations as Revealed from Outgoing Longwave Radiation Data, J. Atmos. Sci. , 1986,43,961～971

[31]Palmen E. On the Formation and Structure of Tropical Cyclones. Geophysica, 1948,3, 26～38

[32]Ramage C S. Monsoon Meteorology. American Press, New York, 1971

[33]Raman C R V, Rao V P. Blocking Highs over Asia and Monsoon Droughts over India. Nature, 1981, 289, 271～273

[34]Riehl H. Waves in the Easterlies. Misc. Report, No. 17, Dept. of Met. , Univ. of Chicago,1948. 1972

[35]Tao Shiyan, Chen Longxun. A Review of Recent Reset on the East Asia Summer Monsoon in China. Monsoon Meteorology, Oxford University Press，1988, 60～92

[36]Yanai M. Dynamical Aspects of Typhoon Formation. J. Met. Soc. Japan，1961,39，282～309

[37]Yanai M，Li C，Song Z. Seasonal Heating of the Tibetan Plateau and Its Effects on the Evolution of the Asian Summer Monsoon. J. Met. Soc. Japan，1992,70,319～351

第六章

[1]慈龙骏．大范围强沙尘暴灾害和我国土地荒漠化的扩展趋势．荒漠化防治,黄河断流和北方缺水问题,中国高等科学技术中心,CCAST－WL Workshop Series，1999，98：21～46

[2]丁一汇．高等天气学．北京:气象出版社,1991

[3]华北暴雨编写组．华北暴雨．北京:气象出版社,1992

[4]华南前汛期暴雨编写组．华南前汛期暴雨．广州:广东科技出版社,1986

[5]胡金明,唐志尧,崔海亭．中国沙尘暴时空特征及人类活动对其发展趋势的影响．荒漠化防治,黄河断流和北方缺水问题, 中国高等科学技术中心,CCAST－WL Workshop Series,1999，98：63～70

[6]李玉兰,杜长萱,陶诗言．1994 年东亚夏季风活动的异常与华南特大洪涝灾害．(I. 1994 年两广特大暴雨的天气学分析),1994 年华南特大暴雨洪涝学术研讨会文集．北京:气象出版社,1996．6～13

[7]斯公望．论东亚梅雨锋的大尺度环流及其次天气尺度扰动．气象学报,1989,47：312～323

[8]孙淑清,孟婵．中－β尺度干线的形成与局地强对流性暴雨．气象学报,1992,50,181～189

[9]孙淑清,杜长萱．梅雨锋的维持与其上扰动的发展特征．应用气象学报,1996,2,153～159

[10]孙淑清,翟国庆,高坤．梅雨期暴雨过程中高低空流场耦合关系的分析与数值试验．东亚季风和中国暴雨——庆贺陶诗言八十华诞,北京:气象出版社,1998．327～336

[11]陶诗言．中国之暴雨．北京:科学出版社,1980

[12]杨国祥．中小尺度天气学．北京:气象出版社,1983

[13]杨国祥主编．华东对流性天气的分析预报．北京:气象出版社,1989

[14]杨国祥,何齐强,陆汉城．中尺度气象学．北京:气象出版社,1991

[15]余志豪．94.6 华南致洪暴雨分析．1994 年华南特大暴雨洪涝学术研讨会文集．北京:气象出版社, 1996．38～44

[16]中国气象局国家气候中心著．98 中国大洪水与气候异常．北京:气象出版社,1998

[17]赵思雄，等．1998 年 7 月长江流域特大洪水期间暴雨特征的分析研究．气候与环境,1998,368～381

[18]朱乾根,林锦瑞,寿绍文等．天气学原理和方法．北京:气象出版社,1992

[19]Augustine J A, Howard K W. Mesoscale Convective Complexes over the United States during 1985, Mon. Wea. Rev.，1998,116，685～701

[20]Fujita T T. Proposed Mechanism of Tornado Formation from Rotating Thunderstorms. 8th Conference on Severe Local Storms，American Meteor. Soc.，1973，191～196

[21]Houze R A. Structure and Dynamics of a Tropical Squall－line System Observed during GATE, Mon. Wea. Rev.，1977,105，1540～1567

[22]Leary C A, Rappaport E N. The Life Cycle and Internal Structure of a Mesoscale Convective Complex, Mon. Wea. Rev.，1987,115，1503～1527

[23]Ligda M G H. Radar Storm Observation. Compendium Meteorology, AMS, 1265～1282

[24]Maddox R A. Mesoscale Convective Complexes. Bull. Amer. Met. Soc.，1980,63，1374～1387

[25]Orlanski I. A Rational Subdivision of Scales for Atmosphere Processes. Bull. AMS, 1975,56(162)：527～530

[26]Uccellini L W，Johnson D R. The Coupling of Upper and Lower Tropospheric Jet Streaks and Implications for the Development of Severe Convective Storms. Mon. Wea. Rev.，1979,107,682～703

第七章

[1]丑纪范,杜行远,郭秉荣. 数值天气预报浅谈. 北京:气象出版社,1983

[2]蒋尚城. 应用卫星气象学—北京大学地球物理系研究生讲义. 北京:北京大学出版社,即将出版

[3]梁必骐. 天气学教程. 北京:气象出版社,1995. 586~604

[4]王立琨,陶祖钰. 98 华南暴雨试验 IOP523 的暴雨环境和云团的初步分析. 气象,1999

[5]中国科学院大气物理研究所编译. 卫星云图在天气分析和预报中的应用. 北京:科学出版社,1972

[6]朱抱真,陈嘉滨主编. 数值天气预报概论. 北京:气象出版社,1986

[7]朱乾根,林锦瑞,寿绍文等. 天气学原理和方法. 北京:气象出版社,1992

第八章

[1]丁一汇. 高等天气学. 北京:气象出版社,1991.792

[2]李崇银. 大气低频振荡. 北京:气象出版社,1993. 91~110

[3]Gao Shouting, Tao Shiyan, Ding Yihui. The Generalized E-P Flux of Wave-Weanflow Interactions, Science in China (Series B),1990,33(6): 704~715

[4]Wu Guoxiong, Liu Huanzhu. Vertical Vorticity Development Owing to Down—Sliding at Slantwise Isentropic Surface. Dyna mics of Atmospheres and Oceans,1997,27,715~743

[5]Bluestein H B. Synoptic—Dynamic Meteorology in Midlatitudes. Oxford Press,1992

[6]Huang Ronghui. Wave Action Conservation Equation for Planetary Wave in a Spherical Atmosphere and Wave Guides of Stationary Planetary Wave Propagations Shown by Wave Action flux. Scientia Sinica, 1984,27,766~775

[7]Chen Qiushi, David H Bromwich. An Equivalent Isobaric Geopotential Height and Its Application to Synoptic Analysis and a Generalized Equation in Coordinates. Monthly Weather Review, 1999,127,145~171

[8]Zeng Qingcun. On the Evolution and Interaction of Disturbances and Zonal Flow in Rotating Barotropic Atmosphere, J. Meteor. Soc. Japan,1982,60,24~31